21 世纪高等院校应用型人才培养系列教材·网络技术

U0196580

# 网络工程实践教程

## ——基于 Cisco 路由器与交换机

## （第二版）

主　编　孙兴华

副主编　叶永飞　宋昊敏　孙　凯

北京大学出版社
PEKING UNIVERSITY PRESS

## 内 容 简 介

本书从实战出发,以循序渐进的方式介绍了Cisco路由器、交换机等网络设备的配置,内容涵盖了组建局域网、广域网所需的从低级到高级的基础知识。本书共18章,主要包括网络工程基础、常用操作命令、访问Cisco路由器、Cisco IOS和CDP、静态路由和默认路由、RIP、IGRP、EIGRP、OSPF路由协议、交换机基本配置、三层交换、STP、路由器和交换机的维护管理、ACL、PPP、ISDN、DDR、帧中继、NAT和DHCP等内容,最后为读者展示了一个网络工程综合案例,供读者参考。

本书在结构设计和内容编写上充分考虑教学和实践的需要,前17章中每一章都划分为知识准备、动手做做、活学活用、动动脑筋、学习小结五个部分,从而实现学习、理解、实践、总结、思考互相映射。

本书内容丰富、实例众多、图文并茂、结构合理,部分实验配有视频讲解,适合作为高等院校计算机相关专业教材,也可作为准备参加CCNA认证考试的读者及从事网络研究与应用人员的参考书。

**图书在版编目(CIP)数据**

网络工程实践教程:基于Cisco路由器与交换机/孙兴华主编. —2版. —北京:北京大学出版社,2020.9

21世纪高等院校应用型人才培养系列教材.网络技术

ISBN 978-7-301-31032-8

Ⅰ.①网… Ⅱ.①孙… Ⅲ.①计算机网络-路由选择-高等学校-教材 ②计算机网络-信息交换机-高等学校-教材 Ⅳ.①TN915.05

中国版本图书馆CIP数据核字(2019)第294837号

| | |
|---|---|
| 书 名 | 网络工程实践教程——基于Cisco路由器与交换机(第二版) |
| | WANGLUO GONGCHENG SHIJIAN JIAOCHENG——JIYU Cisco LUYOUQI YU JIAOHUANJI(DI-ER BAN) |
| 著作责任者 | 孙兴华 主编 |
| 责任编辑 | 吴坤娟 |
| 标准书号 | ISBN 978-7-301-31032-8 |
| 出版发行 | 北京大学出版社 |
| 地 址 | 北京市海淀区成府路205号 100871 |
| 网 址 | http://www.pup.cn 新浪微博:@北京大学出版社 |
| 电子邮箱 | 编辑部 zyjy@pup.cn 总编室 zpup@pup.cn |
| 电 话 | 邮购部 010-62752015 发行部 010-62750672 编辑部 010-62756923 |
| 印 刷 者 | 河北滦县鑫华书刊印刷厂 |
| 经 销 者 | 新华书店 |
| | 787毫米×1092毫米 16开本 23.75印张 639千字 |
| | 2010年9月第1版 |
| | 2020年9月第2版 2025年1月第3次印刷 |
| 定 价 | 59.00元 |

# 第二版前言

本书第一版于 2010 年由北京大学出版社出版,得到了广大高校师生和读者的欢迎和好评,多次重印并于 2012 年获中国电子教育学会全国电子信息类优秀教材三等奖。在得到肯定和鼓励的同时,编者也收到了读者很多有益的建议,在此表示衷心的感谢。编者在这些年的网络工程课程教学和项目实践中也感觉到需要将网络工程教学和实践中的新技术、新发展、新需求加入书中,因此对第一版进行了修订。

本书在第一版的基础上,根据新技术、新信息的发展,总结了网络工程实践过程和教学过程的经验教训,完善了第一版的精华部分,删除不适宜部分;增加了一些新的知识元素;对部分实验增加了视频讲解,以帮助读者进行实践操作。通过对各方面的完善,本书更具有系统性、科学性、教学性和实用性,对于从事网络工程相关教学和工作的人员都有非常好的借鉴作用。

为了便于教学,本书提供了全部章节的教学 PPT 和习题答案。

由于编者水平有限,书中难免有疏漏之处,诚请各位读者批评指正,并希望读者能将实际工作中运用本书的经验和体会反馈给编者,以便编者对本书加以改进和完善。编者的电子邮箱是 sunxinghua@189.cn。

孙兴华

2020 年 7 月

# 第一版前言

在社会信息化的进程中,网络工程技术扮演着越来越重要的角色。为了适应社会对网络工程技术人才的需求,我们编写了本书,在引进新的网络工程理论技术的同时,有针对性地对网络技术专题进行研究,把实用先进的网络工程技术、网络工程案例引入实践教学中,使学生可以更好地学以致用。

本书面向普通高等院校本科、专科层次相关专业的网络工程实践课程,编者在总结多年教学经验的基础上,结合教学要求和实际应用等方面需求编写了本书。另外,本书基本涵盖了 CCNA 考试的全部内容,因此也可作为 CCNA 考试的参考用书。

本书从实战出发,遵循循序渐进、理论与实践结合、学习与思考相结合的原则,内容涵盖了组建局域网、广域网所需的从低级到高级的大部分知识。本书包括 18 章和 4 个附录,第 1章至第 17 章结构相同:每章第一部分为知识准备,涉及技术的介绍,以帮助学生理解实践所需要的技术要点,为实践进行知识上的准备;第二部分为动手做做,给出每章的实践案例,包括讲解和注释,是各章的重点;第三部分为活学活用,是对每章实践内容的迁移和巩固;第四部分为动动脑筋,为对每章内容的思考和提高;第五部分是学习小结,以列表的方式对每章所用到的命令进行总结,以便学生查阅。第 18 章为实践部分;附录部分对 Boson 模拟器的使用、Packet Tracer 模拟器的使用、CCNA 考试所涉及的命令及专业英文术语进行了汇总,以便于学生学习及操作时查阅。

本书案例中使用了命令的简化格式,如 en、sh、int、s0 等,这是配置中常用的写法,在CCNA 考试的实验部分也是被接受和认可的,实验命令汇总中给出了操作命令的完整格式及功能。

学生可以在真实网络设备中完成实践案例,熟练掌握配置命令,以更加深入地理解书中所述内容;也可使用附录中介绍的模拟器完成实验。建议学生在学习初期采用模拟器进行练习,待有一定基础时,再到真实的网络设备中进行练习。

为了加强不同实践案例之间的相互联系,本书进行了规范的实验设计。例如,书中所有实验的拓扑结构尽可能相同或相似，在实践内容选择上，为使学生所掌握的知识能够直接应用到真实的网络环境中，在内容的选择和实验的设计等方面，本书力求将真实的案例用到实验中，而且编者对每一个实验都在实验室中亲自进行了测试，以保证实验内容的正确性。在编写过程中，编者力求做到实验设计合理，层次清楚，语言简洁，叙述流畅，多使用图例进行说明。

在本书的编写过程中，编者参考了国内外有关网络工程技术的著作和文献，并查阅了互联网上公布的一些相关资料，由于互联网上的资料引用复杂，无法注明原出处，故此声明，在此向相关作者表示感谢。

本书的编写得到了北京大学出版社的大力支持，也得到了家人及很多同事的帮助，在此向他们表示衷心的感谢！由于编者水平有限，书中难免不当之处，殷切希望广大读者批评指正。

编　者

2010 年 5 月

本教材配有教学课件或其他相关教学资源，如有老师需要，可扫描右边的二维码关注北京大学出版社微信公众号"未名创新大学堂"（zyjy-pku）索取。

· 课件申请

· 样书申请

· 教学服务

· 编读往来

# 目　　录

# 第1章 万丈高楼平地起——网络工程基础

## 1.1 网络工程概述

### 1.1.1 网络工程的概念及特点

21世纪是一个以数字化、网络化与信息化为特征,以网络信息为核心的信息时代,网络工程建设已成为信息化基础设施建设的重点之一。

**1. 工程的概念**

工程一般是指一个精心计划与设计,从而实现特定目标的联合实施工程或单独工作。1828年英国土木工程师协会章程最初正式把"工程"定义为"利用丰富的自然资源为人类造福的艺术";1852年美国土木工程师协会章程将"工程"定义为"把科学知识和经验知识应用于设计、制造或完成对人类有用的建设项目、机器和材料的艺术"。美国麻省理工学院给"工程"下的定义是"工程是关于科学知识的开发应用以及关于技术的开发应用,以便在物质、经济、人力、政治、法律和文化限制内满足社会需要的有创造力的专业"。

**2. 网络工程的概念**

网络工程(network engineering)目前没有统一的定义。一般认为,网络工程是指根据用户单位的需求及具体情况,结合现代网络技术的发展水平及产品化的程度,经过充分的需求分析和市场调研,确定网络建设方案,依据方案有计划地实施网络建设和后期的技术支持活动。简而言之,网络工程就是以工程的方式建设一个计算机网络。在整个网络工程中,工程技术人员要根据既定的目标,严格依照行业规范,制订网络建设方案,协助进行工程招投标、设计、实施、管理与维护等活动。

**3. 网络工程的特点**

网络工程除了具备一般工程共有的内涵和特点以外,还具有如下特点。

(1)网络工程设计人员要全面了解计算机网络的原理、技术、系统、协议、安全、系统布线的基本知识、发展现状、发展趋势。

(2)网络工程总体设计人员要熟练掌握网络规划与设计的步骤、要点、流程、案例、技术设备选型以及发展方向。

(3)网络工程主管人员要懂得网络工程的组织实施过程,能把握住网络工程的方案评审、监理、验收等关键环节。

（4）网络工程开发人员要掌握网络应用开发技术、网站 web 技术、信息发布技术、安全防御技术。

（5）网络工程竣工之后，网络管理人员要使用网管工具对网络进行有效的管理维护，使网络发挥应有的效用。

### 1.1.2 网络工程建设的各阶段

**1. 准备阶段**

准备阶段覆盖从孕育建设网络的想法到进入工程设计之前的全过程。准备阶段实际上是在网络建设需求调查与可行性分析的基础上编写立项报告的过程，具体包括需求调查、需求分析、可行性论证、方案设计、投资分析和立项报告。此阶段的结束以立项报告获得批准和建设经费得到落实为标志。

**2. 设计阶段**

设计阶段的工作包括逻辑设计和物理设计。逻辑设计阶段主要涉及逻辑拓扑设计、流量评估与分析、地址分配和网络技术选型等。物理设计阶段主要涉及物理设备的选型、综合布线规划和实施细则规划。逻辑设计尚不能直接用于施工，物理设计可直接用于施工。

**3. 施工阶段**

施工阶段覆盖从施工合同签订到竣工验收前的全过程。这一阶段的主要工作是：制订详细的施工计划，按照施工计划施工，工程施工完毕后提交竣工报告和竣工资料，组织进行测试和验收。

**4. 维护阶段**

网络建成后，在运行过程中不可避免地会出现各种问题和故障，因此网络维护是一项长远而艰巨的任务。这就要求网络工程的设计和施工阶段必须考虑到后续的维护管理工作，尽量简化维护工作。

### 1.1.3 网络系统集成

系统集成是指在系统工程科学方法的指导下，根据用户需求，优选各种技术和产品，整合用户原有系统，提出系统性的应用方案，并按照方案对组成系统的各个部件或子系统进行综合集成，使之成为一个经济高效的系统。

网络系统集成是指根据应用的需要，将硬件设备、网络基础设施、网络设备、网络系统软件、网络基础服务系统、应用软件等组织成为一体，使之成为能够满足设计目标、具有优良性能/价格比的计算机网络系统的全过程。

网络系统集成有三个主要层面：技术集成、软硬件产品集成和应用集成。

● 技术集成：网络技术体系纷繁复杂，不同的网络技术承担不同的"角色"，根据用户应用需求和业务需求选择所采用的各项技术，为用户提供解决方案和网络系统设计方案。

● 软硬件产品集成：根据用户的实际应用需要和费用承受能力为用户进行软硬件设备选型与配套、工程施工等产品集成。

● 应用集成：面向不同行业、不同规模、不同层次的网络应用各不相同,网络系统集成技术人员通过用户调查、分析应用模型、论证方案,为应用集成提供解决方案并付诸实施。

网络系统集成绝不是指各种硬件和软件的堆积,而是一种在系统整合、系统再生产过程中为满足客户需求的增值服务业务,是一种价值再创造过程。

# 1.2　网络参考模型

本节我们将讨论两种重要的网络体系结构：OSI 参考模型(开放式系统互联参考模型,open system interconnect reference model)和 TCP/IP 参考模型(传输控制协议/互联网协议,transmission control protocol/internet protocol)。尽管与 OSI 参考模型相关的协议已经很少使用了,但是,该模型本身具有通用性,并且仍然有效,而且了解每一层的特性对于实际操作仍然非常重要。TCP/IP 参考模型有不同的特点：模型本身并不非常有用,但是协议却被广泛使用。因此,本节对这两个模型都做简要阐述。

## 1.2.1　OSI 参考模型

### 1. OSI 参考模型概述

OSI 参考模型是 1984 年由国际标准化组织提出的一个标准化、开放式的计算机网络层次结构模型。它阐述了网络的架构体系和标准,并描述了网络中信息是如何传输的。

OSI 参考模型采用分层体系结构,划分为七层,分别是物理层(physical layer)、数据链路层(data link layer)、网络层(network layer)、传输层(transport layer)、会话层(session layer)、表示层(presentation layer)和应用层(application layer),如图 1-1 所示。

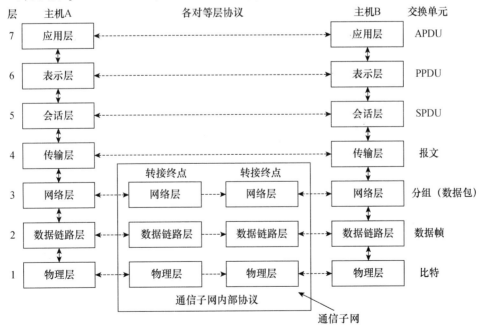

**图 1-1　OSI 参考模型**

在如图 1-1 所示参考模型的七层中，每一层都为其上一层提供服务，并为其上一层提供一个访问接口。不同主机之间的相同层次称为对等层。对等层之间通信需要遵守一定的规则，如通信的内容、通信的方式，我们将其称为协议（protocol）。我们将主机上运行的某些协议的集合称为协议栈。主机正是利用这个协议栈来接收和发送数据的。

当然，OSI 参考模型仅是一种理论化的模型，是对发生在网络设备间的信息传输过程的一种理论化描述，并没有定义如何通过硬件和软件实现每一层功能，与实践中使用的协议（如 TCP/IP 协议）是有区别的。

OSI 参考模型主要定义了如下标准。
- 网络设备之间如何联系，使用不同协议的设备如何通信。
- 网络设备如何获知何时传输或不传输数据。
- 如何安排、连接物理网络设备。
- 确保网络传输的数据被正确接收的方法。
- 网络设备如何维持数据流的恒定速率。
- 电子数据在网络介质上如何表示。

2. OSI 参考模型各层的功能

（1）物理层。

物理层是 OSI 参考模型的最底层，它是对物理设备通过物理介质互联的描述和规定。物理层是以比特流的方式传输数据的，也就是说，物理层只能看到无具体意义的"0"和"1"。该层定义了数据通信的机械和电气特性，比如传输通道上的电气信号以及二进制位是如何转换成电流、光信号或者其他物理形式的。

（2）数据链路层。

数据链路层的主要功能是在不可靠的物理线路上进行数据的可靠传输，具体包括以下几点。
- 数据封装：把来自物理层的原始数据封装成帧，以帧为单位进行传输。
- 数据链路的建立、维护和释放：链路就是沿着通信路径连接相邻节点的通信信道。数据链路层将物理层提供的不可靠物理连接改造成逻辑上无差错的数据链路。当网络中的设备要进行通信时，通信双方必须先建立一条数据链路，在整个传输过程中要维持数据链路，而在通信结束后要释放数据链路。
- 流量控制：数据链路的每一端点具有有限容量的帧缓冲，若流量太大，接收方的缓冲区会溢出，导致帧丢失。数据链路层协议能够提供流量控制，以防止链路一端的发送节点发送速率过高。
- 错误检测：数据链路层检查接收的信号，以防接收到的数据重复、不正确或接收不完整。如果检测到了错误，就会要求发送节点一帧接一帧地重新传输数据。

（3）网络层。

网络层是 OSI 参考模型最复杂的一层，也是通信子网最高一层。它在下面两层的基础上向资源子网提供服务。网络层数据传输单位是包，该层的主要任务是转发和路由。转发就是数据从一条入链路到一台路由器（router）中的出链路的传输。路由涉及一个网络中的所有路由器，它们集体经路由协议交互，以决定分组从源节点到目的节点所采用的路径。路由比较复杂,要寻找最快捷、花费最少的路径,必须考虑网络的拥塞程度、服务质量、线路花费和线路有效性等诸多因素。

一般地,数据链路层主要解决同一网络节点之间的通信,而网络层主要解决不同子网的通信。

（4）传输层。

OSI 参考模型下面三层的主要任务是数据通信,上面三层的主要任务是数据处理。而传输层是 OSI 参考模型的第四层,是通信子网和资源子网的接口和桥梁,起到承上启下的作用。

传输层的主要任务是向用户提供可靠的端到端的差错和流量控制,保证报文的正确传输。所谓端到端是指一个终端主机到另一个终端主机,中间可以有一个或多个交换节点。传输层提供端到端的服务,网络层、数据链路层和物理层完成端到端的通路的寻径和传输。传输层向高层用户屏蔽下层数据通信的细节,提供可靠的透明传输服务。

（5）会话层。

会话层是用户应用程序和网络之间的接口,不参与具体的数据传输,但对数据传输的同步进行管理。我们将不同实体之间的表示层的连接称为会话。因此,会话层主要提供两个会话进程之间建立、维护和结束会话连接功能,同时对会话进程中必要的信息传输方式、进程间的同步以及重新同步进行管理。

（6）表示层。

表示层的功能是处理有关被传输数据的表示方式。对通信双方的计算机来说,其数据一般有自己的内部表示方式,表示层的任务是把发送方具有其内部格式结构的数据编码为适合传输的位流,然后在目的端将其解码为所需要的表示方式。表示层的具体功能如下。

- 数据格式处理:协商和建立数据交换的格式,解决各应用程序之间在数据格式表示上的差异问题。
- 数据编码:处理字符集和数字的转换。例如,由于用户程序中的数据类型（整型或实型、有符号或无符号等）、用户标识等都可以有不同的表示方式,因此在设备之间需要有转换不同字符集或格式的功能。
- 压缩和解压缩:为了减少数据的传输量,表示层还负责数据的压缩与恢复。
- 数据的加密和解密:可以提高网络的安全性。

（7）应用层。

应用层直接与用户和应用程序打交道,作为用户使用 OSI 功能的唯一窗口。应用层负责为应用程序提供接口,使应用程序能使用各种网络应用服务,比如文件传输、电子邮件、远程访问等。

3. 数据封装

数据封装是指网络节点将要传输的数据用特定的协议头打包,然后再传输数据。有时候,我们也需要在数据尾部加上报文。OSI 参考模型的每一层都对数据进行封装,以保证数据能够正确无误地到达目的地,被终端主机理解及处理。

假如有数据要从主机 A 到主机 B,首先,主机 A 的应用层信息转化为能够在网络中传播的数据,能够被对端应用层识别;然后,数据在表示层加上表示层报头、协商数据格式、是否加密,转化成对端能够理解的数据格式;数据在会话层又加上会话层报头;以此类推,在传输层加上传输层报头,这时数据称为段（segment）,在网络层加上网络层报头,这时数据称为数据包(packet)，在数据链路层加上数据链路层报头，这时数据称为帧(frame)；在物理层数据转化为比特流，传输到交换机，通过交换机将数据帧发向路由器；同理，路由器逐层解封装；剥去数据链路层帧头部，依据网络层数据报头信息查找到去往主机 B 的路径，然后封装数据发向主机 B。主机 B 从物理层到应用层，依次解封装，剥去各层封装报头，提取主机 A 发来的数据，完成数据的发送和接收（如图 1-2 所示）。

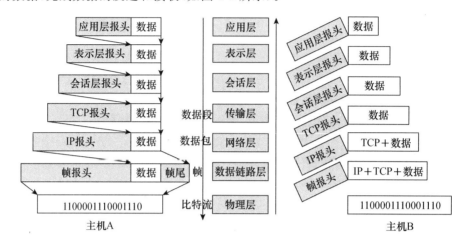

图 1-2　数据封装示例

### 1.2.2　TCP/IP 参考模型

**1. TCP/IP 参考模型层次**

TCP/IP 是网络中使用的基本通信协议，也称为 TCP/IP 协议栈。TCP/IP 定义了如下内容。

● 网络通信的过程。

● 数据单元应该采用什么样的格式以及应该包含什么信息，使接收端的计算机能够正确地翻译对方发送来的信息。

● 如何在支持 TCP/IP 的网络上处理、发送和接收数据。

TCP/IP 协议栈中最重要的协议是 TCP(传输控制协议，transmission control protocol)和 IP(互联网协议，internet protocol)。TCP 和 IP 是两个独立且紧密结合的协议，负责管理和引导数据报文在 internet 上的传输。TCP 负责和远程主机的连接；IP 负责寻址，使数据报文被送到目的地。

TCP/IP 参考模型是最早的计算机网络 ARPANET(advanced research project agency network)及其以后的 internet 使用的参考模型，是事实上的计算机网络标准，是在设计和组建计算机网络时采用最多的计算机网络协议。TCP/IP 参考模型简化了层次设计，只有四层：网络接口层、网络层、传输层和应用层，每一层有不同的通信功能。

● 网络接口层是实际网络硬件的接口，它定义了对网络硬件和传输媒体等进行访问的有关标准。

● 网络层定义了互联网中传输的信息包格式，以及从一个用户通过一个或多个路由器到最终目标的信息包转发机制。

- 传输层为两个用户进程之间建立、管理和拆除可靠而又有效的端到端连接。
- 应用层定义了应用程序使用互联网的规程。

图 1-3 显示了 OSI 参考模型与 TCP/IP 参考模型的对应关系。

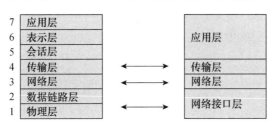

| 7 | 应用层 |
| 6 | 表示层 |
| 5 | 会话层 |
| 4 | 传输层 |
| 3 | 网络层 |
| 2 | 数据链路层 |
| 1 | 物理层 |

**图 1-3  OSI 参考模型与 TCP/IP 参考模型的对应关系**

2. TCP/IP 协议栈

TCP/IP 协议栈包含一组协议,分别对应各个不同层次。下面对每一层中对应的协议(如表 1-1 所示)加以介绍。

**表 1-1  TCP/IP 协议栈各层协议**

| TCP/IP 协议栈各层 | 主要协议 |
| --- | --- |
| 应用层 | HTTP、FTP、telnet、SNMP、DNS、TFTP、SMTP |
| 传输层 | TCP、UDP |
| 网络层 | IP(ARP、RARP、ICMP) |
| 网络接口层 | Ethernet、X. 25、PPP、SLIP |

(1) 应用层包含大量常用的应用程序,主要有 HTTP(超文本传输协议,hypertext transfer protocol)、FTP(文件传输协议,file transfer protocol)、远程登录 telnet、SMTP(简单邮件传送协议,simple mail transfer protocol)、DNS(域名系统,domain name system)和 SNMP(简单网络管理协议,simple network management protocol)、TFTP(简易文件传输协议,trivial file transfer protocol)等。

(2) 传输层的主要协议有 TCP 和 UDP(用户数据报协议,user datagram protocol)。TCP 是面向连接的协议,用三次握手机制和滑动窗口机制来保证传输的可靠性和进行流量控制;UDP 是不可靠的无连接协议,它主要用于需要快速传输并能容忍某些数据丢失的应用。

(3) 网络层的主要协议有 IP、ARP、RARP、ICMP 和 IGMP。

- IP:负责网络层寻址、路由选择、分段及包重组。
- ARP(地址解析协议,address resolution protocol):负责把网络层地址解析成物理地址,比如 MAC(介质访问控制,medium access control)地址。
- RARP(逆向地址解析协议,reverse ARP):负责把硬件地址解析成网络层地址。
- ICMP(互联网控制报文协议,internet control message protocol):提供诊断功能,报告由于 IP 数据包投递失败而导致的错误。
- IGMP(互联网组管理协议,internet group management protocol):负责 IP 组播成员管理,在 IP 主机和与其直接相邻的组播路由器之间建立、维护组播组成员关系。

(4) 网络接口层(network access layer)又称主机到网络层。TCP/IP 参考模型并没有详细描述网络接口层，只是指出主机必须使用某种协议与网络相连。常见的接口层协议有：Ethernet 802.3、Token Ring 802.5、X.25、Frame relay、HDLC(高级数据链路控制，high-level data link control)协议、PPP(点到点协议，point-to-point protocol)、ATM(异步转移模式，asynchronous transfer mode)等。

# 1.3 IP 地址与子网划分

## 1.3.1 IP 地址的概念

在基于 TCP/IP 的网络中，众多主机在通信时能够相互识别，是因为每一台主机都分配有唯一的 32 位地址，即 IP 地址，也称为互联网协议地址。

由于 internet 上每个接口必须有唯一的 IP 地址，为了保证网络上 IP 地址的唯一性，IP 地址由 NIC(网络信息中心，Network Information Center)统一管理，我们称之为 InterNIC；我国的网络信息中心是 CNNIC(中国互联网络信息中心，China Internet Network Information Center)，教育和科研计算机网(China Education and Research Network，CERNET)的网络信息信息中心是 CERNIC(China Education and Restarch Network Information Center)。

**小提示**

本节所讨论的 IP 地址是指 IPv4(互联网协议版本 4，internet protocol version 4)。IPv4 是 IP 的第 4 版，也是第一个被广泛使用，构成现今互联网技术的基石的协议。IPv4 的下一个版本就是 IPv6。IPv6 正处在不断发展和完善的过程中，它在不久的将来可能取代目前被广泛使用的 IPv4，但是要使用 IPv6 的网络地址，意味着运营商要使用新的设备，而旧的设备都要被淘汰，这需要很大一笔资金。

1. IP 地址的结构

IP 地址是 32 位的二进制无符号数。每个 IP 地址分为两个部分，即网络 ID 和主机 ID(如图 1-4 所示)。

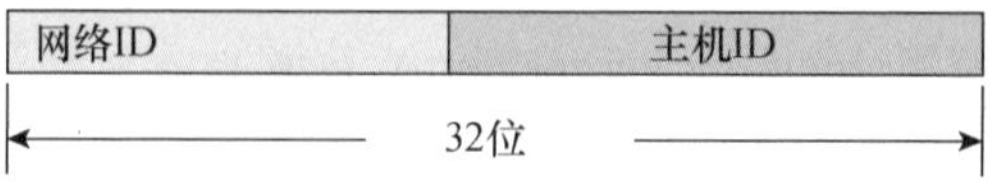


**图 1-4　IP 地址结构示意图**

网络 ID(又称为网络地址，网络号)，用来在 TCP/IP 网络中标识某个网段。同一网段中的所有设备的 IP 地址具有相同的网络 ID。

主机 ID(又称为主机地址,主机号)标识网段内的一个 TCP/IP 节点。在同一网段内,主机 ID 必须是唯一的。InterNIC 只分配网络号,主机 ID 的分配由系统管理员负责。

2. IP 地址的表示方法

在计算机内部,IP 地址用 32 位二进制数表示,为了表示方便,国际通行一种点分十进制表示法,即将 32 位地址按字节分为 4 段,高字节在前,每个字节用十进制数表示出来,并且各字节之间用点号"."隔开。这样,IP 地址就表示成一个用点号分隔开的 4 组数字,每组数字的取值范围为 0~255。例如:IP 地址"11000000 10101000 00000000 00000010"可以用点分十进制"192.168.0.2"表示。

### 1.3.2 IP 地址分类

为了适应不同规模网络的需要,可将 IP 地址进行分类,即有类寻址。IP 将所有的 IP 地址分为 5 类:A 类、B 类、C 类、D 类和 E 类,最常用的是 A 类、B 类和 C 类。每类地址中定义了它们的网络 ID 和主机 ID 各占用 32 位地址中的多少位,也就是说,每一类地址中都规定了可以容纳多少个网络,以及这样的网络中可以容纳多少台主机。

1. A 类 IP 地址

A 类 IP 地址的最高位为"0",接下来 7 位表示网络 ID,剩下的 24 位表示主机 ID(如图 1-5 所示)。可见,A 类 IP 地址的网络 ID 范围为 00000001~01111110,用十进制表示 A 类 IP 地址的网络 ID 在 1~126 之间(0 和 127 为保留地址)。例如 126.1.1.1 就是 A 类 IP 地址。如果第一个字节大于 126,就不属于 A 类 IP 地址,如 192.168.0.1。A 类 IP 地址的网络共有 126 个,每个网络可以容纳 16 777 214 台主机。A 类 IP 地址用于少数拥有众多主机的大型网络。

图 1-5  A 类 IP 地址

2. B 类 IP 地址

B 类 IP 地址的前两位为"10",接下来 14 位表示网络 ID,剩下的 16 位表示主机 ID(如图 1-6 所示)。用十进制表示,B 类 IP 地址的第一个字节在 128~191 之间。例如 172.168.1.1 就是 B 类 IP 地址。B 类 IP 地址共有 16 384 个网络,每个网络可以拥有 65 534 台主机。B 类 IP 地址用于中等规模的网络。

图 1-6  B 类 IP 地址

3. C 类 IP 地址

C 类 IP 地址的前 3 位为"110",其后 21 位表示网络 ID,最后的 8 位表示主机 ID(如图 1-7 所示)。C 类 IP 地址的第一个字节在 192~223 之间。C 类 IP 地址共有 2 097 152 个网络,每个网络的主机数少于254台。C类IP地址用于小型网络。

图 1-7　C 类 IP 地址

**4. D 类 IP 地址**

D 类 IP 地址为组播(multicasting)地址,可以通过组播地址将数据发送给多个主机。D 类 IP 地址以"1110"开头,第一个字节在 224～239 之间(如图 1-8 所示)。发送组播需要特殊的路由配置,默认情况下不会转发。

图 1-8　D 类 IP 地址

**5. E 类 IP 地址**

E 类 IP 地址是为将来保留的实验性地址,用于科学研究,并不分配给用户使用。E 类 IP 地址最高位为"1111",第一个字节在 240～254 之间(如图 1-9 所示)。

图 1-9　E 类 IP 地址

后面关于 IP 地址的讨论重点涉及 A 类、B 类和 C 类这三类常规 IP 地址,这三类 IP 地址总结如表 1-2 所示。

表 1-2　常用 IP 地址范围表

| 地址类别 | 第一个 8 位数的格式 | 第一个字节范围 | 网络数 | 最大主机数 | 示例 |
|---|---|---|---|---|---|
| A 类 | 0×××××××× | 1～126 | 126 | 16 777 214 | 10.15.122.6 |
| B 类 | 10××××××× | 128～191 | 16 384 | 65 534 | 131.12.45.50 |
| C 类 | 110×××××× | 192～223 | 2 097 152 | 254 | 192.168.1.3 |

**6. 特殊用途 IP 地址**

IP 地址中某些地址为特殊目的保留,不能用于标识网络设备,这些保留地址的规则如下。

● IP 地址中的主机 ID 的所有位为"0"时,它表示为一个网络,而不是指示网络上的特定主机。

● IP 地址中的主机 ID 的所有位为"1"时,则代表面向某个网络中所有节点的广播地址。例如:192.168.1.255。

● IP 地址中的网络 ID 和主机 ID 都为"0",即 0.0.0.0 代表所有的主机,路由器用 0.0.0.0 地址指定默认路由。

● IP 地址中的网络 ID 和主机 ID 都为"1",即 255.255.255.255,作为广播地址用于向本地网络中所有主机发送广播消息。通常路由器并不转发这些类型的广播。

● IP 地址中以 127 打头的地址作为本地环回(loop back)地址,不能用作公共网地址。127 打头的地址用来提供本地主机的网络配置测试。例如:ping 127.1.1.1 就可以测试本地 TCP/IP 是否已正确安装。另外一个用途是当客户进程与服务器进程位于同一台机器上时,客户进程用环回地址发送报文给服务器进程,比如在浏览器里输入 127.1.2.3,就可以在排除网络路由的情况下测试 IIS 是否正常启动。

表 1-3 列出了保留 IP 地址。

表 1-3　保留 IP 地址

| 网络部分 | 主机部分 | 地址类型 | 用途 |
| --- | --- | --- | --- |
| Any | 全"0" | 网络地址 | 代表一个网段 |
| Any | 全"1" | 广播地址 | 特定网段的所有节点 |
| 127 | Any | 环回地址 | 环回测试 |
| 全"0" | | 所有网络 | 路由器用于指定默认路由 |
| 全"1" | | 广播地址 | 本网段所有节点 |

### 7. 私有地址

IP 地址空间中,有一些 IP 地址被定义为专用地址,这样的地址不能为 internet 的设备分配,只能在企业内部使用,因此称为私有地址。若要在 internet 上使用这样的地址,必须使用网络地址转换或者端口映射技术。

这些私有地址是:

10.0.0.0/8 地址范围:10.0.0.0 到 10.255.255.255 共有 $2^{24}$ 个地址。

172.16.0.0/12 地址范围:172.16.0.0 至 172.31.255.255 共有 $2^{20}$ 个地址。

192.168.0.0/16 地址范围:192.168.0.0 至 192.168.255.255 共有 $2^{16}$ 个地址。

### 1.3.3　子网划分

在 internet 中,有限的 IP 地址资源已经被分配得差不多了。IP 地址消耗得如此之快,原因在于 IP 地址的巨大浪费。比如某组织需要能支持 3000 台主机的网络地址,由于 C 类地址只能支持 254 台主机,所以他就只能申请 B 类地址,而 B 类地址能够支持 6 万多台主机,这样就造成了 IP 地址的巨大浪费。如此看来,根据用户的需求,IP 地址需要进一步划分,划分成更小的网络,称为子网(subnet),即对 IP 地址的主机 ID 进一步划分为子网 ID 和主机 ID(如图 1-10 所示)。

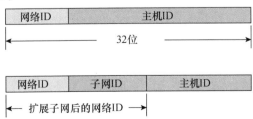

图 1-10　将主机 ID 进一步划分为子网 ID 和主机 ID

1. 子网掩码(mask)

网络进行子网划分后,原来网络 ID 加上子网 ID 才能标识一个独立的物理网络。也就是说,子网的概念延伸了地址的网络部分,允许将一个网络分解为多个子网。为了判断任意两个 IP 地址是否属于同一子网,子网掩码应运而生。

子网掩码是一个 4 字节(32 位二进制数字)整数,其中网络地址对应网络标识编码的各位为 1,网络地址对应主机标识编码的各位为 0。子网掩码也叫作子网屏蔽码。不同的子网掩码将网络分割成不同的子网。

子网掩码的作用是确定 IP 地址中的网络 ID。将子网掩码与 IP 地址的相应各位进行"与"操作就得到该 IP 地址的网络 ID。图 1-11 列出了 A 类、B 类、C 类 IP 地址的缺省子网掩码。

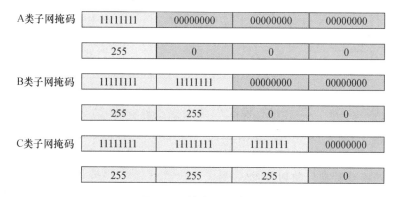

图 1-11　缺省子网掩码

例如,网络 A 中主机 A1 的 IP 地址为 192.168.2.183,子网掩码为 255.255.255.240,网络 A 的网络 ID 是多少? 图 1-12 示意了网络 ID 的计算过程。

|  | 网络ID | | | | 主机ID |
|---|---|---|---|---|---|
| 192.168.2.183<br>AND | 11000000 | 10101000 | 00000010 | 1011 | 0111 |
| 255.255.255.240 | 11111111 | 11111111 | 11111111 | 1111 | 0000 |
|  | 11000000 | 10101000 | 00000010 | 1011 | 0000 |
| 网络ID | 192 | 168 | 2 | 176 | |

图 1-12　IP 地址 192.168.2.183/28 的网络 ID 计算过程

若两台主机的 IP 地址各位分别与子网掩码的各位做"与"运算的结果相同,则这两台主机位于同一子网。

2. 子网划分

如果要将一个网络划分成多个子网,那么如何确定这些子网的子网掩码和 IP 地址中的网络号和主机号呢？

第一步，将要划分的子网数目转换为 2 的 m 次方。如要分 8 个子网，$8 = 2^3$。如果不是 2 的多少次方，则以取大为原则，如要划分为 6 个，则同样要考虑 $2^3$。

第二步，将上一步确定的 m 按高序占用主机地址 m 位后，转换为十进制。如 m 为 3，表示主机位中有 3 位被划为网络 ID，因为子网掩码中网络 ID 对应位全为"1"，所以当前主机号对应的二进制为"11100000"，转换成十进制后为 224，这就是最终确定的子网掩码。如果是 C 类 IP 地址，则子网掩码为 255.255.255.224；如果是 B 类 IP 地址，则子网掩码为 255.255.224.0；如果是 A 类 IP 地址，则子网掩码为 255.224.0.0。

这里，子网个数与占用主机地址位数有如下等式成立：$2^m \geqslant n$。其中，m 表示占用主机地址的位数，n 表示划分的子网个数。

现通过实例进一步说明，若我们用的网络 ID 为 192.9.200.0，则该 C 类网内的主机 IP 地址就是 192.9.200.1～192.9.200.254，现将该网络划分为四个子网，按照以上步骤：$4 = 2^2$，则表示要占用主机地址的 2 个高序位，即为 11000000，转换成十进制后为 192。这样就可确定该子网掩码为 255.255.255.192。四个子网的 IP 地址的划分是根据被网络 ID 占住的两位二进制决定的，这四个子网的 IP 地址范围如下：

(1) 第一个子网的 IP 地址是从"11000000 00001001 11001000 00000001"到"11000000 00001001 11001000 00111110"，此时被 2 位主机 ID 所占住的网络 ID 为"00"，因为主机号不能全为"0"和"1"，所以没有 11000000 00001001 11001000 00000000 和 11000000 00001001 11001000 00111111 这两个 IP 地址（下同）。注意实际上此时的主机号只有最后的 6 位。对应的十进制 IP 地址范围为 192.9.200.1/26～192.9.200.62/26。这个子网的网络 ID 为 11000000 00001001 11001000 00000000，即 192.9.200.0。

192.9.200.1/26～192.9.200.62/26 中的/26 指子网掩码为网络地址的高 26 位为 1，其他位为 0。

(2) 第二个子网的 IP 地址是从"11000000 00001001 11001000 01000001"到"11000000 00001001 11001000 01111110"，此时被网络 ID 所占住的 2 位主机 ID 为"01"。对应的十进制 IP 地址范围为 192.9.200.65/26～192.9.200.126/26。这个子网的网络 ID 为 11000000 00001001 11001000 01000000，即 192.9.200.64。

(3) 第三个子网的 IP 地址是从"11000000 00001001 11001000 10000001"到"11000000 00001001 11001000 10111110"，此时被网络 ID 所占住的 2 位主机 ID 为"10"。对应的十进制 IP 地址范围为 192.9.200.129/26～192.9.200.190/26。这个子网的网络 ID 为 11000000 00001001 11001000 10000000，即 192.9.200.128。

(4) 第四个子网的 IP 地址是从"11000000 00001001 11001000 11000001"到"11000000 00001001 11001000 11111110"，此时被网络 ID 所占住的 2 位主机 ID 为"11"。对应的十进制 IP

地址范围为 192.9.200.193/26 ～ 192.9.200.254/26。这个子网的网络 ID 为 11000000 00001001 11001000 11000000，即 192.9.200.192。图 1-13 示意了这一子网划分过程。

| | 网络 | | | 子网 | 主机ID |
|---|---|---|---|---|---|
| 192.9.200.X | 11000000 | 00001001 | 11001000 | | XXXXXX |
| 255.255.255.192 | 11111111 | 11111111 | 11111111 | 11 | 000000 |
| 子络0 | 11000000 | 10101000 | 00000010 | 00 | 000001~111110 |
| 子络1 | 11000000 | 10101000 | 00000010 | 01 | 000001~111110 |
| 子络2 | 11000000 | 10101000 | 00000010 | 10 | 000001~111110 |
| 子络3 | 11000000 | 10101000 | 00000010 | 11 | 000001~111110 |

**图 1-13　借 2 位产生 4 个子网过程**

## 1.4　网络互联设备

计算机网络中有各种不同的互联设备，用来将网络中的各个部件连接在一起。根据 OSI 参考模型的网络体系，工作于各层的网络互联设备各不相同，如图 1-14 所示。

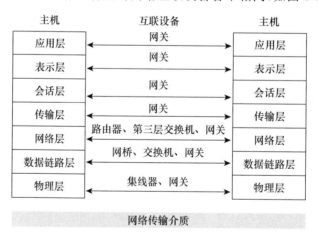

**图 1-14　网络互联设备协议层示意图**

### 1.4.1　网络传输介质

计算机网络中用到的传输介质有两大类：有线传输介质和无线传输介质。常用的有线传输介质有双绞线、同轴电缆、光纤。常用的无线传输介质有无线电、红外线、微波、激光等。

1. 双绞线

双绞线由粗约 1mm 相互绝缘的一对铜导线扭在一起组成，对称均匀地绞扭可以减少线对间的电磁干扰。双绞线的标准频宽为 300Hz～3400Hz。如果双绞线干扰源的波长大于双绞线的扭曲长度,其抗干扰性优于同轴电缆(在 10KHz～100KHz 以内,同轴电缆抗干扰性更好)。双绞线适合于近距离(一栋建筑物内或几栋建筑物之间,若超过几公里,就要加入中继器)、环境单纯(远离潮湿、电源磁场等)的局域网络系统。双绞线可用来传输数字与模拟信号。由于双绞线价格低,安装容易,所以得到了广泛的应用。

双绞线分为非屏蔽双绞线(unshielded twisted pair,UTP)和屏蔽双绞线(shielded twisted pair,STP)。

屏蔽双绞线简称 STP 电缆(如图 1-15 所示),结合了屏蔽、电磁抵消和线对扭绞的技术。在以太网中,屏蔽双绞线可以完全消除线对之间的电磁串扰。最外层的屏蔽层可以屏蔽来自电缆外的电磁干扰和射频频率干扰。

屏蔽双绞线的优点是集同轴电缆和非屏蔽双绞线的优点于一身。屏蔽双绞线的缺点主要有两点,一个是价格高,另外一个就是安装复杂。安装复杂源于屏蔽双绞线的屏蔽层接地问题。电缆线对的屏蔽层和外屏蔽层都要在连接器处与连接器的屏蔽金属外壳可靠连接。交换设备、配线架也都需要良好接地。因此,屏蔽双绞线不仅是材料本身成本高,而且安装成本也较高。

图 1-15  屏蔽双绞线

非屏蔽双绞线简称 UTP 电缆(如图 1-16 所示),它是最常用的网络连接传输介质。非屏蔽双绞线有四对绝缘塑料包皮的铜线。八根铜线每两根互相绞扭在一起,形成线对。铜线绞扭在一起的目的是相互抵消彼此之间的电磁干扰。扭绞的密度沿着电缆循环变化,可以有效地消除线对之间的串扰。每米绞扭的次数需要精确地遵循规范设计,也就是说双绞线的生产加工需要达到非常精密的程度。

图 1-16  非屏蔽双绞线

非屏蔽双绞线有许多优点：直径细，容易弯曲，因此易于布放；价格便宜也是其重要优点之一。根据最大传输速率的不同，非屏蔽双绞线可分为3类、5类、超5类和6类等。3类双绞线的速率为10Mb/s，5类双绞线的速率可达100Mb/s，而超5类双绞线的速率可达155Mb/s以上，6类双绞线的速率可高达1Gb/s。目前最常用的是5类和超5类双绞线。

非屏蔽双绞线的缺点是其采用简单绞扭，靠互相抵消的方式处理电磁辐射。因此，在抗电磁辐射方面，非屏蔽双绞线相对同轴电缆（电视电缆和早期的50欧姆网络电缆）处于下风。人们曾经一度认为非屏蔽双绞线还有一个缺点就是数据传输的速度上不去，但是现在不是这样的。事实上，非屏蔽双绞线的传输速率现在可以达到1000Mb/s，是铜缆中传输速度最快的有线传输介质。

非屏蔽双绞线一般用于星型网的布线连接，两端安装有RJ-45连接器，即我们经常所说的"水晶头"（如图1-17所示）。RJ-45连接器有8个线槽，分别与4对（共8根）双绞线相对应。8根双绞线在插入水晶头时，依据线的颜色依次排列。RJ-45连接器的线序排列遵循EIA/TIA 568A和EIA/TIA 568B标准（如表1-4所示）。传输数据时，1000M网卡数据传输是双向的，需要使用4对线，即8根芯线。100M以下时，一般使用1、2、3、6这4根线。

连接网卡与集线器，最大网线长度为100米，如果要加大网络的范围，在两段双绞线之间可安装中继器，最多可安装4个中继器，如安装4个中继器连5个网段，最大传输范围可达500米。

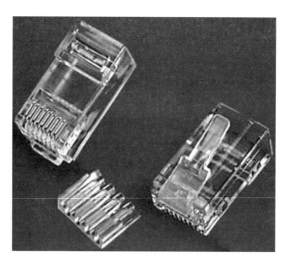

图1-17　RJ-45连接器（水晶头）

表1-4　EIA/TIA 568A 和 EIA/TIA 568B 标准线序排列

| 标准 | 线序 | | | | | | | |
|---|---|---|---|---|---|---|---|---|
| | 1 | 2 | 3 | 4 | 5 | 6 | 7 | 8 |
| EIA/TIA 568A | 绿白 | 绿 | 橙白 | 蓝 | 蓝白 | 橙 | 棕白 | 棕 |
| EIA/TIA 568B | 橙白 | 橙 | 绿白 | 蓝 | 蓝白 | 绿 | 棕白 | 棕 |

不同场合的网络使用不同类型的非屏蔽双绞线，连接方式和使用场合如表1-5所示。

表 1-5　非屏蔽双绞线的连接方式和使用场合

| 类型 | 连接方式 | 使用场合 |
|---|---|---|
| 直通电缆 | T568B—T568B<br>T568A—T568A | 在异种设备之间,如:<br>计算机—集线器<br>计算机—交换机<br>路由器—集线器<br>路由器—交换机<br>集线器—集线器(UPLink 口)<br>交换机—交换机(UPLink 口) |
| 交叉电缆 | T568B—T568A | 在同种设备之间,如:<br>计算机—计算机<br>路由器—路由器<br>计算机—路由器<br>集线器—集线器<br>交换机—交换机<br>交换机—集线器 |

通常来说,错误连线不会造成设备损坏。如果设备之间无法进行通信,首先应检查设备间的连线是否正确、能否连通。现在很多新的设备基本都支持端口自适应,能自动检测引脚的收发定义,因此连接这种设备时不需要关心使用交叉电缆还是直通电缆。

2. 光纤

光纤(optical fiber)即光导纤维,传输速率大于 1000Mb/s,是目前传输速率最快的介质。光信号的衰减要远远小于电信号的衰减,适合长距离的传输,抗电磁干扰、射频干扰、串音干扰,能保证良好的信号质量,其重量轻,抗拉强度大,易于布线,是性能好、应用前途广泛的一种网络传输介质,但价格比较昂贵。

多根光纤组成一束,可构成一条光缆。通常一条光缆包含 2、4、8、12、24、48 或更多的独立光纤,外面有外壳保护,以保证光缆有一定的强度。每条用于网络连接的光纤由两条包有独立护套的玻璃光纤组成,其中一根用于发送数据,另一根用于接收数据。每条光纤都沿着单一的方向传输。

光纤由玻璃或塑料制成,使用超高纯度石英玻璃纤维制作的光纤传输损耗最低。光纤不易受电磁干扰,也不容易受到射频频率的干扰。光纤本身不产生电磁干扰和射频频率干扰,不需要接地,适于安装在干扰很强的环境中。光纤一般由五个部分组成,如图 1-18 所示。

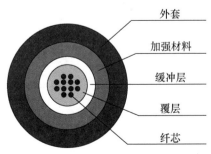

图 1-18　光纤结构

① 纤芯。光信号都是通过纤芯进行传输的。纤芯是一种高折射率的透明玻璃或塑料纤维。

② 覆层。围绕纤芯的部分即覆层，由二氧化硅组成，是一层透明的玻璃或塑料纤维，折射率比纤芯低，可使光信号在纤芯内通过反射传输。

③ 缓冲层。围绕覆层的部分即缓冲层，其材料通常是塑料。缓冲层用来保护纤芯和覆层不被破坏。

④ 加强材料。加强材料用来保护光缆在安装时不被拉坏。一种叫作 kevlar（凯夫拉）的材料通常用作加强材料。

⑤ 外套。外套一般为 PVC 表皮，以免光纤磨损、熔解或遭到其他破坏。

数据在光纤中是通过光信号进行传输的。代表数据的信号被转换成光信号，将光信号导入光纤，光信号在光纤中传输，在另一端光信号被接收后，再还原成发送前的电信号。

光纤除了抗电磁干扰外，还支持很高的带宽，适用于高速数据主干。许多企业都拥有光纤主干，互联网提供商也使用光纤主干连接到 internet，传输数据的速度比铜缆高，传输距离比铜缆远。光纤的距离限制可达几千米，这要具体视光纤的类型而定。

光纤按传输模式不同可分为单模光纤和多模光纤。所谓"模"是指以一定角度进入光纤的路径。

多模光纤在传输中采用发光二极管即 LED 作为光源，采用波长为 850mm 或 1310mm 的红外光，允许多条不同角度入射的光线在一条光纤中传输，即有多条路径（如图 1-19 所示）。以不同角度进入光纤的光沿着光纤传输所需要的时间不同，所以长距离的光纤传输会使信号在接收端变弱。多模光纤一般用于 LAN（局域网，local area network）或园区网内几百米距离的传输。

标准的多模光纤一般采用 $62.5\mu m$ 或 $50\mu m$ 的纤芯（$1\mu m=10^{-6}m$），直径为 $125\mu m$ 的覆层，这种光纤一般表示为 62.5/125 或 50/125。多模光纤和 LED 光源都比单模光纤便宜，采用的是激光发射器技术。

一条单模光纤中只允许一条光线直线传输，即只有一条光路（如图 1-19 所示）。单模光纤的光源通常为激光，波长通常为 1310mm 或 1550mm，激光的成本和强度远远高于普通LED，可实现更高的数据传输速度和更长的传输距离。单模光纤适合长距离的传输，最长可达 1000km，用于主干网的布线。

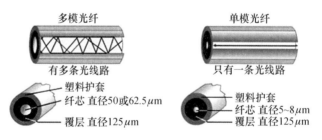

图 1-19  多模光纤和单模光纤

由于激光太强，会对人眼造成伤害，因此，人眼不可直接看光纤的末端，需要在光纤的末端盖上保护盖，并将保护盖插入交换机和路由器的光纤端口。

单模光纤的纤芯非常细,一般直径小于 $10\mu m$,再加上直径 $125\mu m$ 的覆层,这种光纤一般表示为 9/125。单模光纤容量大于多模光纤,价格也高于多模光纤,传输距离长。但单模光纤续接、端接的成本比较高,所以单模光纤主要用于主干网。

光纤接头连接在光纤末端(如图 1-20 所示)。单模光纤最常用的接头类型为用户连接器(subscriber connector,SC),多模光纤最常用的接头类型为直插式连接器(straight tip,ST)。

SC                ST

**图 1-20　光纤接头**

光纤有三种连接方式,对于这三种连接方式,结合处都有反射,并且反射的能量会和信号交互作用。

(1)连接器连接:将光纤接入连接头并插入光纤插座。连接头会损耗 10％～20％ 的光,但是它使得重新配置系统很容易。

(2)机械接合:即用机械方法将其接合。方法是:将两根小心切割好的光纤的一端放在一个套管中,然后钳起来。可以通过结合处来调整,以使光纤信号达到最大。用机械方法接合,光的损失大约为 10％。

(3)光纤熔合:两根光纤被熔合在一起形成坚实的连接。融合方法形成的光纤和单根光纤差不多是相同的,但也会有一点衰减。

### 1.4.2　网络适配器

网络适配器简称网卡,是连接计算机与网络的硬件设备,属于数据链路层设备,负责将计算机内部数据转换成适合在网络上传输的格式。每块网卡都有一个唯一的物理地址,称为 MAC 地址,在通信过程中,可通过数据包中的 MAC 地址来识别相应的计算机。

网卡正常工作需要两个因素的支持:网卡驱动程序和网卡硬件技术。驱动程序使网卡和网络操作系统兼容,实现计算机与网络的通信。网卡硬件技术通过数据总线实现计算机和网卡之间的通信。

1. 网卡分类

根据网络技术的不同,网卡的分类也不同。

(1)有线网络网卡分类。

● 根据网络接口分为:细缆接口、粗缆接口、双绞线接口(RJ-45 接口)和光纤电缆接口(SC 和 ST 接口等)(如图 1-21 所示)。

● 根据网卡带宽分为:10Mb/s、100Mb/s、10/100Mb/s 自适应、1000Mb/s、10/100/1000Mb/s 自适应和 10Gb/s 网卡等。

● 根据网卡的总线类型分为:ISA 接口、PCI 接口、EISA 接口和 MCA 接口等。目前普遍使用的是 PCI 接口的网卡。

RJ-45双绞线接口网卡          光纤电缆接口网卡

图 1-21　有线网卡

（2）无线网卡。

● 根据无线网卡标准分为：802.11b（速度 11Mb/s）、802.11a（速度 54Mb/s）、802.11g（11/54Mb/s 自适应网卡）、802.11n（理论速率最高可达 600Mb/s，目前业界主流为 300Mb/s）等。

● 根据网卡的总线类型分为：PC-MCIA 接口（笔记本电脑专用）、PCI 接口（台式机专用）、USB 接口等（如图 1-22 所示）。

PC-MCIA无线网卡          USB无线网卡

图 1-22　无线网卡

2. 网卡产品选型

网卡产品选型需要注意以下三个参数：网络接口类型、带宽/速率、总线类型。

普通工作站以太网网卡在技术上无须太多考虑，选择 10/100Mb/s 自适应的 RJ-45 接口快速以太网网卡即可。选购时可以考虑市场最常见的品牌如 TP-Link、3Com、IBM、Intel、SMC、联想、D-Link 等。虽然各家厂商生产的网卡规格大不相同，但都能够满足网络连接的基本需求。

服务器网卡相对复杂一些，一方面网卡的接入速率提高到了 1000Mb/s，另一方面也支持光纤作为传输介质，所以服务器以太网网卡的网络接口有 RJ-45 接口和单模 SX、多模 SC 光纤接口等。主机接口部分则要充分考虑相应的服务器插槽配置，64 位 PCI 插槽比较普遍，但传输性能比较差，PCI-X 一般在 IBM、SUN 服务器厂商的主板提供，不是很普及。除此之外，还有对性能的特殊要求，需要考虑高安全性能和低 CPU 占用率。

服务器的特殊性要求服务器网卡具有较高的安全性能，因此各厂商提供了具有容错功能的服务器网卡，例如 Intel 推出了三种容错服务器网卡，它们分别采用了网卡出错冗余（adapter fault tolerance，AFT）、网卡负载平衡（adapter load balancing，ALB）、快速以太网通道(fast ethernet channel,FEC)技术。

　　具有较低的 CPU 占用率的网卡对于繁忙的服务器来说也是非常重要的,服务器专用网卡具有特殊的网络控制芯片,可以从主 CPU 中接管许多网络任务,以提高服务器的利用率。

　　PCI-X 接口是并连的 PCI 总线的更新版本,仍采用传统的总线技术,不过有更多数量的接线针脚,与原先 PCI 接口所不同的是:一改过去的 32 位,PCI-X 采用 64 位宽度来传输数据,所以频宽自动倍增两倍。

### 1.4.3　集线器

　　集线器(HUB)是一种特殊的中继器,它与其他中继器的区别在于集线器能够提供多端口服务,所以又称为多口中继器。集线器属于物理层设备。

　　集线器具有两个功能,一个功能是将信号放大,以支持更远的传输距离;另一个功能是将计算机互联,组建一个星形网络(如图 1-23 所示)。它把一个端口接收到的所有信号向其他所有端口分发出去。因此,连在同一集线器上的所有计算机处在同一冲突域和同一广播域,并且所有计算机共享集线器的带宽。当集线器连接过多的计算机,计算机间通信比较频繁时,集线器的性能将急剧下降。所以,集线器适用于通信带宽要求不高的环境。

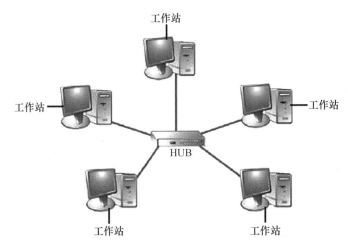

图 1-23　集线器连接的星形网络

　1. 集线器分类

　　集线器按照不同的分类标准,分为不同的种类。

　　(1) 按处理信号方式不同,集线器分为被动无源集线器、主动有源集线器和智能集线器。被动无源集线器只是简单地对接收数据进行分发,不对数据做任何处理;主动有源集线器除了具有被动无源集线器的性能外，还能在分发数据之前检查数据，纠正损害的分组并调整时序，但不区分优先次序；智能集线器除了具有主动有源集线器的特性外，还具有管理功能，如果连接到智能集线器上的设备出了问题，可以很容易地识别、诊断和修补。

（2）按配置形式不同，集线器分为独立式集线器、堆叠式集线器、模块式集线器。独立式集线器较常见，是固定端口的单个盒子式产品；堆叠式集线器解决了集线器级联时带宽逐级降低的问题，适用于工作节点较多且物理位置集中的环境；模块式集线器又称机箱式集线器，即在一个大机箱内有若干扩展槽，可插入数种可供网络扩充的模块。模块式集线器具备网管功能，独立式集线器和堆叠式集线器不具备网管功能。

（3）按外形尺寸不同，集线器分为机架式集线器和桌面式集线器。

（4）按传输速率不同，集线器分为 10Mb/s 集线器、100Mb/s 集线器、10/100Mb/s 自适应集线器。

2. 集线器产品选型

选用集线器时应该考虑以下性能指标。

（1）带宽。集线器带宽的选择，主要取决于上联设备带宽、节点数。集线器的带宽需和上联设备带宽保持一致，并且集线器每个节点可以分配的带宽等于集线器带宽除以节点数的值。

（2）可扩展性。一般的集线器分为 8 口、16 口、24 口几种。如果工作节点较多，需要通过堆叠或级联的方式用几个端口较少的集线器模拟一个端口较多的集线器功能，以拓展节点数，这种情况下应考虑有堆叠或级联功能的集线器。

（3）网管功能。普通集线器只起到简单的信号放大和再生的作用，无法对网络性能进行优化。而智能集线器弥补了普通集线器的缺点，增加了网络的交换功能，具有网络管理和自动检测网络端口速度的能力（类似于交换机）。网管功能大多是通过增加网管模块来实现的。这里网管功能的最大作用是网络分段，从而缩小广播域和减少冲突，提高数据传输效率。另外，通过网络管理可以远程监测集线器的工作状态，并根据需要对网络传输进行必要的控制。

（4）配置形式。独立型集线器广泛应用于小型局域网。模块化集线器应用在大型网络中。可堆叠式集线器堆叠起来相当于一个模块化集线器，可非常方便地实现网络的扩充。

（5）接口类型。集线器的接口决定了集线器的互联能力。与双绞线连接时，需要有 RJ-45 接口；与细缆相连时，需要有 BNC（bayonet nut connector）接口；与粗缆相连时，需要有 AUI（attachment unit interface）接口；当局域网长距离连接时，还需要有与光纤连接的光纤接口。

（6）品牌和性价比。高档集线器主要有如 3Com、Intel 等品牌，它们在设计上比较独特，一般几个甚至是每个端口都配置一个处理器，其价位也比较高。D-Link 和 Accton 等厂商的产品占据了中低端市场上的主要份额。中低档集线器一般均采用单处理器技术，其外围电路的设计思想也大同小异，各个品牌在质量上差距也不大。

### 1.4.4　交换机

交换机的英文名称为 switch，也称交换式集线器。交换机是构建网络平台的"基石"，又称网络开关。它是一种基于 MAC 地址(网卡的硬件标志)识别,能够在通信系统中完成信息交换功能的设备,属于数据链路层设备,故称为二层交换机(如图 1-24 所示)。

图 1-24　二层交换机

随着交换机技术的发展,交换机不局限于工作在网络体系结构的第二层,目前的交换机可以工作在第三层和第四层。第三层交换机把路由的技术引入交换机,直接根据第三层网络层 IP 地址来完成端到端的数据交换。从表面上看,第三层交换机是第二层交换器与路由器的二合一,然而这种结合并非简单的物理结合,而是各取所长的逻辑结合。第四层交换机是以软件技术为主、以硬件技术为辅的网络管理交换设备(如图 1-25 所示)。第四层交换机不仅可以完成端到端交换,还能根据端口主机的应用特点,确定或限制它的交换流量。简单地说,第四层交换机是基于传输层数据包的交换过程的,它是基于 TCP/IP 应用层的用户应用交换需求的新型局域网交换机。第四层交换机支持 TCP/UDP 第四层以下的所有协议。

图 1-25　第四层交换机

### 1. 交换机类型

根据交换机的应用规模分类,交换机分为企业级核心交换机、部门级汇聚交换机、工作组接入层交换机、桌面级接入层交换机。

(1)企业级核心交换机。

企业级核心交换机采用机箱式模块化设计,配备相应的 10/100/1000Base-T 模块(有少数交换机能提供万兆模块),支持三层到更高层的交换。这种交换机具有高速交换能力,背板容量高达几十 GB,一般都是千兆以太网交换机。通常的企业级核心交换机的背板带宽是256G,包转发速率从 96Mb/s 到 170Mb/s。一般来说,这两个指标越高,则交换机的性能越强大。企业级交换机适用于拥有 500 个信息点以上的大型企业网的主干网组网。

（2）部门级汇聚交换机。

部门级汇聚交换机支持 300 个信息点以下的中型企业网络连接。它一般用在网络的配线间或园区网络中心以外的建筑物，为接入层交换机进行汇聚。这类交换机一般是机箱式模块化配置，除了常用的 RJ-45 双绞线接口外，可能有光纤接口，能支持百兆到千兆的端口速度。部门级汇聚交换机具有智能型特点，支持 VLAN（虚拟局域网，virtual local area network），支持三层交换，可实现端口管理，可对流量进行控制，有网络管理的功能。当然，对于规模较小的中小企业来说，它也可以作为核心交换机。

（3）工作组接入层交换机。

一般认为有 10/100M 端口，并有 1000M 上行级联口或级联扩展模块的交换机就是工作组接入层交换机，背板带宽在 8.8Gb/s 以上，多数支持三层交换功能以及 VLAN 功能，这种交换机普遍用于 100Mb/s 快速以太网，支持 100 个以内的信息点。这类交换机适用于对带宽有较高要求和较高网络性能的工作组。

（4）桌面级接入层交换机。

桌面级接入层交换机是最普通的交换机，端口一般都支持 10/100M，一般只有二层交换功能。广泛应用于一般的办公室，仅仅用于扩大接入端口的数量，对网络带宽要求为 10/100Mb/s 自适应，对网络交换性能要求较低，背板带宽在 2Gb/s 到 6.8Gb/s 之间。

2. 交换机的选购

交换机应用广泛，在选择交换机时主要参考以下性能指标。

（1）背板带宽，也称背板吞吐量，是指交换机接口处理器或接口卡和数据总线间所能吞吐的最大数据量。一台交换机的背板带宽越高，处理数据的能力就越强，但同时设计成本也会增加。

（2）包转发率，是指交换机每秒可以转发多少个数据包，即交换机能同时转发的数据包的数量。

（3）MAC 地址表容量。MAC 地址表是存放交换机能够识别主机的 MAC 地址。中低端交换机的 MAC 地址表容量一般为 8K 和 16K。MAC 地址表容量反映了该设备能支持的最大连接节点数。

（4）VLAN 能力。VLAN 技术的出现，主要是为了解决交换机在进行局域网互联时无法限制广播的问题。这种技术可以把一个 LAN 划分成多个逻辑的 LAN-VLAN，每个 VLAN 是一个广播域，VLAN 内的主机间通信就和在一个 LAN 内一样，而 VLAN 间则不能直接互通。这样，广播报文就被限制在一个 VLAN 内了。

（5）网管能力。交换机的管理功能是指交换机如何控制用户访问交换机，以及系统管理人员通过软件对交换机的可管理程度。可管理的内容包括处理具有优先权流量的服务质量、增强策略管理的能力、管理虚拟局域网流量的能力，以及配置和操作的难易程度。可管理性还涉及交换机对策略的支持，策略是一组规则，它控制交换机的工作。

（6）堆叠。堆叠技术采用专门的管理模块和堆栈连接电缆将至少两台以上的设备通过菊花链的方式连接起来，这样做的好处是：一方面，增加了用户端口，能够在交换机之间建立一条较宽的宽带链路；另一方面，多个交换机能够作为一个大的交换机，便于统一管理。

（7）支持的协议和标准，一般指由国际标准化组织所制定的联网规范和设备标准。可根据网络模型的第一层、第二层和第三层进行分类如下：

- 第一层：EIA/TIA-232,EIA/TIA-449,X.21,EIA530/EIA530A 接口定义。
- 第二层：802.1d/SPT,802.1Q,802.1p 及 802.3x。
- 第三层：IP,IPX,RIP1/2,OSPF,BGP4,VRRP 以及组播协议等。

VLAN 的优点如下。

- 限制广播域。广播域被限制在一个 VLAN 内,节省了带宽,提高了网络处理能力。
- 增强局域网的安全性。不同 VLAN 内的报文在传输时是相互隔离的,即一个 VLAN 内的用户不能和其他 VLAN 内的用户直接通信,如果不同 VLAN 要进行通信,则需要通过路由器或三层交换机等三层设备。
- 灵活构建虚拟工作组。用 VLAN 可以划分不同的用户到不同的工作组,同一工作组的用户也不必局限于某一固定的物理范围,网络构建和维护更方便灵活。

### 1.4.5 路由器

路由器是一种用于连接多个网络或网段的网络设备,属于网络层设备。它能将不同网络或网段的数据信息进行“翻译”,使路由器之间能够相互“读懂”对方的数据,从而构成一个更大的网络。路由器不是一个纯硬件设备,而是具有相当丰富路由协议的软件和硬件相结合的设备(如图 1-26 所示)。

图 1-26  Cisco 路由器

路由器的主要工作是路由选择和数据转发。为了完成这项工作,路由器中保存着存储各种传输路径相关数据的路由表。路由表就像我们平时使用的地图一样,标识着各种路径。路由表中保存着子网的标志信息、网上路由器的个数和下一个路由器的名字等内容。路由表信息如图 1-27 所示。

路由器从网络上接收到一个数据包后,首先要解析数据包报头中的目的 IP 地址,根据目的 IP 地址信息查看路由表,然后再根据路由表的相应表项确定一条最佳的传输路径,并选择从相应的网络接口转发出去。

图 1-27　路由表信息示意图

1. 路由器的分类

（1）按性能档次划分。

按性能档次划分,路由器分为高、中、低档路由器。通常将吞吐量大于 40Gb/s 的路由器称为高档路由器,吞吐量为 25Gb/s～40Gb/s 的路由器称为中档路由器,而将吞吐量低于 25Gb/s 的看作低档路由器。不过各厂家对路由器的档次划分并不完全一致。以 Cisco 公司为例,12000 系列为高档路由器,7500 以下系列路由器为中低档路由器。

（2）按结构划分。

按结构划分,路由器分为模块化结构路由器和非模块化结构路由器两种。模块化结构可以灵活地配置路由器,以适应企业不断增加的业务需求;非模块化结构路由器只能提供固定的端口。通常中高档路由器为模块化结构,低档路由器为非模块化结构。

（3）按功能划分。

按功能划分,路由器分为核心层（主干级）路由器、分发层（企业级）路由器、访问层（接入级）路由器。

● 核心层路由器是实现企业级网络互联的关键设备,其数据吞吐量较大。核心交换机分为中型主干交换机和大型主干交换机,对核心层路由器的基本性能要求是高速度和高可靠性。为了获得高可靠性,网络系统普遍采用诸如热备份、双电源、双数据通路等传统冗余技术,从而保证核心层路由器的可靠性。

● 分发层路由器连接许多终端系统,连接对象较多,但系统相对简单,且数据流量较小。在实际中,对这类路由器的要求是以尽量低的成本实现尽可能多的端点互连,同时还要求能够提供不同的服务质量。

● 访问层路由器主要应用于连接家庭或 ISP 内的小型企业客户群体。

（4）按所处的网络位置划分。

按路由器所处的网络位置划分,路由器分为边界路由器和中间节点路由器。边界路由器处于网络边缘,用于不同网络路由器的连接;而中间节点路由器则处于网络的中间,通常用于连接不同网络,起到一个数据转发的桥梁作用。中间节点路由器缓存更大、MAC 地址记忆能力较强,能更多地识别不同网络中的各节点。边界路由器由于可能要同时接受来自不同网络路由器发来的数据,所以其背板带宽要足够宽,当然这也要因边界路由器所处的网络环境而定。

(5)按带宽划分。

按带宽划分,路由器分为线速路由器和非线速路由器。线速路由器完全可以按传输介质带宽进行通畅传输,基本上没有间断和延时。线速路由器是高档路由器,有非常高的端口带宽和数据转发能力,能以媒体速率转发数据包;非线速路由器是中低档路由器。但是一些新的宽带接入路由器也有线速转发能力。

2. 路由器选型

路由器的价格较高且配置复杂,我们在选择路由器时,一般要考虑以下几个方面。

(1)路由器所支持的路由协议。

路由器是用来连接不同网络的,这些不同网络可能采用的是同一种通信协议,也可能采用的是不同的通信协议。因此,路由器支持的路由协议越多,通用性就越强。

(2)丢包率。

丢包率是指在一定的数据流量下路由器不能正确进行数据转发的数据包在总的数据包中所占的比例。丢包率的大小会影响路由器线路的实际工作速率,严重时甚至会使线路中断。通常来说正常工作所允许的路由器丢包率应小于 1%。

(3)背板能力。

背板能力通常是指路由器背板容量或者总线带宽能力。背板能力对于保证整个网络之间的连接速度是非常重要的。如果所连接的两个网络速率都较快,但路由器的带宽有限制,这将直接影响整个网络之间的通信速率。

(4)吞吐量。

吞吐量是指路由器对数据包的转发能力。高档的路由器可以快速正确地转发大的数据包;而低档的路由器只能转发较小的数据包,遇到大数据包时需要先将其拆分成小数据包后才能转发。高速路由器的包转发能力至少达到 20Mb/s 以上。吞吐量主要包括两个方面:

● 整机吞吐量,指设备整机的包转发能力,是设备性能的重要指标。路由器的工作在于根据 IP 报头或者多协议标签交换(multi-protocol label switching,MPLS)标记选路,因此其性能指标是每秒转发包的数量。整机吞吐量通常小于路由器所有端口吞吐量之和。

● 端口吞吐量,指路由器在某端口上的包转发能力。

(5)转发时延。

路由器的转发时延是指数据包第一个 bit 进入路由器到最后一个 bit 从路由器输出的时间间隔。该时间间隔是路由器的处理时间。它与背板能力、吞吐量参数紧密相关。

(6)路由表容量。

路由表容量是指路由器运行中可以容纳的路由数量。路由器通常依靠所建立及维护的路由表来决定包的转发。这一参数与路由器自身所带的缓存大小有关。一般而言,高速路由器应该能够支持至少 25 万条路由,因为它可能要面对非常庞大的网络。

(7)可靠性。

可靠性是指路由器的可用性、无故障工作时间和故障恢复时间等指标,这些指标一般无法测试，所以在选择时可以优先考虑信誉较好、技术先进的品牌。

（8）网管能力。

同交换机的管理能力相比，路由器的网管能力更加强大。尤其在大型网络中，网络的维护和管理负担很重，在路由器这一层上支持标准的网管系统显得尤为重要。选择路由器时，务必要关注网络系统的监管和配置能力是否强大，设备是否可以提供统计信息和深层故障检测的诊断功能等。

### 1.4.6　服务器

服务器是为网络用户提供共享信息资源和服务的特殊计算机，在网络中处于主导地位。服务器的构成与普通计算机基本相似，有处理器、硬盘、内存、系统总线等，但服务器比普通计算机拥有更强的处理能力、更多的内存和硬盘空间。正因为如此，服务器的处理能力、稳定性、可靠性、安全性、可扩展性、可管理性等比普通计算机强大得多。

#### 1. 服务器的分类

（1）按包含处理器的个数划分，服务器分为单路服务器、双路服务器、四路服务器、八路服务器等，其中四路以上服务器统称为多路服务器。

（2）按服务器的处理器架构（也就是服务器 CPU 所采用的指令系统）划分，服务器分为 CISC 架构服务器、RISC 架构服务器和 VLIW 架构服务器。CISC 的英文全称为 complex instruction set computer，即复杂指令集计算机；RISC 的英文全称为 reduced instruction set computer，即精简指令集计算机；VLIW 的英文全称为 very-long instruction word，即超长指令字，VLIW 架构采用了先进的清晰并行指令（explicitly parallel instruction code，EPIC）设计，这种构架叫作"IA-64 架构"。

（3）按应用划分，服务器分为 Web 服务器、邮件服务器、数据库服务器等。

（4）按服务器的机箱结构划分，服务器分为塔式服务器、机架式服务器、机柜式服务器和刀片式服务器。

（5）按照服务器的集约化的方式划分，服务器分为刀片服务器、集群系统等。

#### 2. 服务器的选择

服务器既是网络的文件中心，同时又是网络的数据中心，在很大程度上决定了整个网络的性能，因此服务器的选择尤为重要。选择服务器时应考虑以下几点。

（1）适当的处理器架构。

对于服务器来说，适当的处理器架构是一个非常关键的注意事项。不同的处理器架构在很大程度上决定了服务器的性能水平和整体价格。一般的中小型企业通常选择 Intel 的 IA（Intel Architecture）架构或者 AMD 的 x86-64 架构，这类处理器一般只具有较低的可扩展能力，并行扩展路数一般在八路以下，且基本上采用常见的微软 Windows 服务器系统。对性能、稳定性和可扩展能力要求较高的大中型企业和行业用户，则宜选择基于 RISC 架构或 VLIW 架构处理器的服务器，这类服务器所采用的服务器操作系统一般是 Unix 或者 Linux，当然绝大多数也支持微软的 Windows 服务器操作系统。

（2）适宜的可扩展能力。

服务器的可扩展能力主要表现在处理器的并行扩展和服务器群集扩展两个方面。一般的中小型企业通常采用前者,因为这种扩展技术容易实现且成本低。至于服务器群集扩展技术,现在在一些国外品牌的企业级,甚至部门级服务器中已开始普及,即通过一个群集管理软件把多个相同或者不同的服务器集中起来管理,以实现负载均衡,提高服务器系统的整体性能水平,由于配置过程非常复杂,在中小型企业不建议采用。

（3）合适的服务器机箱结构。

按服务器的机箱结构划分,服务器分为塔式服务器、机架式服务器、机柜式服务器和刀片式服务器。它们具有不同的优点。

① 塔式服务器是传统的服务器结构,也是我们见得较多、应用较普遍的一种服务器结构类型。服务器的塔式机箱一般比较大,因为它要容纳更多的接插件,并需要更大的空间来散热。所以,塔式架构的优点是可扩展更多的总线、内存插槽,提供更多的磁盘架位,还可以更好地散热。它的缺点是体积太大,对于机房空间比较宝贵的企业用户来说,可能不是最佳选择。

② 机架式服务器是一种优化结构类型。这种结构主要是为了尽可能减少服务器空间的占用而设计。这种服务器机箱就像我们平常所见到的交换机一样,呈盒状,重量也比较轻,可以轻易地安装在桌面上。但同时,因为它的空间非常有限,所以它的扩展能力一般比较有限,而且对服务器配件的热稳定性要求也比塔式的要高,因为它的空间小,不利于散热。机架式服务器按照机器的厚度又分为1U服务器、2U服务器（如图1-28所示）、3U服务器、4U服务器等。

图 1-28　2U 机架式服务器

③ 机柜式服务器。一些高档企业服务器内部结构复杂,内部设备较多,有的还具有许多不同的设备单元或几个服务器都放在一个机柜中,这种服务器就是机柜式服务器。对于证券、银行、邮电等重要企业,则应采用具有完备的故障自修复能力的系统,关键部件应采用冗余措施,对于关键业务使用的服务器也可以采用双机热备份高可用系统或者是高性能计算机,这样系统可用性就可以得到很好的保证。

④ 刀片式服务器是一种被称为高可用高密度(high availability high density,HAHD)的低成本服务器平台,是专门为特殊应用行业和高密度计算机环境设计的（如图1-29所示）。它比机架式服务器架构更小,但它具有非常灵活的扩展性能,可通过安装在一个刀片机柜中实现类似于多服务器群集的功能。因为刀片式服务器本身体积非常小,就像其他设备的模块化板件一样,所以在一个机柜中可以安装几个,甚至几十个这样的刀片式服务器,实现服务器整体性能的成倍提高。刀片式服务器技术发展非常迅速,它既可以满足中小型企业的业务扩展需求,又可以满足大中型企业高性能的追求,同时,它还有智能化管理功能,是未来

发展的一种必然趋势。

图 1-29　刀片式服务器

（4）合适的品牌。

选择品牌时，要把品牌、质量(包括产品质量和服务质量)和价格三者联系在一起综合考虑，而不是单纯谈品牌。基本上是好的品牌才有好的产品质量，也才有好的服务保证，但相应的产品价格比一般的要贵些，这就要求用户均衡利弊来选择了。前几年，服务器产品主要是以国外品牌为主，如 IBM、HP、Sun 等，但近几年国内服务器品牌发展迅速，服务器产品的技术水平和性能都有极大的提高。如联想、浪潮和曙光、华为等，其服务器技术水平已比较接近国外著名品牌。

# 1.5　动 动 脑 筋

1. 网络工程建设要经历哪几个阶段？

2. OSI 网络参考模型各层都有哪些功能？

3. 集线器、交换机和路由器在网络连接中起什么作用？

4. IP 地址和 MAC 地址都可以标识网络中的一台计算机，两者之间有什么区别和联系？

5. 某网络有三个网段,网络中的每一个网段只有30台主机,现在只申请了一个C类网络地址211.208.2.0,如何利用子网划分的方法为其进行IP地址的分配?

_____

_____

# 1.6 学 习 小 结

通过本章的学习,读者对网络基础及网络工程基础知识有了初步的了解,对OSI参考模型和TCP/IP参考模型的分层结构及每层的功能有了基本的认识。同时初步掌握了IP地址相关技术,对网络互联设备的基本工作原理、分类以及设备选购有初步的认识。这一章是学习后面章节的基础。

# 第2章 网络工程初体验——常用操作命令

## 2.1 知识准备

### 2.1.1 概述

一台计算机必须正确设置了 IP 地址、子网掩码、域名服务器和网关，才能正常上网。但把上面的几方面设置齐备后，如果仍然不能上网的话，就要检查其错误所在了，我们可以通过网络管理命令为检查错误提供依据。

虽然我们平时在使用 Windows 操作系统的时候，主要是对图形界面进行操作，但是网络管理命令对我们仍然非常有用。下面就来看看这些命令到底有哪些作用，同时学习使用这些命令的技巧。

### 2.1.2 ping 命令

ping 是个使用频率极高的命令，用于确定本地主机是否能与另一台主机通信。根据返回的信息，我们可以推断 TCP/IP 参数设置是否正确以及运行是否正常。

简单地说，ping 就是一个测试程序，如果 ping 运行正常，我们大体上就可以排除网络访问层、网卡、modem 等的故障，从而缩小问题的范围。但由于可以自定义所发数据包的大小及无休止的高速发送，ping 也是黑客攻击别人电脑常用的工具之一。

1. 命令语法

ping [-t] [-a] [-n count] [-l size] [-f] [-i TTL] [-v TOS] [-r count] [-s count] [{-j hostlist|-k hostlist}] [-w timeout] [target_name]

2. 命令功能

用来检查网络是否通畅或者网络连接速度的命令

3. 参数说明

● -t：不停止地对某一特殊地址进行测试，直到按"Ctrl＋Break"组合键或"Ctrl＋C"组合键为止。

● -a：将地址解析为计算机 NetBIOS 名。

● -n count：发送 count 指定的 ECHO 数据包数，通过这个命令可以定义发送的数据包个数,对衡量网络速度很有帮助。能够测试发送数据包的返回平均时间及快慢程度。默认值为 4。

- -l size：发送指定数据量的 ECHO 数据包。默认为 32 字节,最大值是 65 500 字节。
- -f：在数据包中发送"不要分段"标志,数据包就不会被路由上的网关分段。通常所发送的数据包都会通过路由分段再发送给对方,加上此参数以后路由就不会再分段处理。
- -i TTL：将"生存时间"字段设置为 TTL 指定的值。指定 TTL 值在对方的系统里停留的时间,同时检查网络运转情况。
- -v TOS：将"服务类型"字段设置为 TOS(服务类型,type of service)指定的值。
- -r count：在"记录路由"字段中记录发送和返回数据包的路由。通常情况下,发送的数据包是通过一系列路由才到达目标地址的,通过此参数可以设定,想探测经过路由的个数。限定能跟踪到 9 个路由。
- -s count：指定 count 指定的跃点数的时间戳。与参数-r count 差不多,但此参数不记录数据包返回所经过的路由,最多只记录 4 个。
- -j hostlist：利用 computer-list 指定的计算机列表路由数据包。连续计算机可以被中间网关分隔(路由稀疏源),IP 允许的最大数量为 9。
- -k hostlist：利用 computer-list 指定的计算机列表路由数据包。连续计算机不能被中间网关分隔,IP 允许的最大数量为 9。
- -w timeout：指定超时间隔,单位为毫秒。
- Target Name：指定要 ping 的远程计算机。

在控制台命令提示符下输入"ping/?",可显示该命令的帮助信息。

- /?：在命令提示符状态下显示帮助信息。

4. 命令详解

默认配置下,Windows 上运行的 ping 命令发送 4 个 ICMP 回送请求,每个包的大小为 32 个字节,正常情况下应能得到 4 个回送应答。ping 能显示 TTL(存活时间,time to live) 值,可以通过 TTL 值推算数据包已经通过了多少个路由器(每过一个路由器 TTL 减 1)。 例如,返回 TTL 值为 110,那么可以推算数据包离开源地址的 TTL 起始值为 128,而源地点到目的地点要通过 18 个路由器网段(由 128-110 得)。

5. 命令示例

(1) ping 环回地址。

测试的第一步是使用 ping 命令来验证本地主机的内部 IP 配置。本测试通过对一个保留地址使用 ping 命令来完成,该保留地址称为环回地址,IP 地址为：127.0.0.1。此命令将验证从网络层到物理层再返回网络层的协议栈是否工作正常,而不会向网络介质发送任何信号。

ping 环回命令如下：

```
C:\>ping 127.0.0.1
```

4 个回送应答类似下列语句：

```
Reply from 127.0.0.1:bytes = 32 time<1ms TTL = 128
Reply from 127.0.0.1:bytes = 32 time<1ms TTL = 128
Reply from 127.0.0.1:bytes = 32 time<1ms TTL = 128
Reply from 127.0.0.1:bytes = 32 time<1ms TTL = 128
Ping statistics for 127.0.0.1:
Packets:Sent = 4, Received = 4, Lost = 0 (0% loss),
Approximate round trip times in milli-seconds:
Minimum = 0ms, Maximum = 0ms, Average = 0ms
```

以上结果表示发送了 4 个测试数据包，每个包的大小为 32 个字节，并都在 1 ms 内从主机 127.0.0.1 返回。TTL 代表生存时间，用于定义数据包在被丢弃前所剩下的跳数[①]。测试的下一步是验证网卡地址是否已经和 IPv4 地址绑定以及网卡是否已准备好通过介质传输信号。

（2）ping 本机 IP。

假设分配给网卡的 IPv4 地址为 192.168.1.1。

在命令行中输入下列内容：

```
C:\>ping 192.168.1.1
```

成功的应答类似下列内容：

```
Reply from 192.168.1.1:bytes = 32 time<1ms TTL = 128
Reply from 192.168.1.1:bytes = 32 time<1ms TTL = 128
Reply from 192.168.1.1:bytes = 32 time<1ms TTL = 128
Reply from 192.168.1.1:bytes = 32 time<1ms TTL = 128
Ping statistics for 192.168.1.1:
Packets:Sent = 4, Received = 4, Lost = 0 (0% loss),
Approximate round trip times in milli-seconds:
Minimum = 0ms, Maximum = 0ms, Average = 0ms
```

此测试验证表明网卡驱动程序和网卡的大部分硬件工作正常。它还验证表明该 IP 地址已正确绑定到该网卡，但不一定将信号发送到介质上。

如果此测试失败，则表示网卡的硬件或驱动软件存在问题，或同时存在问题，可能需要重新安装。这取决于主机的类型及其操作系统。

（3）ping 本地局域网中的主机。

如果 ping 其他主机成功，则可验证本地主机(本例中的路由器)和远程主机都配置正确。

如果失败消息是请求超时。这表示在默认的时段内，ping 命令未获响应，说明网络的延

---

① "跳数"的解释参见第 6 章。——编者注

时可能存在问题。

如果收到 0 个回送应答,则表示子网掩码不正确或网卡配置错误,或电缆系统有问题。也可能是 ping 命令被设备的安全功能禁止。

(4) ping 网关 IP。

这个命令如果应答正确,表示局域网中的网关路由器正在运行并能够做出应答(网关是主机通向外部网络的出入口)。因此,如果 ping 命令返回了成功的回应,则验证了主机与网关之间的连通性。

(5) ping 远程 IP。

如果收到 4 个应答,表示成功地使用了默认网关。对于拨号上网用户则表示能够成功地访问 internet(但不排除 ISP 的 DNS 会有问题)。

(6) ping 域名(如 www. baidu. com)。

这个命令通常是通过 DNS 服务器把域名转成对应的 IP 地址,然后再进行 ping 操作,如果 ping 域名出现故障,则表示 DNS 服务器的 IP 地址配置不正确或 DNS 服务器有故障(对于拨号上网用户,某些 ISP 已经不需要设置 DNS 服务器了)。

我们可以利用 ping 域名实现域名对 IP 地址转换功能,但该功能对安全性比较高的网站不适用。

### 2.1.3 追踪远程主机 tracert

如果想知道到达某个目标到底要经过哪些路径,可以使用 tracert 命令来检查到达目的 IP 地址的路径并记录结果。tracert 命令显示用于将数据包从源主机传递到目的主机的一组 IP 路由器,以及每个跃点所需的时间。如果数据包不能传递到目的主机,tracert 命令将显示成功转发数据包的最后一个路由器。用 tracert 命令得到的路径是源主机到目的主机的一条路径,但我们不能认为数据包总遵循这个路径,因为每次都会有不同的路径,本书将在后面有关章节进行讲解。

tracert 的使用很简单,只需要在 tracert 后面跟一个 IP 地址或 URL,就会进行相应的域名转换。

1. 命令语法

tracert [-d] [-h maximum_hops] [-j host-list] [-w timeout] [target_name]

2. 命令功能

追踪可用于返回数据包在网络中传输时沿途经过的跳的列表。

3. 参数说明

● -d:不将中间路由器的地址解析成主机名称。

- -h maximum_hops：指定搜索目标的最大跳数。默认为 30 跳。
- -j host-list：与主机列表一起的松散源路由（仅适用于 IPv4）。host-list 中的地址或名称的最大数量为 9。host-list 是一系列由空格分隔的 IP 地址（用带点的十进制符号表示）。
- -w timeout：等待每个回复的超时时间（以毫秒为单位）。
- target_name：指定目标，可以是 IP 地址或主机名。

4. 命令示例

```
C:\>tracert www.baidu.com
通过最多30个跃点跟踪
到 www.a.shifen.com [61.135.169.125] 的路由:

  1    1 ms    1 ms    1 ms  192.168.1.1
  2   53 ms    3 ms    2 ms  10.0.0.1
  3    6 ms    4 ms    3 ms  219.148.104.25
  4    9 ms   10 ms   11 ms  27.129.53.25
  5   20 ms   18 ms   18 ms  202.97.80.141
  6     *       *        *   请求超时。
  7   18 ms   18 ms   19 ms  219.158.38.249
  8   19 ms   21 ms   22 ms  219.158.6.33
  9   21 ms   18 ms   18 ms  124.65.194.162
 10   15 ms   15 ms   17 ms  124.65.59.170
 11   20 ms   17 ms   17 ms  202.106.43.174
 12     *       *        *   请求超时。
 13   14 ms   15 ms   14 ms  61.135.169.125

跟踪完成。
```

若在 Linux/BSD/router/Unix 环境下，请使用 traceroute 执行追踪。

### 2.1.4 ipconfig 命令

ipconfig 命令一般用来检验主机配置的 TCP/IP 是否正确，如果主机和所在的局域网使用了动态主机配置协议（dynamic host configuration protocol，DHCP），ipconfig 所显示的信息更加实用。这时，ipconfig 可以让我们知道自己的计算机是否成功地租用到一个 IP 地址，如果租用到，我们还可以知道它目前分配到的是什么地址。知道主机当前的 IP 地址、子网掩码和默认网关是进行网络测试和故障分析的必要前提。

1. 命令语法

ipconfig [/allcompartments] [/? | /all |/renew [adapter] | /release [adapter] | /renew6

［adapter］｜/release6［adapter］｜/flushdns｜/displaydns｜/registerdns｜/showclassid adapter｜/setclassid adapter［classid］｜/showclassid6 adapter｜/setclassid6 adapter［classid］］

其中 adapter 是连接名称（允许使用通配符 * 和?,参见命令示例）。

2. 命令功能

ipconfig 命令用于显示网络节点（主机）当前的 TCP/IP 网络配置值、刷新 DHCP 和 DNS 设置。

3. 参数说明

- /?：显示此帮助消息。
- /all：显示完整配置信息。
- /release：释放指定适配器的 IPv4 地址。
- /release6：释放指定适配器的 IPv6 地址。
- /renew：更新指定适配器的 IPv4 地址。
- /renew6：更新指定适配器的 IPv6 地址。
- /flushdns：清除 DNS 解析程序缓存。
- /registerdns：刷新所有 DHCP 租用并重新注册 DNS 名称
- /displaydns：显示 DNS 解析程序缓存的内容。
- /showclassid：显示适配器允许的所有 DHCP 类 ID。
- /setclassid：修改 DHCP 类 ID。
- /showclassid6：显示适配器允许的所有 IPv6 DHCP 类 ID。
- /setclassid6：修改 IPv6 DHCP 类 ID。

4. 命令示例

```
C:\>ipconfig                          ...显示网络配置信息
C:\>ipconfig /all                     ...显示网络配置详细信息
C:\>ipconfig /renew                   ...更新所有适配器
C:\>ipconfig /renew EL*               ...更新所有名称以 EL 开头的连接
C:\>ipconfig /release *Con*           ...释放所有匹配的连接,例如"有线以太网连
                                         接 1"或"有线以太网连接 2"
C:\>ipconfig /allcompartments         ...显示有关所有分段的信息
C:\>ipconfig /allcompartments /all    ...显示有关所有分段的详细信息
```

ipconfig/release 和 ipconfig/renew

这是两个附加选项,只能在向 DHCP 服务器租用 IP 地址的主机上起作用。如果我们输入 ipconfig/release,那么所有接口的租用 IP 地址便重新交给 DHCP 服务器(归还 IP 地址)。如果我们输入 ipconfig/renew,那么本地计算机便设法与 DHCP 服务器取得联系,并租用一个新的 IP 地址。多数情况下网卡将被赋予和以前所赋予的相同的 IP 地址。

### 2.1.5 nslookup 命令

nslookup 命令很实用,网络管理员可以用它来监测网络中 DNS 服务器是否能正确实现域名解析。黑客可以通过此命令探测一个大型网站究竟绑定了多少个 IP 地址,以便准确地把握攻击的 IP 地址范围。

1. 命令语法

nslookup [ip address /domain]

2. 命令功能

nslookup 命令的功能是查询一台主机的 IP 地址和其对应的域名,诊断 DNS 信息。一般可用此命令来确认 DNS 服务器的状态。我们可以通过输入 nslookup 命令进入交互环境,此时出现提示符"＞",输入相应的域名,可以转换该域名对应的 IP 地址。

3. 参数说明

● ip address：检测反向解析。

● domain：检测正向解析。

4. 命令示例

（1）检测正向解析。

```
C:\>nslookup www.baidu.com
服务器：    UnKnown
Address：   115.159.55.78

非权威应答：
名称：      www.a.shifen.com
Addresses：61.135.169.125
           61.135.169.121
Aliases：  www.baidu.com
```

（2）获取该命令的使用帮助说明。

```
C:\>nslookup
默认服务器：  UnKnown
Address：  115.159.55.78

>help
命令：  (标识符以大写表示,[] 表示可选)
NAME            - 打印有关使用默认服务器的主机/域 NAME 的信息
NAME1 NAME2     - 同上,但将 NAME2 用作服务器
help or ?       - 打印有关常用命令的信息
set OPTION      - 设置选项
    all                       - 打印选项、当前服务器和主机
    [no]debug                 - 打印调试信息
```

| | |
|---|---|
| [no]d2 | - 打印详细的调试信息 |
| [no]defname | - 将域名附加到每个查询 |
| [no]recurse | - 询问查询的递归应答 |
| [no]search | - 使用域搜索列表 |
| [no]vc | - 始终使用虚拟电路 |
| domain = NAME | - 将默认域名设置为 NAME |
| srchlist = N1[/N2/.../N6] | - 将域设置为 N1,并将搜索列表设置为 N1、N2 等 |
| root = NAME | - 将根服务器设置为 NAME |
| retry = X | - 将重试次数设置为 X |
| timeout = X | - 将初始超时间隔设置为 X 秒 |
| type = X | - 设置查询类型(如 A、AAAA、A + AAAA、ANY、CNAME、MX、NS、PTR、SOA 和 SRV) |
| querytype = X | - 与类型相同 |
| class = X | - 设置查询类(如 IN(internet)和 ANY) |
| [no]msxfr | - 使用 MS 快速区域传输 |
| ixfrver = X | - 用于 IXFR 传送请求的当前版本 |
| server NAME | - 将默认服务器设置为 NAME,使用当前默认服务器 |
| lserver NAME | - 将默认服务器设置为 NAME,使用初始服务器 |
| root | - 将当前默认服务器设置为根服务器 |
| ls [opt] DOMAIN [> FILE] | - 列出 DOMAIN 中的地址(可选:输出到文件 FILE) |
| -a | - 列出规范名称和别名 |
| -d | - 列出所有记录 |
| -t TYPE | - 列出给定 RFC 记录类型(例如 A、CNAME、MX、NS 和 PTR 等)的记录 |
| view FILE | - 对'ls'输出文件排序,并使用 pg 查看 |
| exit | - 退出程序 |

### 2.1.6  netstat 命令

netstat 是一个用来查看网络状态的命令,操作简便功能强大。netstat 命令用于显示与 IP、TCP、UDP 和 ICMP 协议相关的统计数据,一般用于检验本机各端口的网络连接情况。

计算机并不是每次都能正确地接收或发出数据包,其原因可能是底层网络错误或是配置错误。TCP/IP 可以容许一些错误,并能够自动重发数据包。但如果累计的出错数目占到所接收的 IP 数据包相当大的百分比,或者它的数目正迅速增加,那么我们就应该使用 netstat 命令查一查为什么会出现这些情况了。

1. 命令语法

netstat [-a] [-b] [-e] [-f] [-n] [-o] [-p proto] [-r] [-s] [-x] [-t] [interval]

2. 命令功能

显示协议统计信息和当前 TCP/IP 网络连接。

3. 参数说明

● -a:显示所有连接和侦听端口。

● -b：显示在创建每个连接或侦听端口时涉及的可执行程序。在某些情况下，已知可执行程序承载多个独立的组件，这种情况下，显示创建连接或侦听端口时涉及的组件序列。在此情况下，可执行程序的名称位于底部［］中，它调用的组件位于顶部，直至达到 TCP/IP。注意，此选项可能很耗时，并且在你没有足够权限时可能会失败。

● -e：显示以太网统计信息。此选项可以与 -s 选项结合使用。

● -f：显示外部地址的全限定域名（fully qualified domain name，FQDN）。

● -n：以数字形式显示地址和端口号。

● -o：显示拥有的与每个连接关联的进程 ID。

● -p proto：显示 proto 指定的协议的连接。proto 可以是 TCP、UDP、TCPv6 或UDPv6 中的任何一个。如果与 -s 选项一起用来显示每个协议的统计信息，proto 可以是 IP、IPv6、ICMP、ICMPv6、TCP、TCPv6、UDP 或 UDPv6 中的任何一个协议。

● -q：显示所有连接、侦听端口和绑定的非侦听 TCP 端口。绑定的非侦听端口不一定与活动连接相关联。

● -r：显示路由表。

● -s：显示每个协议的统计信息。默认情况下，显示 IP、IPv6、ICMP、ICMPv6、TCP、TCPv6、UDP 和 UDPv6 的统计信息。

● -p：用于指定默认的子网。

● -t：显示当前连接卸载状态。

● -x：显示 NetworkDirect 连接、侦听器和共享终结点。

● -y：显示所有连接的 TCP 连接模板。无法与其他选项结合使用。

● Interval：重新显示选定的统计信息，各个显示间暂停的间隔秒数。按"Ctrl＋C"组合键停止重新显示统计信息。如果省略，则 netstat 命令将打印当前的配置信息一次。

4. 命令示例

```
C:\>netstat -a
Active Connections
  Proto   Local Address              Foreign Address          State
  TCP   MICROSOF-A4BF5D:epmap        MICROSOF-A4BF5D:0        LISTENING
  TCP   MICROSOF-A4BF5D:microsoft-ds MICROSOF-A4BF5D:0        LISTENING
  TCP   MICROSOF-A4BF5D:1029         MICROSOF-A4BF5D:0        LISTENING
  TCP   MICROSOF-A4BF5D:30606        MICROSOF-A4BF5D:0        LISTENING
  ……
```

### 2.1.7　net 命令

net 命令是网络命令中最重要的命令之一，功能强大，可以用来管理网络环境、服务、用户、登录等，由于篇幅有限，本书只对 net 命令的常用功能进行讲解。

1. 命令语法

net

[accounts ｜ computer ｜ config ｜ continue ｜ file ｜ group ｜ help ｜
helpmsg ｜ localgroup ｜ pause ｜ session ｜ share ｜ start ｜
statistics ｜ stop ｜ time ｜ use ｜ user ｜ view]

**2. net view 命令**

（1）命令语法。

net view

[\\computername [/cache]｜[/all]｜/domain[:domainname]]

（2）命令功能。

显示域列表、计算机列表或指定计算机的共享资源列表。

（3）参数说明。

● 键入不带任何参数的 net view 将显示当前域的计算机列表。

● \\computername：指定要查看其共享资源的计算机。

● /domain[:domainname]：指定要查看其可用计算机的域。

（3）命令示例。

```
C:\>net view \\sun              //查看 PC 机名为 sun 的共享资源列表
C:\>net view /domain:CHINA      //查看 CHINA 域中的机器列表
```

**3. net user 命令**

（1）命令语法。

net user

[username [password｜ * ] [options]][/domain]
username {password｜ * } /add [options][/domain]
username [/delete] [/domain]
username [/times:{times｜all}]

（2）命令功能。

添加或更改用户账号或显示用户账号信息。该命令也可以写为 net users。

（3）参数说明。

● 键入不带参数的 net user：查看计算机上的用户账号列表。

● username：添加、删除、更改或查看用户账号名。

● password：为用户账号分配或更改密码。

● * ：提示输入密码。

● /domain：在计算机主域的主域控制器中执行操作。

（4）命令示例。

```
C:\>net user sun               //查看用户 sun 的信息
```

**4. net use 命令**

（1）命令语法。

net use

[devicename｜＊] [\\computername\sharename[\volume] [password｜＊]]

　　　　[/user:[domainname\]username]

　　　　[/user:[dotted domain name\]username]

　　　　[/user:[username@dotted domain name]

　　　　[/smartcard]

　　　　[/savecred]

　　　　[[/delete]｜[/persistent:{yes｜no}]]

net use {devicename｜＊} [password｜＊] /home

net use [/persistent:{yes｜no}]

（2）命令功能。

连接计算机或断开计算机与共享资源的连接，或显示计算机的连接信息。

（3）参数说明。

● 键入不带参数的 net use：列出网络连接。

● devicename：指定一个名字以便与资源相连接，或者指定要切断的设备。有两种类型的设备名：磁盘驱动器(D：至 Z：)和打印机(LPT1：至 LPT3：)。输入一个星号来代替一个指定的设备名可以分配下一个可用设备名。

● \\computername：指控制共享资源的计算机的名字。如果计算机名中包含有空字符，就要将双反斜线(\\)和计算机名一起用引号(" ")括起来。计算机名可以有 1 到 15 个字符。

● \sharename：指共享资源的网络名字。

● \volume：指定一个服务器上的 NetWare 卷。用户必须安装 NetWare 的客户服务(Windows 工作站)或者 NetWare 的网关服务(Windows 服务器)并使之与 NetWare 服务器相连。

● password：指访问共享资源所需要的密码。＊ 进行密码提示。当在密码提示符下输入密码时，密码不会显示。

● /user：指定连接时的一个不同的用户名。

● domainname：指定另外一个域。如果缺省域，就会使用当前登录的域。

● username：指定登录的用户名。

● /smartcard：指定连接使用在智能卡上的凭据。

● /savecred：指定保留用户名和密码。此开关被忽略，除非命令提示输入用户名和密码。

● /home：将用户与他们的主目录相连。

● /delete：取消一个网络连接，并且从永久连接列表中删除该连接。

● /persistent：控制对永久网络连接的使用。其默认值是最近使用的设置。

● yes：在连接产生时保存它们，并在下次登录时恢复它们。

● no：不保存正在产生的连接或后续的连接；现有的连接将在下次登录时恢复。可以使用/delete 选项开关来删除永久连接。

（4）命令示例。

```
C:\>net use e: \\SUN\TEMP          //将\\SUN\TEMP 目录建立为 E 盘
C:\>net use e: \\SUN\TEMP  /delete  //断开连接
```

5. net time 命令

(1) 命令语法。

net time

[\\computername | /domain[:domainname] | /rtsdomain[:domainname]] [/set]

(2) 命令功能。

使计算机的时钟与另一台计算机或域的时间同步。

(3) 参数说明。

● \\computername：指定要检查或要与之同步的服务器的名称。

● /domain[:domainname]：指定要同步时钟的域。

● /rtsdomain[:domainname]：指定要与之同步时钟的"可信时间服务器"所在的域。

● /set：使计算机的时钟与指定的计算机或域的时间同步。

使用/set 参数时可以直接在后面加上/y 或/yes 参数实现不询问直接更改时间：
net time \\computername /set /y。

(4) 命令示例。

| | |
|---|---|
| C:\>net time \\SUN | //显示计算机 SUN 的当前时间 |
| C:\>net time /domain:china/set | //使计算机的时间与当前域 china 的当前时间同步 |

6. net start 命令

(1) 命令语法。

net start [service]

(2) 命令功能。

启动服务或显示已启动服务的列表。

(3) 命令示例。

| | |
|---|---|
| C:\>net start workstation | //开启 workstation 服务 |
| C:\>net start | //显示当前正在运行的服务列表 |

7. net pause 命令

(1) 命令语法。

net pause[service]

(2) 命令功能。

暂停正在运行的服务。服务可以是下列项之一：

● netlogon

● schedule

- server
- workstation

8．net continue

（1）命令语法。

net continue［service］

（2）命令功能。

重新激活挂起的服务。服务可以是下列项之一：

- netlogon
- schedule
- server
- workstation

9．net stop 命令

（1）命令语法。

net stop［service］

（2）命令功能。

停止正在运行的服务。服务可以是下列项之一：

- browser
- dhcp client
- file replication
- netlogon
- remote access connection manager
- routing and remote access
- schedule
- server
- spooler
- tcp/ip netbios helper
- ups
- workstation

（3）命令示例。

```
C:\>net stop workstation          /停止 workstation 服务
```

### 2.1.8  arp 命令

arp 命令用于显示和修改地址解析协议（ARP）缓存中的表项。ARP 缓存中包含一个或多个表，它们用于存储 IP 地址及其经过解析的以太网或令牌环物理地址。计算机上安装的每一个以太网或令牌环网络适配器都有自己单独的表。如果在没有参数的情况下使用，则arp 命令将显示帮助信息。也可以手工输入静态的 IP 地址与 MAC 地址对应的表项。默认情况下 ARP 缓存中的表项是动态的。

**1. 命令语法**

arp -a [inet_addr] [-n if_addr] [-v]

arp -d inet_addr [if_addr]

arp -s inet_addr eth_addr [if_addr]

**2. 命令功能**

显示和修改地址解析协议缓存中的表项。

**3. 参数说明**

● -a：通过询问当前协议数据，显示当前 arp 项。如果指定 inet_addr，则只显示指定计算机的 IP 地址和物理地址。如果不止一个网络接口使用 arp，则显示每个 arp 表的项。

● -g：与-a 相同。-g 一直是 Unix 平台上用来显示 arp 高速缓存中所有项目的选项，但在 Windows 平台该选项也可用。

● -v：在详细模式下显示当前 arp 项。所有无效项和环回接口上的项都将显示。

● inet_addr：指定 internet 地址。

● -n if_addr：显示 if_addr 指定的网络接口的 arp 项。

● -d：删除 inet_addr 指定的主机。当 inet_addr 是通配符 * 时，表示删除所有主机。

● -s：添加主机并且将 internet 地址 inet_addr 与物理地址 eth_addr 相关联。物理地址是用连字符分隔的 6 个十六进制字节。

● eth_addr：指定物理地址。

● if_addr：如果存在，此项指定地址转换表应修改的接口的 internet 地址。如果不存在，则使用第一个适用的接口。

**4. 命令示例**

```
C:\> arp -s 157.55.85.212      00-aa-00-62-c6-09        //添加静态项
C:\> arp -a                                             //显示 ARP 表
```

> 小提示
>
> ARP 高速缓存中的项目是动态的，每当发送一个指定地点的数据包且高速缓存中不存在当前项目时，ARP 便会自动添加该项目。例如，在 Windows NT/2000 网络中，如果输入项目后不进一步使用，物理/IP 地址对就会在 2～10 分钟内失效。因此，如果 ARP 高速缓存中项目很少或根本没有项目时，请不要奇怪，通过另一台计算机或路由器的 ping 命令即可添加。所以，如果通过 arp 命令查看高速缓存中的内容时，请最好先 ping 此台计算机（不能是本机发送 ping 命令）。

# 2.2 动 手 做 做

本节主要介绍了 Windows 网络操作命令,读者应深入体会网络基本原理并掌握主机上的常用网络操作命令。

## 2.2.1 实验目的

通过本实验,读者可以掌握以下技能:

- 查看主机的网络配置。
- 配置主机网络参数。
- 修改主机网络配置。
- 排除主机网络故障。

## 2.2.2 实验规划

1. 实验设备

- 实验用 PC 3 台。
- 路由器 1 台。
- 交换机 1 台。
- 网络连接线若干。

2. 网络拓扑

实验的网络拓扑图如图 2-1 所示。

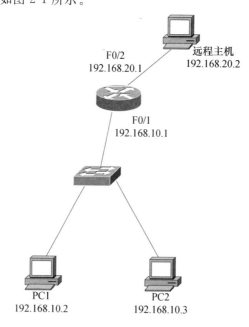

图 2-1　网络拓扑图

### 2.2.3 实验步骤

1. 使用 ping 命令测试故障原因

（1）验证本地主机的内部 IP 配置。

```
C:\>ping 127.0.0.1
Pinging 127.0.0.1 with 32 bytes of data：
Reply from 127.0.0.1：bytes = 32 time = 16ms TTL = 128
Reply from 127.0.0.1：bytes = 32 time = 0ms TTL = 128
Reply from 127.0.0.1：bytes = 32 time = 2ms TTL = 128
Reply from 127.0.0.1：bytes = 32 time = 2ms TTL = 128
Ping statistics for 127.0.0.1：
    Packets：Sent = 4，Received = 4，Lost = 0（0% loss），
Approximate round trip times in milli-seconds：
    Minimum = 0ms，Maximum = 16ms，Average = 5ms
```

（2）ping 本机 IP。

```
C:\>ping 192.168.10.2
Pinging 192.168.10.2 with 32 bytes of data：
Reply from 192.168.10.2：bytes = 32 time = 16ms TTL = 128
Reply from 192.168.10.2：bytes = 32 time = 16ms TTL = 128
Reply from 192.168.10.2：bytes = 32 time = 0ms TTL = 128
Reply from 192.168.10.2：bytes = 32 time = 0ms TTL = 128
Ping statistics for 192.168.10.2：
    Packets：Sent = 4，Received = 4，Lost = 0（0% loss），
Approximate round trip times in milli-seconds：
    Minimum = 0ms，Maximum = 16ms，Average = 8ms
//本地驱动正常，已加入网络
```

（3）ping 网内其他主机。

```
C:\>ping 192.168.10.3
Pinging 192.168.10.3 with 32 bytes of data：
Reply from 192.168.10.3：bytes = 32 time = 125ms TTL = 128
Reply from 192.168.10.3：bytes = 32 time = 62ms TTL = 128
Reply from 192.168.10.3：bytes = 32 time = 63ms TTL = 128
Reply from 192.168.10.3：bytes = 32 time = 63ms TTL = 128
Ping statistics for 192.168.10.3：
    Packets：Sent = 4，Received = 4，Lost = 0（0% loss），
Approximate round trip times in milli-seconds：
    Minimum = 62ms，Maximum = 125ms，Average = 78ms
//实验证明，和网内其他主机连接正常，交换机正常
```

（4）ping 不存在的主机。

```
C:\ >ping 192.168.10.6
Pinging 192.168.10.6 with 32 bytes of data:
Request timed out.
Request timed out.
Request timed out.
Request timed out.
Ping statistics for 192.168.10.6:
    Packets: Sent = 4, Received = 0, Lost = 4 (100% loss)
```

（5）ping 网关 IP。

```
C:\ >ping 192.168.10.1
Pinging 192.168.10.1 with 32 bytes of data:
Reply from 192.168.10.1: bytes = 32 time = 63ms TTL = 255
Reply from 192.168.10.1: bytes = 32 time = 63ms TTL = 255
Reply from 192.168.10.1: bytes = 32 time = 62ms TTL = 255
Reply from 192.168.10.1: bytes = 32 time = 47ms TTL = 255
Ping statistics for 192.168.10.1:
    Packets: Sent = 4, Received = 4, Lost = 0 (0% loss),
Approximate round trip times in milli-seconds:
    Minimum = 47ms, Maximum = 63ms, Average = 58ms
//本地工作站与默认网关之间连接正常
```

（6）ping 远程主机。

```
C:\ >ping 192.168.20.2
Pinging 192.168.20.2 with 32 bytes of data:
Request timed out.
Reply from 192.168.20.2: bytes = 32 time = 78ms TTL = 127
Reply from 192.168.20.2: bytes = 32 time = 94ms TTL = 127
Reply from 192.168.20.2: bytes = 32 time = 94ms TTL = 127
Ping statistics for 192.168.20.2:
    Packets: Sent = 4, Received = 3, Lost = 1 (25% loss),
Approximate round trip times in milli-seconds:
    Minimum = 78ms, Maximum = 94ms, Average = 88ms
//路由器工作正常
```

（7）ping 指定的主机，直到停止。

```
C:\ >ping -t 192.168.20.2
Pinging 192.168.20.2 with 32 bytes of data:
Reply from 192.168.20.2: bytes = 32 time = 78ms TTL = 127
Reply from 192.168.20.2: bytes = 32 time = 78ms TTL = 127
```

```
Reply from 192.168.20.2: bytes = 32 time = 94ms TTL = 127
Reply from 192.168.20.2: bytes = 32 time = 94ms TTL = 127
Reply from 192.168.20.2: bytes = 32 time = 94ms TTL = 127
Reply from 192.168.20.2: bytes = 32 time = 93ms TTL = 127
Reply from 192.168.20.2: bytes = 32 time = 78ms TTL = 127
Reply from 192.168.20.2: bytes = 32 time = 79ms TTL = 127
Reply from 192.168.20.2: bytes = 32 time = 94ms TTL = 127
Reply from 192.168.20.2: bytes = 32 time = 78ms TTL = 127
Reply from 192.168.20.2: bytes = 32 time = 94ms TTL = 127
……
```

2. tracert 命令

```
C:\ >tracert 192.168.20.2
Tracing route to 192.168.20.2 over a maximum of 30 hops:
  1   62 ms      46 ms     62 ms      192.168.10.1
  2   93 ms      94 ms     94 ms      192.168.20.2
Trace complete
C:\ >tracert 192.168.100.1 -d
Tracing route to 192.168.100.1 over a maximum of 30 hops
  1     16 ms     7 ms      7 ms    192.168.1.1
  2      *         *         *       Request timed out.
  3      *         *        ^C
C:\ >tracert www.baidu.com
Tracing route to www.a.shifen.com [119.75.213.50]
over a maximum of 30 hops:
  1      6 ms     13 ms     9 ms    192.168.1.1
  2      *         *         *       Request timed out.
  3      *         *         *       Request timed out.
  4    260 ms    100 ms    35 ms   ^C
//经过了两个网关到达了目标主机
C:\ >tracert www.baidu.com -d
Tracing route to www.a.shifen.com [119.75.213.50]
over a maximum of 30 hops:
  1      8 ms      4 ms     14 ms   192.168.1.1
  2      *         *         *       Request timed out.
  3      *         *         *       Request timed out.
  4     33 ms     13 ms    19 ms    192.168.2.3
  5     22 ms      *         *       192.168.5.9
  6      9 ms     11 ms    16 ms    192.168.8.6
  7     15 ms     26 ms    21 ms    119.75.213.50
Trace complete.
```

参数-d表示tracert不在每个IP地址上查询DNS；＊＊＊表示配置了安全选项，使路由不可见；request timed out表示并不是真的不可达。

### 3. 查看主机配置

```
C:\>ipconfig /all
Physical Address...............：0001.C741.0633
IP Address.....................：192.168.10.2
Subnet Mask....................：255.255.255.0
Default Gateway................：192.168.10.1
DNS Servers....................：192.168.5.9
//显示了主机的网络配置
C:\>ipconfig /renew
DHCP request failed.
//是静态配置,没有使用DHCP
```

### 4. nslookup查询域名信息

```
C:\>nslookup www.baidu.com              //查看百度的域名信息
Server：ns.＊＊＊.com      //本地dns服务器的域名
Address：192.168.100.1    //本地dns服务器的IP

Non-authoritative answer：
Name：    www.a.shifen.com
Addresses：119.75.213.50,119.75.213.51   //目标服务器的IP
Aliases：www.baidu.com   //目标服务器的名字
//这是正向查询
C:\>nslookup 119.75.213.51   //目标服务器的IP
Server：ns.＊＊＊.com
Address：192.168.100.1
＊＊＊ns.＊＊＊.com can't find 119.75.213.51：Non-existent domain
//dns服务器上不存在这条域名解析记录
//这是逆向查询
```

### 5. netstat监控网络

```
C:\>netstat
Active Connections
  Proto   Local Address          Foreign Address          State
```

| TCP | MICROSOF-A4BF5D:1388 | localhost:39000 | ESTABLISHED |
|---|---|---|---|
| TCP | MICROSOF-A4BF5D:1389 | localhost:39000 | ESTABLISHED |
| TCP | MICROSOF-A4BF5D:1937 | localhost:30606 | TIME_WAIT |
| TCP | MICROSOF-A4BF5D:1939 | localhost:30606 | TIME_WAIT |
| TCP | MICROSOF-A4BF5D:1945 | localhost:30606 | TIME_WAIT |
| TCP | MICROSOF-A4BF5D:30606 | localhost:1921 | TIME_WAIT |
| TCP | MICROSOF-A4BF5D:30606 | localhost:1925 | TIME_WAIT |
| TCP | MICROSOF-A4BF5D:30606 | localhost:1927 | TIME_WAIT |
| TCP | MICROSOF-A4BF5D:30606 | localhost:1931 | TIME_WAIT |
| TCP | MICROSOF-A4BF5D:30606 | localhost:1935 | TIME_WAIT |
| TCP | MICROSOF-A4BF5D:30606 | localhost:1939 | TIME_WAIT |
| TCP | MICROSOF-A4BF5D:30606 | localhost:1943 | TIME_WAIT |
| TCP | MICROSOF-A4BF5D:30606 | localhost:1955 | TIME_WAIT |
| TCP | MICROSOF-A4BF5D:39000 | localhost:1388 | ESTABLISHED |
| TCP | MICROSOF-A4BF5D:39000 | localhost:1389 | ESTABLISHED |

读者在运行 netstat 命令时，可能会出现以下状态。

LISTEN 表示在监听状态中；ESTABLISHED 表示已建立联机的联机情况；TIME_WAIT 表示该联机在目前已经是等待的状态。

6. net 命令

```
C:\ >net start                          //查看启动了哪些服务
已经启动以下 Windows 服务：
    Application Layer Gateway Service
    Ati HotKey Poller
    Bluetooth Support Service
    COM+ Event System
    Cryptographic Services
    DCOM Server Process Launcher
    DNS Client
    ESET Service
    Event Log
    Fast User Switching Compatibility
    Network Connections
    Network Location Awareness (NLA)
    Plug and Play
```

```
    Protected Storage
    Remote Access Connection Manager
    Remote Procedure Call（RPC）
    Secondary Logon
    Security Accounts Manager
    Shell Hardware Detection
    SSDP Discovery Service
    System Event Notification
    Telephony
    Terminal Services
    Themes
    Windows Audio
    Windows Firewall/Internet Connection Sharing（ICS）
    Windows Management Instrumentation
    Wireless Zero Configuration
    Workstation
//命令成功完成
```

7. arp 命令

```
C:\＞arp -a
    Internet Address        Physical Address        Type
    192.168.10.1            0002.4a72.04ae          dynamic
    192.168.10.3            00d0.ff5d.c403          dynamic
//第一条表明目标主机 192.168.10.1 的 MCA 地址 0002.4a72.04ae 是动态获得的
```

ARP 获得的只有网关 MAC 地址和网内其他主机的 MAC 地址，请想想为什么。

## 2.3 活 学 活 用

将 PC1、PC2 和 PC3 添加到网络中，网络拓扑图如图 2-2 所示。请完成如下配置：设置各主机 IP 地址及网关，测试网络连通性，查看 IP 配置信息，其中 PC1 通过 DHCP 服务器获得 IP，其余手动配置。

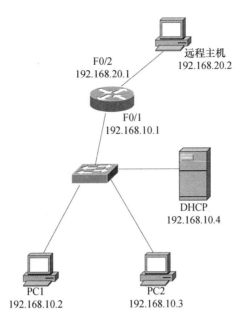

**图 2-2　网络拓扑图**

# 2.4　动 动 脑 筋

1. ARP 的工作原理是什么?

_____

_____

2. 为了进入互联网,主机必须有哪些配置?

_____

_____

3. 如果配置了 DHCP 服务器,怎么更新主机的 IP?

_____

_____

4. 有台主机不能上网,怎么确定是哪部分出错?

_____

_____

5. 用哪条具体命令可以知道自己的主机到百度首页的路径?

_____

_____

# 2.5 学习小结

本章主要讲解了网络中常用的操作命令，通过对本章的实验进行深入细致的练习，读者会对网络操作命令有初步的认识，为进一步学习打下基础。现将本章所涉及的主要命令总结如下（如表 2-1 所示），供读者查阅。

表 2-1　第 2 章命令汇总

| 命　　令 | 功　　能 |
| --- | --- |
| ping | 查看网络连通性或网络连接速度 |
| tracert | 路由跟踪 |
| ipconfig | 检验主机配置的 TCP/IP 是否正确 |
| nslookup | 监测网络中 DNS 服务器是否能正确实现域名解析 |
| netstat | 检验本机各端口的网络连接情况 |
| net view | 显示域列表、计算机列表或计算机的共享资源列表 |
| net user | 添加或更改用户账号或显示用户账号信息 |
| net use | 连接计算机或断开计算机与共享资源的连接，或显示计算机的连接信息 |
| net time | 使计算机的时钟与另一台计算机或域的时间同步 |
| net start | 启动服务或显示已启动服务的列表 |
| net pause | 暂停正在运行的服务 |
| net continue | 重新激活挂起的服务 |
| net stop | 停止正在运行的服务 |
| arp | 显示和修改地址解析协议缓存中的表项 |

# 第 3 章　开启路由器之门——访问 Cisco 路由器

## 3.1　知识准备

### 3.1.1　Cisco 设备在 LAN 中的应用

LAN 主要通过以太网实现,LAN 的组件主要是由物理层和数据链路层定义的,在数据链路层主要定义的是以太网的帧格式,在物理层主要定义的是以太网的介质以及网络规范。

1. 常见的以太网类型

以太网指的是由 Xerox 公司创建并由 Xerox、Intel 和 DEC 公司联合开发的基带局域网规范,是当今现有局域网采用的最通用的通信协议标准,包括标准以太网(10Mb/s)、快速以太网(100Mb/s)和 10G(10Gb/s)以太网,它们都符合 IEEE802.3。

- 标准以太网:早期的 10Mb/s 以太网又称为标准以太网。以太网可以使用粗同轴电缆、细同轴电缆、非屏蔽双绞线、屏蔽双绞线和光纤等多种传输介质进行连接。
- 快速以太网:介质为非屏蔽双绞线或光纤的 100Mb/s 以太网。
- 10G 以太网:介质为光纤的 1000Mb/s 以太网。

2. 以太网的数据链路层和物理层实现

物理层定义了以太网的介质和连接器规范。支持以太网的介质和连接器规范由美国电子和通信工业委员会(Electronics Industries Association and Telecommunications Industries Association,EIA/TIA)定义,RJ-45 连接器中,"RJ"代表标准插座,"45"代表线缆序号。目前常见的非屏蔽双绞线都符合 EIA/TIA 的 568-A 标准或 568-B 标准。

EIA/TIA 规定了两种线序标准:

- 568-A:绿白、绿、橙白、蓝、蓝白、橙、棕白、棕。
- 568-B:橙白、橙、绿白、蓝、蓝白、绿、棕白、棕。

为了使各种网络设备相互通信,除了要选择一种线序外,还要决定电缆的类型。有 3 种类型的电缆:直通线、交叉线、翻转线。

(1) 直通线。

直通线的特点是:一根电缆的两头的顺序完全一致,即一端为 568-B,另一端也为 568-B,直通线大多用于不同层设备的连接,但也有例外。用直通线连接的有:

- 交换机和路由器。
- 交换机和 PC 或服务器。
- HUB 和 PC 或服务器。

(2) 交叉线。

交叉线的特点是：一根电缆的两端，一端为 568-A，另一端为 568-B。交叉线大多用于同层设备相连，但也有例外。用交叉线连接的有：

- 交换机和交换机。
- PC 和路由器。
- 路由器和路由器。
- PC 和 PC。
- 交换机和 HUB。

(3) 翻转线。

翻转线正好和直通线相反，其特点是：一根电缆的两端线序完全相反。翻转线的线序如表 3-1 所示，翻转线只用于一种情况，即终端设备和 Cisco 设备的 console 口(控制台端口)连接。

表 3-1　翻转线对应关系

| RJ45 线序 | 1 | 2 | 3 | 4 | 5 | 6 | 7 | 8 |
| --- | --- | --- | --- | --- | --- | --- | --- | --- |
| 另一端线序 | 8 | 7 | 6 | 5 | 4 | 3 | 2 | 1 |

### 3.1.2　使用 console 线连接 Cisco 设备和配置终端

连接 console 口的非屏蔽双绞线是翻转线，两端的接头都是 RJ-45 水晶头。RJ-45 水晶头的一端要插在 Cisco 设备的 console 口上，另一端要插在配置终端上，通常的配置终端就是 PC。虽然网卡上有 RJ-45 接口，但不能把 console 线插在网卡上，这时就需要 PC 的 COM 口来连接，另外还需要 RJ-45-DB-9、RJ-45-DB-25 等转接头。要通过 COM 口，把 console 线的一端接到相应的转换头上，然后把转换头插在 PC 的 COM 口上(如图 3-1 所示)。

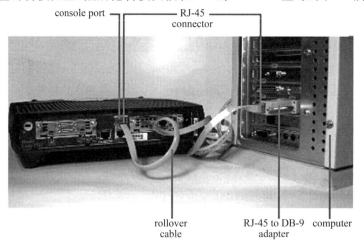

图 3-1　路由器通过翻转线与计算机连接

物理连接完成后，还要在软件上进行配置。配置路由器可以使用 Windows 操作系统自带的程序——超级终端或第三方终端仿真软件。

### 3.1.3  使用 telnet 访问路由器

一般情况下，初次设置都是通过 console 线连接路由器的 console 端口进行配置的。不过对于网络管理员来说，在需要修改路由器配置时，如果不能直接接触到路由器，则可以采用 telnet 的方式来完成。

配置了 telnet 访问路由器方式后，我们可以通过网络中任何一台主机管理路由器，方法是：在命令行模式下输入 telnet address，其中地址是你所要远程访问的路由器 IP 端口。这种方式的好处在于方便、安全，当然这里所说的安全也是相对的，如果网络管理员的密码泄露，那人人都可以控制路由器了。另外，刚出厂的设备是不能使用 telnet 的。

### 3.1.4  使用 AUX 口进行配置

在路由器背面有一个 AUX(Auxiliary 的简称)口，管理员可以通过 AUX 口进行远程配置，把 AUX 口与 modem 相连接(如图 3-2 所示)，这样就可以远程网络拨号到这个 modem，进行远程控制。

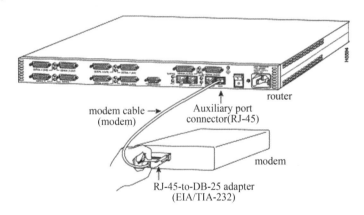

图 3-2  使用 AUX 口配置路由器连接

### 3.1.5  使用 TFTP 服务器配置

TFTP 服务器可以备份 Cisco 设备的配置文件，这样就可以通过从 TFTP 服务器上传或下载配置文件来配置 Cisco 设备(如图 3-3 所示)。当然，它的前提是要配置的设备必须已经有了一些基本配置，能在网络中工作。对于网络管理员，要配置 Cisco 的网络设备，通常都是在这样的情形下：对于刚买的设备(没有任何配置)，要通过 console 口来配置，当对该设备进行基本配置后，该设备已经能够在网络中工作了，以后要进行更深入的配置，就通过 telnet 或其他远程方式来进行配置。

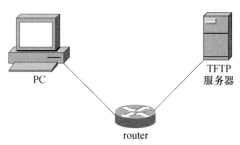

图 3-3　使用 TFTP 服务器配置路由器连接

### 3.1.6　Cisco 设备的启动

在登录路由器之前，有必要对 Cisco 设备的工作方式有所了解，包括 Cisco 设备的启动过程。Cisco 设备的启动过程分为以下四个主要阶段。

1. 执行 POST

POST(power on self test)即加电自检，它几乎是每台计算机启动过程中必经的一个过程。POST 用于检测路由器硬件。当路由器加电时，ROM 芯片上的软件便会执行 POST。在这种自检过程中，路由器会通过 ROM 执行诊断，主要针对包括 CPU、RAM 和 NVRAM 在内的几种硬件组件。POST 完成后，路由器将执行 Bootstrap 程序。

2. 加载 Bootstrap 程序

POST 完成后，Bootstrap 程序将从 ROM 复制到 RAM。进入 RAM 后，CPU 会执行 Bootstrap 程序中的指令。Bootstrap 程序的主要任务是查找 Cisco IOS 并将其加载到 RAM。

此时，如果有连接到路由器的控制台，我们会看到屏幕上开始出现输出内容。

3. 查找并加载 Cisco IOS 软件

（1）查找 Cisco IOS 软件。

IOS(internetwork operating system)，即互联网络操作系统，它通常存储在闪存中，但也可能存储在其他位置，如 TFTP 服务器上。如果不能找到完整的 IOS 映像，则会将精简版的 IOS 从 ROM 复制到 RAM 中。精简版的 IOS 一般用于帮助诊断设备问题，也可用于将完整版的 IOS 加载到 RAM。

（2）加载 IOS。

有些较早的 Cisco 路由器可直接从闪存运行 IOS，但现今的路由器会将 IOS 复制到 RAM 后由 CPU 执行。

4. 查找并加载启动配置文件，或进入设置模式

（1）查找启动配置文件。

IOS 加载后，Bootstrap 程序会搜索 NVRAM 中的启动配置文件(startup-config)。

（2）加载启动配置文件。

如果在 NVRAM 中找到启动配置文件，则 IOS 会将其加载到 RAM 作为运行配置文件（running-config），并以一次一行的方式执行文件中的命令。

# 3.2 动 手 做 做

本节学习通过 console 电缆实现路由器和 PC 之间的连接，使读者掌握使用 console 线连接路由器的方法，加深读者对路由器的理解。

## 3.2.1 实验目的

通过本实验，读者可以掌握以下技能：
- 通过 console 电缆实现路由器与 PC 的连接。
- 正确配置 PC 仿真终端程序的串口参数。
- 熟悉 Cisco 路由器的开机自检过程与输出界面。

## 3.2.2 实验规划

1. 实验设备
- 路由器 1 台。
- console 电缆 1 根。
- 带有 COM 口的 PC 1 台，PC 上装有 Windows 操作系统。

2. 网络拓扑

路由器和 PC 用 console 线连接好即可（如图 3-4 所示）。

要准备 RJ-45 转 DB-9 的转换头。将翻转线连接转换头后插到电脑上的 COM 口上。

图 3-4　网络拓扑图

## 3.2.3 实验步骤

（1）用 console 电缆将 PC 的 COM 口与路由器的 console 端口相连。

（2）启动并设置超级终端程序。

以 Windows XP 操作系统为例，PC 开机后通过"开始"→"程序"→"附件"→"通讯"→"超级终端"启动超级终端程序，填写连接名称，选择使用端口，设置端口参数，即可进入超级终端控制台（如图 3-5 至图 3-7 所示）。其他操作系统操作步骤类似。

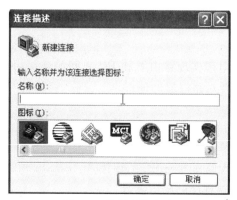

图 3-5　填写连接名称

图 3-6　选择使用端口

图 3-7　设置端口参数

- 端口速率：9600b/s。
- 数据位：8。
- 奇偶校验：无。
- 停止位：1。
- 流控：无。

（3）测试超级终端与路由器之间的连接。

在超级终端程序中按 Enter 键，如超级终端与路由器之间连通，且路由器已加电，并已有配置文件，则超级终端程序窗口会出现路由器启动的相关界面。

Windows 7 及以上操作系统默认没有安装超级终端程序，需要用户自己安装该程序。

## 3.3  活 学 活 用

如图 3-8 所示，PC 通过交叉线连接到已经完成基本配置的路由器，PC 能通过 telnet 访问路由器。

交叉线

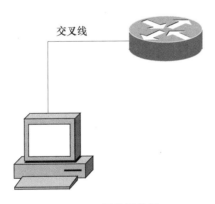

图 3-8  网络拓扑图

通过 telnet 访问路由器前需要配置路由器相应接口的 IP 地址，相关命令在后面章节会进行详细讲解。

## 3.4 动 动 脑 筋

1. 双绞线有哪三种类型？它们分别是什么线序？

_____

_____

2. Cisco 设备的启动顺序是什么？

_____

_____

3. PC 和交换机连接应该用什么电缆？PC 和路由器连接应该用什么电缆？PC 和路由器的 console 口连接应该用什么电缆？

_____

_____

## 3.5 学 习 小 结

通过本章的学习，我们了解了路由器的几种访问方式，知道了利用路由器的 console 口和 PC 的 COM 口对路由器进行管理的方法，掌握了几种双绞线的接线方式，为下一步登录路由器命令行界面（command-line interface，CLI）进行一些基本的管理操作打下了基础。由于我们刚开始接触路由器，在实验中遇到问题是正常的，需要靠理清头绪、多做实验来解决。

# 第4章 网络大管家——Cisco IOS 和 CDP

## 4.1 知 识 准 备

### 4.1.1 Cisco IOS 概述

经过几十年的发展,ARPANET 从最初的只有 4 个节点发展成现今无处不在的 Internet,计算机网络已经深入到了我们生活当中。随着计算机网络规模的爆炸性增长,作为连接设备的路由器也变得更加重要。

不管是公司还是企事业单位,在构建网络时,如何对路由器进行合理的配置管理,都是网络管理者的重要任务之一。

路由器就是一种具有多个网络接口的计算机。这种特殊的计算机内部也有 CPU、内存、系统总线、输入输出接口等和计算机相似的硬件,只不过它所提供的功能与普通计算机不同而已。同计算机上安装操作系统相同,在路由器上也同样装有操作系统,其中在 Cisco 路由器上安装的操作系统名为 IOS。

Cisco IOS 是一种网际互联优化的复杂操作系统,它具有与硬件分离的软件体系结构,随着网络技术的不断发展,IOS 不断扩展,成为 Cisco 中央工程部门所称的"一系列紧密连接的网际互联软件产品"。尽管在其品牌名识别中,IOS 可能仍然等同于路由软件,但是它的持续发展已使之过渡到支持局域网和 ATM 交换机,并为网络管理应用提供重要的代理功能。Cisco IOS 目前的最新版本是 IOS 15.0。IOS 15.0 是一个与硬件无关的单独软件包,所有的功能都集成在一个 IOS 映像当中。必须强调的是,IOS 是 Cisco 开发的技术,它是一项企业资产,它给 Cisco 公司带来了独特的市场竞争优势,IOS 已成为网际互联软件事实上的工业标准。

Cisco IOS 特点如下。

**1. 灵活性**

基于 Cisco 产品的工程开发使用户可以获得适应变化的灵活性。IOS 软件提供了一个可扩展的平台,Cisco 会随着需求和技术的发展集成新的功能。Cisco 可以更快地将新产品投向市场,Cisco 的用户可以享用这种优势。

**2. 可伸缩性**

IOS 遍布网际互联市场,广泛的 Cisco 用户及竞争者在他们的产品上支持 IOS。IOS 软件体系结构还允许其集成构造企业互联网络的所有部分。Cisco已经定义了4个IOS：

- 核心/中枢：网络中枢和广域网（wide area network，WAN）服务，包括大型主干网络路由器和ATM交换机。
- 工作组：从共享型局域网移植到虚拟局域网，提供更优的网络分段和性能。
- 远程访问：远程局域网连接解决方案、边际路由器、调制解调器等。
- IBM网际互联：SNA和LAN并行集成，从SNA转换到IP。

Cisco的IOS扩展了这些领域，提供了支持端到端网际互联的稳健性。

3. 可操作性

IOS提供最广泛的基于标准的物理和逻辑协议接口：从双绞线到光纤，从局域网、园区网到广域网，Novell NetWare，Unix，SNA以及其他许多接口。也就是说，一个围绕IOS建立的网络将支持非常广泛的应用。

4. 可管理性

IOS是智能化的网络设备操作系统，如智能化的IOS诊断界面和网络应用代理软件。随着Cisco转向智能代理和基于策略的自动化管理的大规模部署，IOS将成为一个关键的技术组件。

### 4.1.2　CDP概述

CDP是cisco discovery protocol（思科发现协议）的简称，是Cisco专有协议，用来获取相邻设备的协议地址以及发现这些设备的协议。CDP也可为路由器的使用提供相关接口信息，此信息对于故障诊断和网络文件归档非常有用。CDP是一种独立介质和协议的设备发现协议，运行在所有Cisco制造的设备上，包括路由器、网桥、接入服务器和交换机。

CDP 2.0版本CDPv2是这个协议的最新版本。Cisco IOS 12.0(3)T版本以及以后的版本都支持CDPv2。Cisco IOS 10.3版本以及以后的版本默认支持CDP 1.0版本CDPv1。

CDP是工作在第2层的协议，它可以与不同协议层的设备建立邻居。Cisco设备启动时，默认情况下CDP每60秒以01-00-0c-cc-cc-cc为目的地址发送一次组播通告，默认的保持时间是180秒。达到保持时间上限后仍未获得邻居设备的通告时，将清除邻居设备信息。

### 4.1.3　IOS访问模式

Cisco路由器的配置主要是通过IOS的CLI来配合的（还可以通过各种图形界面工具软件来配置，如Cisco SDM、CRWS等）。因此，要配置路由器，必须首先登录到路由器IOS的CLI，之后才能输入命令。出于安全方面的考虑，路由器通过多级模式来控制访问。路由器的访问模式有以下几种。

(1) 用户模式（user EXEC mode），提示符为router＞。

(2) 特权模式（privileged EXEC mode），提示符为router＃。

(3) 全局模式（global config mode），提示符为router(config)＃。

(4) 子模式（sub-mode）：

- 接口模式(interface mode),提示符为 router(config-if)#。
- 线路模式(line mode),提示符为 router(config-line)#。
- 路由模式(router mode),提示符为 router(config-router)#。

模式之间的转换如图 4-1 所示。

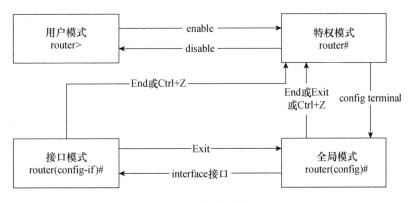

图 4-1　访问模式转换

用户模式仅允许使用基本的监测命令,在这种模式下不能改变路由器的配置,在"router>"的命令提示符下,用户处在用户模式下。

特权模式可以使用所有的配置命令,在用户模式下访问特权模式一般都需要一个密码,"router#"命令提示符是指用户正处在特权模式下,进入该模式的命令是 enable,离开特权模式并回到用户模式,使用命令 disable。

在特权模式下,还可以进入全局模式和其他特殊的配置子模式,这些子模式都是全局模式的一个子集。在进入特权模式后,可以在特权命令提示符下键入 configure terminal 命令进入全局模式,从全局模式还可以进入接口模式和线路模式等。

### 4.1.4　设置路由器口令

在 Cisco 路由器产品中,我们在最初进行配置的时候通常需要限制一般用户的访问。这对于路由器是非常重要的,在默认的情况下,我们的路由器是一个开放的系统,访问控制选项都是关闭的,任一用户都可以登录到设备进行更进一步的攻击,所以需要网络管理员来设置密码来限制非授权用户通过直接的连接、console 终端或从拨号 modem 线路访问设备。

1. 配置进入特权模式的密码

(1) 命令语法。

enable secret *password*

(2) 命令功能。

下次进入特权模式需输入密码 *password*,否则无法进入特权模式

2. 配置 console 端口的密码

(1) 命令语法。

line console 0

password *password*

login

（2）命令功能。

第一条命令的功能是使用控制台端口访问路由器,使用线路号为 0。第二条命令的功能是指定使用控制台终端线路访问路由器时的密码是 *password*。第三条命令的功能是启用密码。

3. 配置 VTY(telnet)登录访问密码

（1）命令语法。

line vty 0 4

password *password*

login

（2）命令功能。

第一条命令的功能是指定 telnet 远程访问所用的线路是 VTY（虚拟终端,virtual teletype terminal)0～4 号。第二条命令的功能是设置虚拟终端线路访问密码是 *password*。第三条命令的功能是启用密码。

### 4.1.5　设置路由器接口

路由器就好比一台计算机,不同的接口就好比计算机的网卡。每台计算机都要设置 IP 地址才能在网络中进行通信,路由器也是如此,我们要为接口分配 IP 地址和子网掩码,路由器才能正常工作。默认情况下,以太网接口是管理性关闭的,所以在设置完 IP 地址后,还需要激活接口。

（1）命令语法。

interface FastEthernet0/1

ip address *address mask*

no shutdown

（2）命令功能。

进入接口配置模式,为 f0/1 端口配置 IP 地址 *address* 和子网掩码 *mask*,并激活对应接口。

### 4.1.6　路由器的主机名和接口描述信息

每台路由器在网络中都应该有自己的名称。一般情况下,Cisco 公司的路由器默认名称为 router,即主机名为 router。为了更好地区分不同的路由器,我们需要对主机名进行修改,一方面方便记忆,另一方面降低排除故障的难度。

当登录到路由器时,我们可能不知道哪个端口是干什么用的。所以,如果为端口加上描述信息,我们就可以通过查看描述信息来了解端口的用途了,从而便于管理路由器。

1. 配置路由器主机名

（1）命令语法。

hostname *hostname*

（2）命令功能。

将路由器主机名设置为 *hostname*。

2．配置接口描述信息

（1）命令语法。

interface FastEthernet0/0

description *description*

（2）命令功能。

给对应接口添加相应的描述。

### 4.1.7　获得路由器基本信息

在网络中,网络管理员应该随时了解路由器的状态,以便及时排除故障。show 命令可以同时在用户模式和特权模式下运行,执行"show ?"命令后可得到一个可利用的 show 命令列表。

- show interface：显示所有路由器端口状态。
- show controllers serial：显示特定接口的硬件信息。
- show clock：显示路由器的时间设置。
- show hosts：显示主机名和地址信息。
- show users：显示所有连接到路由器的用户。
- show history：显示键入过的命令历史列表。
- show flash：显示 FLASH 存储器信息以及存储器中的 IOS 映像文件。
- show version：显示路由器信息和 IOS 信息。
- show arp：显示路由器的地址解析协议列表。
- show protocol：显示全局和接口的第三层协议的特定状态。
- show startup-configuration：显示存储在非易失性存储器(NVRAM)的配置文件。
- show running-configuration：显示存储在内存中的当前正确配置文件。

### 4.1.8　配置登录提示信息

配置登录的提示信息也称为 banner,所有连接的终端都能收到,当需要向所有连接的终端发信息时,这个命令很有效。

banner 原意为旗帜、标记,很多人往往忽视了 banner 的重要性,有这样一个故事：以前有一个黑客,攻击了一家公司,破坏了该公司的网络,后来该公司找到了这个黑客,把他告上了法庭。在法庭上这个黑客指出,该公司的路由器的 banner 信息提示的是"欢迎进入"。最后,这个黑客被判无罪释放。后来所有的公司都把 banner 改为警告信息。

（1）命令语法。

banner motd ♯……♯

（2）命令功能。

在两个"♯"之间输入提示信息,下次登录即可看到登录提示信息。

### 4.1.9 CDP 配置命令

1. 显示 CDP 运行信息

（1）命令语法。

show cdp

（2）命令功能。

该命令的功能是显示 CDP 运行信息。

2. 开启 CDP

（1）命令语法。

cdp run

（2）命令功能。

该命令的功能是全局开启 CDP。

3. 关闭 CDP

（1）命令语法。

no cdp run

（2）命令功能。

该命令的功能是全局关闭 CDP。

4. 收集邻居信息

（1）命令语法。

show cdp neighbors

（2）命令功能。

该命令的功能是显示有关直连设备的信息。CPD 分组不会被 Cisco 交换机转发，它只能看到与它直接相连的设备。在连接到交换机的路由器上，不会看到连接到交换机上的其他所有设备。

（3）命令示例。

假设路由器 R1 分别与路由器 R2 和交换机 SW1 直连，路由器 R3 与交换机 SW1 直连，此时我们在路由器 R1 上使用 show cdp neighbors 命令。输出结果如下所示：

```
R1 # show cdp neighbors
Capability Codes: R - Router, T - Trans Bridge, B - Source Route Bridge
               S - Switch, H - Host, I - IGMP, r - Repeater
Device ID      Local Interface    Holdtime    Capability    Platform      Port ID
SW1            Eth 0              154         T S           WS-C2912-X    Fas 0/1
R2             Ser0               161         R             2500          Ser 0
```

路由器 R1 只显示与它直连的路由器 R2 和交换机 SW1，而不会显示与交换机 SW1 直接相连的路由器 R3 的路由信息。

show cdp neighbors 命令为每个设备显示的信息如下。

● Device ID：直连设备的主机名。

● Local Interface：要接收 CDP 分组的端口或接口（直接控制的本地设备）。

● Holdtime：如果没有接收到其他 CDP 分组，路由器在丢弃接收到的信息之前将要保存的时间量。

● Capability：邻居设备的类型，如路由器、交换机或中继器。

● Platform：显示 Cisco 设备的邻居平台版本号。

● Port ID：与路由器 R1 直接相连的设备在发送更新时所用的接口。

CDP 命令说明如表 4-1 所示。

表 4-1　CDP 命令说明

| 命令 | 说明 |
| --- | --- |
| Router♯show cdp | 显示 CDP 运行信息 |
| Router♯show cdp neighbors | 显示直连设备的信息 |
| Router♯show cdp neighbors detail | 显示直连设备的详细信息 |
| Router♯show cdp entry ＊ | 显示直连设备的详细信息 |
| Router♯show cdp interface | 显示参与 CDP 接口的状态和配置 |
| Router♯show cdp traffic | 显示 CDP 本身的流量 |
| Router♯no cdp run | 禁止发送 CDP 信息 |
| Router(config-if)♯no cdp enable | 禁止某个接口发送 CDP 信息 |

### 4.1.10　IOS 的编辑功能

IOS 的文本编辑快捷键用于控制光标的位置、字符的删除等，常用的文本编辑快捷键如表 4-2 所示。

表 4-2　IOS 常用文本编辑快捷键

| 文本编辑快捷键 | 说　明 |
| --- | --- |
| Ctrl＋A | 移动光标至行首 |
| Ctrl＋E | 移动光标至行尾 |
| Ctrl＋F | 光标向前移一个字符 |
| Ctrl＋B | 光标向后移一个字符 |
| Esc＋F | 光标向前移一个单词 |
| Esc＋B | 光标向后移一个单词 |
| Ctrl＋D | 删除一个字符 |
| Ctrl＋K | 删除光标右边的内容 |
| Ctrl＋X | 删除光标左边的内容 |
| Ctrl＋W | 删除一个单词 |
| Ctrl＋U | 删除一行 |
| Ctrl＋R | 刷新命令行和此前输入的内容 |
| Backspace | 删除光标左边的一个字符 |

### 4.1.11 IOS 的帮助工具

**1. 上下文帮助**

在系统提示符下键入"?"，可以显示出可用于当前命令模式的命令列表，也可以获得与输入关键字有关的命令列表。

"?"的使用方法汇总如下：

- 用于查找某个命令，在提示符下直接输入"?"，可以显示当前模式下所支持的命令。
- 用于提示某个命令的全名。
- 用于提示某个命令的用法，当知道某个命令，但不会使用它时，就可以使用"?"来获得帮助。
- 当输入命令无效时，通过 IOS 显示的信息，可以了解出错的原因。

在 IOS 里 Tab 键是一个很有帮助的按键。它的作用是补齐命令：当知道某个命令的前几个字母时，就可以借助 Tab 键来把命令补齐。但要注意输入的这几个字母必须能够唯一地标识该命令。像"set""setup"的开头字母都是"se"，输入"se"就不行。例如，已知某个命令的前几个字母是"era"，按下 Tab 键，得到命令"erase"。

和 Tab 键类似，对于某个命令，只输入能够唯一标识该命令的前几个字母，也可以达到相同的效果。例如，从用户模式到特权模式的命令"enable"，可以只输入"en"，按下 Tab 键，得到命令"enable"。

**2. 错误信息提示**

在 Cisco 的设备上，错误信息和通告信息默认输出到控制台。我们可以在通过控制台接口配置设备时看到这些信息，从而了解设备状况，在排除故障时能够更准确地判断故障。常见的错误信息提示如表 4-3 所示。

表 4-3　IOS 常见错误信息提示

| 错误信息提示 | 原因 | 解决方法 |
|---|---|---|
| ％ambiguous command | 不明确的命令 | 使用"?"工具了解命令的全名 |
| ％incomplete command | 不完整的命令 | 使用"?"工具了解命令的参数 |
| ％ invalid input detected at '˄' marker | 输入的命令不正确，并且错误的位置在标记"˄"的地方 | 使用"?"工具了解正确的命令 |

# 4.2　动手做做

通过路由器的一些基本配置实验，读者加深了对路由器配置的了解，并掌握了配置密码、接口配置、主机名配置等基本命令。Cisco 路由器的 IOS 包含多级访问模式，不同访问模式对应不同级别的配置命令，这使得路由器配置具有安全性和规范性，读者学习了几种访问模式之后，需要不断地运用，才能熟练掌握。

在使用命令对路由器进行配置的时候,我们不可能完全记住所有的命令格式和参数,交换机提供了强有力的帮助功能,在任何模式下均可以使用"?"来帮助我们完成配置。使用"?"可以查询任何模式下可以使用的命令,或者某参数后面可以输入的参数,或者以某字母开始的命令。如在全局配置模式下输入"?"或"show ?"或"s?"。

### 4.2.1 实验目的

通过本实验,读者可以掌握以下技能:
- 熟悉路由器的配置模式。
- 能够对路由器进行各种简单配置。

### 4.2.2 实验规划

1. 实验设备
- 路由器 1 台。
- 实验用 PC 1 台。
- console 电缆 1 根。
- 交叉双绞线 1 根。

2. 网络拓扑

如图 4-2 所示,RouterA 和实验用 PC Host1 用 console 线连接,同时 RouterA 的 fa 0/0 口和 PC 用交叉双绞线相连。

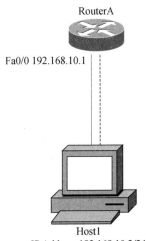

RouterA

Fa0/0 192.168.10.1

Host1
IP Address:192.168.10.2/24
Default Gateway:192.168.10.1/24

图 4-2 网络拓扑图

### 4.2.3 实验步骤

（1）配置路由器的基本参数（路由器名称，接口 IP，接口描述）。

```
Router>en                                          //进入特权模式
Router#config t                                    //进入全局配置模式
Router(config)#hostname RouterA                    //配置路由器名称
RouterA(config)#interface fa0/0                     //进入 fa0/0 的接口模式
RouterA(config-if)#ip address 192.168.10.1 255.255.255.0    //配置 IP 地址
RouterA(config-if)#no shutdown                      //激活该接口
routerA(config-if)#description network interface    //添加相应接口描述
routerA(config-if)#exit
```

　　路由器接口默认是关闭的（shutdown），因此必须在配置接口 FastEthernet0/0 的 IP 地址后，用命令"no shutdown"激活该接口。

（2）配置路由器的远程登录密码。

```
RouterA(config)# line vty 0 4                       //进入路由器线路配置模式
RouterA(config-line)# login                         //配置远程登录
RouterA(config-line)# password cisco                //设置路由器远程登录密码为"cisco"
RouterA(config-line)# end
```

（3）配置路由器的特权模式密码。

```
RouterA(config)#enable secret cisco                 //配置特权密码
```

（4）保存路由器上的配置。

```
RouterA# copy running-config startup-config          //保存配置
```

（5）配置 Host1 的基本参数。在 Host1 中打开 IP 地址配置界面，输入 Host1 的 IP 地址、子网掩码、默认网关，然后点击"确定"按钮，如图 4-3 所示。

（6）结果验证。

① 利用 ping 测试 Host1 和路由器的连通性。在 Host1 的命令提示符下输入"ping 192.168.10.1"，如果连通正常，则说明路由器和 PC Host1 连通正常。

```
C:\>ping 192.168.10.1

Pinging 192.168.50.2 with 32 bytes of data：

Reply from 192.168.10.1：bytes = 32 time = 5ms TTL = 241
```

```
Reply from 192.168.10.1: bytes = 32 time = 5ms TTL = 241
Reply from 192.168.10.1: bytes = 32 time = 5ms TTL = 241
Reply from 192.168.10.1: bytes = 32 time = 5ms TTL = 241
Reply from 192.168.10.1: bytes = 32 time = 5ms TTL = 241

Ping statistics for 192.168.10.1: Packets: Sent = 5, Received = 5, Lost = 0 (0% loss),
Approximate round trip times in milli-seconds:
    Minimum = 5ms, Maximum =  5ms, Average =  5ms
```

② 验证 RouterA 的端口配置,正确的运行结果如下:

```
RouterA#show ip interface brief
Interface        IP-Address      OK? Method Status        Protocol
FastEthernet 0/0    192.168.10.1      YES unset  up              up
```

③ 验证路由器的远程登录密码。

在 C:\>下输入"telnet 192.168.10.1",该命令可实现从 PC 登录到路由器。

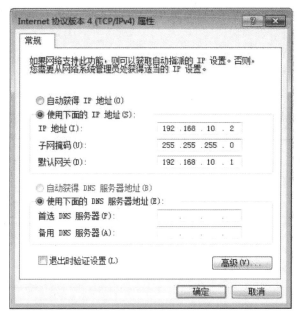

图 4-3   Host1 的 IP 地址配置界面

# 4.3   活 学 活 用

在 Host2 上为路由器 RouterB 配置路由器名称 RouterB,设置 console 端口登录密码以及对应的端口 IP 并保存所做的配置(如图 4-4 所示)。

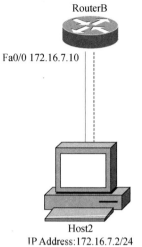

图 4-4　网络拓扑图

## 4.4　动 动 脑 筋

1. IOS 的特点有哪些？

_____

_____

2. CDP 是如何工作的？

_____

_____

3. IOS 有哪几种模式，分别起什么作用？

_____

_____

4. 简述对路由器登录进行验证的必要性。

_____

_____

## 4.5　学 习 小 结

通过本章的学习，相信大家对 Cisco IOS 的一些基本命令有了一定的了解，为下一步学习静态路由等路由基本知识打下了坚实的基础。学知识重在努力与实践，定期的复习非常重要。本章涉及的主要命令总结如下(如表 4-4 所示),供读者查阅。

表 4-4　第 4 章命令汇总

| 命令 | 功能 |
|---|---|
| enable | 进入特权模式 |
| config terminal | 进入全局配置模式 |
| hostname *hostname* | 配置路由器名称 |
| interface fa0/0 | 进入指定接口的接口配置模式 |
| ip address *address mask* | 配置 IP 地址与掩码 |
| description *description* | 添加接口描述 |
| enable secret *password* | 配置特权密码 |
| show running-configuration | 显示当前配置 |
| copy running-config startup-config | 保存配置 |

# 第5章　网络忠实向导——静态路由和默认路由

## 5.1　知 识 准 备

### 5.1.1　路由基础

　　路由是指把信息从源端穿过网络传递到目的端的行为,在传递的"路上",至少会碰到一个中间节点。人们通常将路由与网桥作对比,网桥和路由的主要区别在于:网桥发生在 OSI 参考模型的第二层(数据链路层),而路由发生在第三层(网络层)。这一区别使二者在传递信息的过程中运用不同的信息,从而以不同的方式来完成其任务。

　　路由包含两个基本的动作:确定最佳路径和通过网络传输信息。在路由的过程中,通过网络传输信息也称为(数据)交换。交换相对来说比较简单,而确定最佳路径很复杂。

　　在网络中路由是通过路由器来完成的,路由器可以将数据包从一台主机路由到任何网络。我们可以这样来理解:每个路由器都是一个"交通管制员",数据链路就是"公路",数据包就是"行人"。路由器在"交叉道口"管理"交通"运行,"行人"都不认识"路",但都知道自己要到哪里去,"交通管制员"负责告诉"行人"当前该往哪个"路口"走。

### 5.1.2　路由原理

　　路由是将对象从一个地方转发到另一个地方的一个中继过程。学习和维持网络拓扑结构的机制被认为是路由功能。必须同时具有路由和交换功能的路由设备才可以作为一台有效的中继设备。为了进行路由,路由器必须"知道"下面几项内容:

- 目的地址。
- 借以获取远程网络信息的邻居路由器。
- 到达所有远程网络的可能路由。
- 到达每个远程网络的最佳路由。
- 维护并验证路由选择信息的方式。

　　路由选择协议通过度量值来决定到达目的地的最佳路径。小度量值代表优选的路径。如果两条或更多路径都有一个相同的小度量值,那么所有这些路径将被平等地分享。通过多条路径分流数据流量被称为到目的地的负载均衡。Cisco 默认支持 4 条相同度量值的路径,通过使用"maximum-paths"命令可以设置 Cisco 路由器支持最多达 6 条相同度量值的路径。

执行路由操作所需要的信息包含在路由器的路由表中,路由表由多个路由条目组成,每个条目指明了以下内容:

- 路由器学习该路由所使用的机制(动态或手动)。
- 逻辑目的地。
- 管理距离。
- 度量值(它是度量一条路径的"总开销"的一个尺度)。
- 去往目的地下一跳的中继设备(路由器)的地址。
- 路由信息的新旧程度。
- 与目的地网络相关联的接口。

默认管理距离的预先分配原则是:人工设置的路由条目优先级高于动态学到的路由条目,度量值算法复杂的路由选择协议优先级高于度量值算法简单的路由选择协议。

路由选择协议会交换定期的 Hello 消息或定期的路由更新数据包,以维持相邻设备间的通信。

在了解网络拓扑结构,确定路由表中已包含到已知地网络的最佳路径之后,就可以开始向这些目的地转发数据了。

### 5.1.3 静态路由

静态路由是指由网络管理员手动设置的路由信息。当网络的拓扑结构或链路的状态发生变化时,网络管理员需要手动修改路由表中相关的静态路由信息。静态路由信息在默认情况下是私有的,不会传递给其他的路由器。当然,网络管理员也可以通过对路由器进行设置,使其成为共享的。静态路由一般适用于比较简单的网络环境,因为在简单的网络环境中,网络管理员易于清楚地了解网络的拓扑结构,便于设置正确的路由信息。

下面是两种适合使用静态路由的情形。

(1)在图 5-1 所示网络中,如果本地网络之外的其他网络访问本地网络时必须经过路由器A和路由器 B,网络管理员则可以在路由器 A 中设置一条指向路由器 B 的静态路由信息。

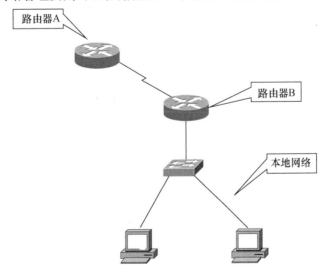

图 5-1　静态路由示例

这样做的好处是可以减少路由器 A 和路由器 B 之间 WAN 链路上的数据传输量,因为网络在使用静态路由后,路由器 A 和 B 之间没有必要进行路由信息的交换。

（2）在支持按需拨号路由（dial-on-demand routing,DDR）的网络中,拨号链路只在需要时才拨通,因此不能为动态路由信息表提供路由信息的变更情况。在这种情况下,网络也适合使用静态路由。

静态路由协议的优点是显而易见的,由于是人工手动设置的,所以具有设置简单、传输效率高、性能可靠等优点,在所有的路由协议中它的优先级是最高的,当静态路由协议与其他路由协议发生冲突时,会自动以静态路由协议为准。

### 5.1.4　静态路由配置命令

（1）命令语法。

ip route prefix mask {address ｜ interface}［distance］［name next-hop-name］［permanent］

（2）命令功能。

静态路由定义了一条到目的网络或子网的路径。

（3）参数说明。

● ip route：静态路由配置命令。

● prefix：目的网络地址。

● mask：目的子网掩码。

● address：下一跳 IP 地址。

● interface：本地送出接口。

● distance：管理距离,默认为 1。

● name：静态路由名称。

● permanent：即使接口关闭,路由也不移除。

（4）命令示例。

```
Router(config)# ip route 172.16.1.0 255.255.255.0 172.16.2.1
```

这只是单向配置,在另一端也必须有相应的路由,网络才能通。

### 5.1.5　默认路由

默认路由是一种特殊的静态路由,指的是当路由表中与数据包的目的网络地址之间没有匹配的表项时路由器能够做出的选择。在路由表中,默认路由以到网络 0.0.0.0（掩码为0.0.0.0）的路由形式出现。如果没有默认路由,那么目的网络地址在路由表中没有匹配表项的数据包将被丢弃。可以将默认路由当成一个使用通配符来代替网络和子网掩码信息的静态路由。默认路由在某些时候非常有效,当存在末梢网络时,默认路由会大大简化路由器的配置,减轻网络管理员的工作负担,提高网络性能。

### 5.1.6　默认路由配置命令

（1）命令语法。

ip route 0.0.0.0 0.0.0.0 {address ｜ interface}［distance］［name next-hop-name］［permanent］

默认路由和静态路由的命令格式一样。只是默认路由的配置命令把目的地 IP 改成 0.0.0.0,把子网掩码改成 0.0.0.0。默认路由一般适用于末梢网络当中。

（2）命令示例。

```
Router(config)♯ ip route 0.0.0.0 0.0.0.0 10.0.0.2
```

该命令实现了末端网络到达任意一个网络都通过 10.0.0.2。

### 5.1.7　验证路由配置

（1）使用 ping 命令可以测试设备之间的连通性。

（2）使用 traceroute 命令可以进行路由跟踪。

（3）使用 show ip route 命令可以查看路由表,示例如下:

```
Router♯ show ip route                    //查看路由表
Gateway of last resort is not set
1.0.0.0/24 is subnetted, 1 subnets
C       1.1.1.0 is directly connected, Loopback0
2.0.0.0/24 is subnetted, 1 subnets
S       2.2.2.0 [1/0] via 12.12.12.2          //到 2.2.2.0/24 网络的静态路由
12.0.0.0/24 is subnetted, 1 subnets
C       12.12.12.0 is directly connected, Serial0/0
```

C 代表直接连接,S 代表静态路由,S＊代表默认路由。

# 5.2　动手做做

本节通过静态路由和默认路由设置的实验,使读者体会路由的概念,掌握配置静态路由和默认路由、查看路由表等常用命令。

### 5.2.1　实验目的

通过本实验,读者可以掌握以下技能:

● 配置静态路由。

● 配置默认路由。

● 查看路由表。

● 删除路由。

### 5.2.2 实验规划

**1. 实验设备**

- Cisco 2811 路由器 2 台。
- 实验用 PC 2 台（Windows 操作系统）。
- consol 电缆 2 根。
- 直连双绞线 2 根。
- 串行电缆 1 根。

**2. 网络拓扑**

如图 5-2 所示，两台路由器 RouterA 和 RouterB 之间使用串行电缆相连，连接端口都是 Serial 0/0，地址分别为 192.168.30.1 和 192.168.30.2，子网掩码都为 255.255.255.0，其中 RouterB 为数据通信设备（date communication equipment，DCE）端。路由器 RouterA 的另一个端口 FastEthernet 0/0 直接与计算机 Host1（也可以通过交换机）相连，IP 地址为 192. 168.10.1，RouterA 连接的网络为 192.168.10.0/24，Host1 的 IP 地址设置为 192.168.10. 2；路由器 RouterB 的 FastEthernet 0/0 的 IP 地址为 192.168.50.1，RouterB 连接的网络为 192.168.50.0/24，Host2 的 IP 地址设置为 192.168.50.2，Host1 和 Host2 的网关地址分别为 192.168.10.1 和 192.168.50.1。

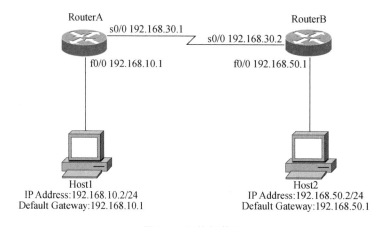

图 5-2　网络拓扑图

（1）在真实的实验环境中，路由器的接口名称可能与图 5-2 不符，在操作的时候以真实的路由器接口为准，实验命令也需要根据接口名称做相应调整。（2）Serial 0/0：是指路由器的串行接口，用于路由器与路由器连接，0/0 是指第 0 个模块的第 0 个端口。如果串行端口是 s 0/0/0，指的是第 0 块板卡 0 槽位 0 端口。（3）FastEthernet 0/0：是指路由器的快速以太网接口，用于连接交换机或者 PC，0/0 是指第 0 个模块的第 0 个端口。

## 5.2.3　实验步骤

### 1. 配置在 RouterA 基本参数

```
Router>enable                                          //进入特权模式
Router#configure terminal                              //进入全局配置模式,从终端进行
                                                         手动配置
Router(config)#hostname RouterA                        //设置路由器标识,使用一个主机
                                                         名来配置路由器,该主机名以提示
                                                         符或者缺省文件名的方式使用
RouterA(config)#interface FastEthernet 0/0             //进入端口设置状态
RouterA(config-if)#ip address 192.168.10.1 255.255.255.0 //设置端口 IP 地址
RouterA(config-if)#no shutdown                         //打开一个关闭的接口
RouterA(config-if)#exit                                //返回全局配置模式
RouterA(config)#interface serial 0/0                   //选择接口
RouterA(config-if)#ip address 192.168.30.1 255.255.255.0 //设置端口 IP 地址
RouterA(config-if)#no shutdown                         //开启路由器端口
RouterA(config-if)#end                                 //退出配置模式
RouterA#copy run start                                 //保存配置
```

### 2. 配置在 RouterB 基本参数

```
Router>enable                                          //进入特权模式
Router#conf t                                          //进入全局配置模式,从终端进
                                                         行手动配置
Router(config)#host RouterB
RouterB(config)#interface FastEthernet 0/0             //进入端口设置状态
RouterB(config-if)#ip address 192.168.50.1 255.255.255.0 //设置端口 IP 地址
RouterB(config-if)#no shut                             //打开一个关闭的接口
RouterB(config)#exit                                   //返回全局配置模式
RouterB(config)#interface serial 0/0                   //选择接口
RouterB(config-if)#ip add 192.168.30.2 255.255.255.0   //设置端口 IP 地址
RouterB(config-if)#clock rate 64000                    //设置同步时钟频率
RouterB(config-if)#no shut                             //开启路由器端口
RouterB(config-if)#end                                 //退出配置模式
RouterB#copy run start                                 //保存配置
```

小提示

（1）配置 RouterB 采用简写命令方式；（2）在配置了路由器端口后需要使用 no shutdown 命令将其开启；（3）如果两台路由器通过串口直接连接,其中一台路由器是

> DTE(date terminal equipment)，即数据终端设备；另外一台路由器是 DCE，在 DCE 端需要设置同步时钟频率。

3. 配置 Host1 和 Host2 基本参数

Host1 和 Host2 网络参数配置分别如图 5-3、图 5-4 所示。

图 5-3　Host1 网络参数配置

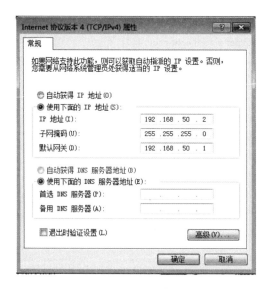

图 5-4　Host2 网络参数配置

### 4. RouterA 上静态路由配置

```
RouterA # conf t
RouterA (config) # ip route 192.168.50.0 255.255.255.0 192.168.30.2
                        //命令 ip route 告诉我们这是一个静态路由,192.
                        168.50.0 就是我们想要发送数据包的远程网络
                        //255.255.255.0 是这个远程网络的掩码
RouterA (config) # end
RouterA# copy run start
```

### 5. RouterB 上静态路由配置

```
RouterB# conf t
RouterB (config) # ip route 192.168.10.0 255.255.255.0 192.168.30.1
                        //命令 ip route 告诉我们这是一个静态路由,192.
                        168.10.0 就是我们想要发送数据包的远程网络
                        //255.255.255.0 是这个远程网络的掩码
RouterB (config) # end
RouterB# copy run start
```

### 6. 结果验证

(1) 利用 ping 进行测试 Host1 和 Host2 之间的连通性,在 Host1 的命令提示符下输入 ping 192.168.50.2,在 Host2 的命令提示符下输入 ping 192.168.10.2。Host1 上的正确运行结果如下所示。如果两台主机之间是互通的,则说明路由器配置正确。

```
C:\>ping 192.168.50.2
Pinging 192.168.50.2 with 32 bytes of data:

Reply from 192.168.50.2: bytes = 32 time = 60ms TTL = 241
Reply from 192.168.50.2: bytes = 32 time = 60ms TTL = 241
Reply from 192.168.50.2: bytes = 32 time = 60ms TTL = 241
Reply from 192.168.50.2: bytes = 32 time = 60ms TTL = 241
Reply from 192.168.50.2: bytes = 32 time = 60ms TTL = 241

Ping statistics for 192.168.50.2:  Packets: Sent = 5, Received = 5, Lost = 0 (0% loss),
Approximate round trip times in milli-seconds:
    Minimum = 50ms, Maximum = 60ms, Average = 55ms
```

(2) 验证路由器 RouterA 的端口配置。

```
RouterA# show ip interface brief
Interface          IP-Address      OK? Method   Status    Protocol
Serial0/0          192.168.30.1    YES unset    up        up
FastEthernet 0/0   192.168.10.1    YES unset    up        up
```

（3）验证路由器 RouterA 的静态路由配置。

```
RouterA# show ip route     //查看路由表
Codes：C - connected, S - static, I - IGRP, R - RIP, M - mobile, B - BGP
        D - EIGRP, EX - EIGRP external, O - OSPF, IA - OSPF inter area
        E1 - OSPF external type 1, E2 - OSPF external type 2, E - EGP
        i - IS-IS, L1 - IS-IS level-1, L2 - IS-IS level-2, * - candidate default
        U - per-user static route

Gateway of last resort is not set

C     192.168.10.0 is directly connected, FastEthernet 0/0
C     192.168.30.0 is directly connected, Serial0/0
S     192.168.50.0 [1/0] via 192.168.30.2
```

（4）验证路由器 RouterB 的端口配置。

```
RouterB# show ip interface brief
I Interface            IP-Address        OK? Method Status        Protocol
Serial0/0              192.168.30.2      YES  unset  up           up
FastEthernet 0/0       192.168.50.1      YES  unset  up           up
```

（5）验证路由器 RouterB 的静态路由配置。

```
RouterB # show ip route
Codes：C - connected, S - static, I - IGRP, R - RIP, M - mobile, B - BGP
        D - EIGRP, EX - EIGRP external, O - OSPF, IA - OSPF inter area
        E1 - OSPF external type 1, E2 - OSPF external type 2, E - EGP
        i - IS-IS, L1 - IS-IS level-1, L2 - IS-IS level-2, * - candidate default
        U - per-user static route

Gateway of last resort is not set

C     192.168.50.0 is directly connected, FastEthernet 0/0
C     192.168.30.0 is directly connected, Serial0/0
S     192.168.10.0 [1/0] via 192.168.30.1
```

（6）在 Host2 上输入 tracert 命令跟踪路由。

```
C:\>tracert 193.168.1.2
"Type escape sequence to abort."
Tracing the route to 192.168.50.2

1 192.168.10.1 0 msec 16 msec 0 msec
2 192.168.30.2 20 msec 16 msec 16 msec
3 192.168.50.2 20 msec 16 msec *
```

7. 配置默认路由

假设 RouterB 位于末梢网络，保持路由器 RouterA 的静态路由配置不变，在路由器

RouterB 上配置默认路由。

```
RouterB #conf t
RouterB (config)# no ip route 192.168.10.0 255.255.255.0 192.168.30.1        //删除路由
RouterB (config)#  ip route 0.0.0.0 0.0.0.0 192.168.30.1                      //配置默认路由
RouterB (config)# end
RouterB #copy run start
```

### 8. 验证默认路由

验证路由器 RouterB 的默认路由配置,运行结果如下所示。

```
RouterB #show ip route
Codes:  C - connected, S - static, I - IGRP, R - RIP, M - mobile, B - BGP
        D - EIGRP, EX - EIGRP external, O - OSPF, IA - OSPF inter area
        E1 - OSPF external type 1, E2 - OSPF external type 2, E - EGP
        i - IS-IS, L1 - IS-IS level-1, L2 - IS-IS level-2, * - candidate default
        U - per-user static route

Gateway of last resort is  to network 0.0.0.0

C    192.168.50.0 is directly connected, FastEthernet 0/0
C    192.168.30.0 is directly connected, Serial0/0
S*     0.0.0.0 [1/0] via 192.168.30.1
```

# 5.3 活 学 活 用

如图 5-5 所示,RouterC 位于末梢网络,请完成 RouterA、RouterB 和 RouterC 的路由配置,实现 Host1 和 Host2 互通。

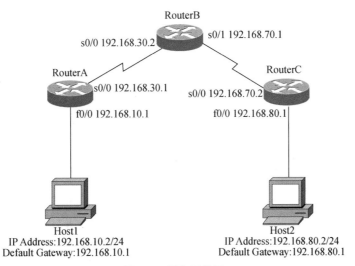

图 5-5   网络拓扑图

注意路由器 DCE 端同步时钟频率的设置。

## 5.4　动动脑筋

1. 简述路由包含的基本动作。
_____

_____

2. 为了进行路由，路由器必须"知道"哪些内容？
_____

_____

3. 为什么两台路由器之间要设置同步时钟频率？
_____

_____

4. 静态路由的优点和缺点是什么？
_____

_____

5. 为什么使用默认路由？
_____

_____

## 5.5　学习小结

　　通过本章的学习，读者了解了路由原理、静态路由和默认路由等相关技术。通过本章的实验，读者进行了深入细致的练习，对路由过程有了进一步的认识，为下一步动态路由协议的学习打下基础。现将本章所涉及的主要命令总结如下（如表 5-1 所示），供读者查阅。

表 5-1　第 5 章命令汇总

| 命　　令 | 功　　能 |
|---|---|
| ip address | 配置接口的 IP 地址 |
| show ip interface brief | 查看接口配置信息 |
| clock rate n | 设置时钟频率 |
| show ip route | 查看路由配置信息 |

续表

| 命　令 | 功　能 |
| --- | --- |
| ip route prefix mask {address ｜ interface}［distance］［name next-hop-name］［permanent］ | 配置静态路由 |
| ip route 0.0.0.0.0.0.0.0 {address ｜ interface}［distance］［name next-hop-name］［permanent］ | 配置默认路由 |
| no ip route prefix mask {address｜interface}［distance］［name next-hop-name］［permanent］ | 删除路由 |

# 第6章　经典的动态路由——RIP

## 6.1　知　识　准　备

### 6.1.1　动态路由

动态路由是路由器之间通过路由协议(如 RIP、EIGRP、OSPF 和 IS-IS 等)动态交换路由信息来构建路由表的。使用动态路由的最大好处是：当网络拓扑结构发生变化时,路由器会自动地相互交换路由信息。动态路由协议自 20 世纪 80 年代初期开始应用于网络。1982 年 RIP 第一版协议问世,不过,其中的一些基本算法早在 1969 年就已应用到 ARPANET 中。

与静态路由相比,动态路由协议的管理开销①相对较少。不过,运行动态路由协议会占用一部分路由器资源,包括 CPU 时间和网络链路带宽。虽然动态路由有很多优点,但静态路由仍有其用武之地。有些情况适合使用静态路由,但有些情况则适合使用动态路由。一般情况下,中等复杂程度的网络会同时使用这两种路由方式。动态路由与静态路由的区别如表 6-1 所示。

表 6-1　动态路由与静态路由的区别

| 项目 | 动态路由 | 静态路由 |
|---|---|---|
| 配置复杂与否 | 不受网络规模的限制 | 随着网络规模的扩大而趋向复杂 |
| 管理员所需技能 | 需要掌握高级的知识技能 | 不需要额外的专业知识 |
| 可预测性 | 根据当前网络拓扑结构确定路径 | 总通过同样的路径到达目的网络 |
| 资源使用情况 | 占用 CPU 内存和链路带宽 | 不需要额外的资源 |
| 安全性 | 不安全 | 安全 |
| 可扩展性 | 简单的和复杂的拓扑结构都适合 | 仅适合简单的拓扑结构 |
| 拓扑结构变换 | 自动根据拓扑结构的变化调整 | 需要管理员的参与 |

### 6.1.2　路由表简介

路由表是保存在路由器内存中的数据文件,存储了与直连网络以及远程网络相关的信息。路由表包含网络与下一跳的关联信息。这些关联告知路由器：要以最佳方式到达某一

---

① "开销"的定义参见第 9 章。——编者注

目的地,可以将数据包发送到特定路由器(即在到达最终目的地的途中的下一跳)。下一跳也可以关联到通向最终目的地的送出接口。路由器在查找路由表的过程中通常采用"递归查询"。路由器通常用以下三种途径构建路由表。

① 直连网络:就是直连到路由器某一接口的网络,当然,该接口处于活动状态,路由器自动添加和自己直接连接的网络到路由表中。

② 静态路由:通过网络管理员手工配置添加到路由表中。

③ 动态路由:由路由协议(如 RIP、EIGRP、OSPF 等)通告自动学习来构建路由表。

### 6.1.3 管理距离和度量值

在路由表中,最为重要的两个概念就是管理距离和度量值。

1. 管理距离

管理距离(administrative distance,AD),用来定义路由来源的优先级别,以及用来衡量接收的来自邻居路由器上路由选择信息的可靠性。如果从多个不同的路由来源获取到同一目的网络的路由信息,Cisco 路由器会使用 AD 功能来选择最佳路径。管理距离是从 0 到 255 的整数值,数值越低表示路由来源的优先级别越高。管理距离值为 0,表示优先级别最高。只有直连网络的管理距离为 0,而且这个值不能更改。表 6-2 列出了 Cisco 路由器对不同协议的路由的默认管理距离。

表 6-2　Cisco 路由器对不同协议的路由的默认管理距离

| 路由来源 | 默认管理距离 |
| --- | --- |
| 直连路由 | 0 |
| 静态路由 | 1 |
| EIGRP | 90 |
| IGRP | 100 |
| OSPF | 110 |
| RIP | 120 |
| 外部 EIGRP | 170 |
| 未知 | 255 |

2. 度量值

度量值是指路由协议用来计算到达目的网络的开销值。对于同一种路由协议,当有多条通往同一目的网络的路径时,路由协议使用度量值来确定最佳的路径。度量值越低,路径越优先。每一种路由协议都有自己的度量方法,所以不同的路由协议选择出的最佳路径可能是不一样的。IP 路由协议中经常使用的计算度量值的参数如下所述。

① 跳段计数(hop count):数据包经过的路由器个数,简称跳数。

② 带宽(bandwidth):链路的数据承载能力。

③ 负载(load):特定链路的通信量使用率。

④ 延迟(delay):数据包从源端到达目的端需要的时间。

⑤ 可靠性(reliability):通过接口错误计数或以往的链路故障次数来估计出现链路故障

的可能性。

⑥ 开销(cost)：链路的开销，OSPF 中的开销值是根据接口带宽计算的。

### 6.1.4 动态路由协议分类

#### 1. IGP 和 EGP

动态路由协议按照作用的自治系统(autonomous system,AS)来划分，分为内部网关协议(interior gateway protocol,IGP)和外部网关协议(exterior gateway protocol,EGP)。IGP 用于自治系统内部路由，同时也用于独立网络内部路由，适用于 IP 的 IGP 包括 RIP、EIGRP、OSPF 和 IS-IS。而 EGP 用于不同机构管控下的不同自治系统之间的路由。BGP 是目前唯一使用的一种 EGP，也是 internet 所使用的路由协议。

#### 2. IGP 的分类

根据路由协议的工作原理，IGP 可以分为三类。

(1) 距离矢量路由协议，可通过判断距离查找到达远程网络的最佳路径。数据包通过一个路由器称为一跳。有最小跳数的路由是最佳路由，RIP 和 IGRP 就是距离矢量路由协议，它们发送整个表到邻居路由器。

(2) 链路状态路由协议，又称最短路径优先协议，运行这种协议的路由器会创建三张独立的表，一张用来跟踪直接连接的邻居路由器，一张用来判断整个互联网的拓扑，还有一张则是路由表。使用链路状态的路由器比使用距离矢量的路由器对互联网有更多的了解。OSPF 运用的就是该种路由。

(3) 混合型是将两种协议结合起来使用的产物，如 EIGRP。

#### 3. 有类路由协议和无类路由协议

路由协议按照支持的 IP 地址类别又划分为有类路由协议和无类路由协议。有类路由协议在路由信息更新过程中不发送子网掩码信息，RIRv1 属于有类路由协议。而无类路由协议在路由信息更新过程中发送网络地址和子网掩码，同时支持可变长度子网掩码(variable-length subnet masking,VLSM)和无类别域间路由选择(classless inter-domain routing,CIDR)等。RIPv2、EIGRP、OSPF、IS-IS 和 BGP 属于无类路由协议。

### 6.1.5 RIP 的运行特点

RIP 是 routing information protocol(路由信息协议)的简称，它是由 Xerox 在 20 世纪 70 年代开发的，最初定义在 RFC1058 中。每个有 RIP 功能的路由器在默认情况下每隔 30 秒利用 UDP 520 端口向与它直连的网络邻居广播(RIPv1)或组播(RIPv2)路由更新。因此，路由器不知道网络的全局情况，如果路由器更新在网络上传播慢，将会导致网络收敛较慢，造成路由环路。

RIP 协议包含两个版本，即 RIPv1 和 RIPv2。

#### 1. RIPv1 的运行特点

● RIP 是典型的距离矢量路由协议，具有距离矢量算法路由协议的一切特征。

● RIP 通过定期广播整个路由表来发现和维护路由，默认为每 30 秒广播一次路由表。

- RIP 以跳数作为路由的度量值,每经过一个路由称为一跳,最多支持 15 跳。
- RIP 不支持路由汇总和 VLSM。
- RIP 默认支持 4 条开销相同的链路的负载均衡,最多支持 6 条。
- 基于有类概念的路由协议。

2. RIPv2 的运行特点

- 基于无类概念的路由协议。
- 支持 VLSM。
- 可以人工设定是否进行路由汇总。
- 使用组播来代替 RIPv1 中的广播。
- 支持明文或 MD5 加密验证。
- RIPv2 使用组播地址 224.0.0.9 来更新路由信息。

因为 RIP 是以跳数作为度量值的,所以 RIP 不适合大型的互联网络。

VLSM 指可变长度子网掩码,我们可以为不同的子网使用不同的子网掩码。

使用有类路由协议:路由器首先匹配主网络号,如果主网络号存在,就继续匹配子网号,且不考虑缺省路由,如果子网无法匹配,就丢弃数据包。使用无类路由协议:如果没有找到最具体的匹配,就使用缺省路由。无类路由协议的优点是可以节省大量的 IP 地址空间。

### 6.1.6 RIP 的工作原理

下面的网络运行了 RIP,如图 6-1 所示。

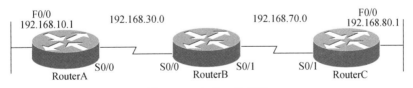

图 6-1 RIP 的工作原理

(1)运行 RIP 的路由器通过定期更新建立路由表,但在此之前要先建立自己直连网络的路由,每个路由器的路由表如表 6-3 至表 6-5 所示。

表 6-3 RouterA 的路由表 a

| 目的网络 | 本地端口 | 度量值 |
| --- | --- | --- |
| 192.168.10.0 | F0/0 | 0(本地直连网络度量为 0) |
| 192.168.30.0 | S0/0 | 0 |

表 6-4　RouterB 的路由表 a

| 目的网络 | 本地端口 | 度量值 |
| --- | --- | --- |
| 192.168.70.0 | S0/1 | 0 |
| 192.168.30.0 | S0/0 | 0 |

表 6-5　RouterC 的路由表 a

| 目的网络 | 本地端口 | 度量值 |
| --- | --- | --- |
| 192.168.80.0 | F0/0 | 0 |
| 192.168.70.0 | S0/1 | 0 |

此时的路由表是不完整的,路由器对不和自己直接相连的网络是不知道如何转发的。

（2）每个路由器都定期广播自己完整的路由表,告诉其他路由器与自己直连的网络信息,此时各个路由器的路由表如表 6-6 至表 6 8 所示。

表 6-6　RouterA 的路由表 b

| 目的网络 | 本地端口 | 度量值 |
| --- | --- | --- |
| 192.168.10.0 | F0/0 | 0(本地直连网络度量为0) |
| 192.168.30.0 | S0/0 | 0 |
| 192.168.70.0(从 RouterB 学习的) | S0/0 | 1(需要经过一个路由器所以度量值加 1) |

表 6-7　RouterB 的路由表 b

| 目的网络 | 本地端口 | 度量值 |
| --- | --- | --- |
| 192.168.70.0 | S0/1 | 0 |
| 192.168.30.0 | S0/0 | 0 |
| 192.168.10.0(从 RouterB 学习的) | S0/0 | 1 |
| 192.168.80.0(从 RouterC 学习的) | S0/1 | 1 |

表 6-8　RouterC 的路由表 b

| 目的网络 | 本地端口 | 度量值 |
| --- | --- | --- |
| 192.168.80.0 | F0/0 | 0 |
| 192.168.70.0 | S0/1 | 0 |
| 192.168.30.0（从 RouterB 学习的） | S0/1 | 1 |

（3）经过了一周期后,并不是每个路由器的路由表都是完整的,还需要额外的时间继续进行学习,经过了下一周期的路由表如表 6-9 至表 6-11 所示。

表 6-9　RouterA 的路由表 c

| 目的网络 | 本地端口 | 度量值 |
| --- | --- | --- |
| 192.168.10.0 | F0/0 | 0 |
| 192.168.30.0 | S0/0 | 0 |
| 192.168.70.0（从 RouterB 学习的） | S0/0 | 1 |
| 192.168.80.0（从 RouterB 学习的） | S0/0 | 2（在 RouterB 的基础上加1） |

表 6-10　RouterB 的路由表 c

| 目的网络 | 本地端口 | 度量值 |
| --- | --- | --- |
| 192.168.70.0 | S0/1 | 0 |
| 192.168.30.0 | S0/0 | 0 |
| 192.168.10.0（从 RouterB 学习的） | S0/0 | 1 |
| 192.168.80.0（从 RouterC 学习的） | S0/1 | 1 |

表 6-11　RouterC 的路由表 c

| 目的网络 | 本地端口 | 度量值 |
| --- | --- | --- |
| 192.168.80.0 | F0/0 | 0 |
| 192.168.70.0 | S0/1 | 0 |
| 192.168.30.0（从 RouterB 学习的） | S0/1 | 1 |
| 192.168.10.0（从 RouterB 学习的） | S0/1 | 2（在 RouterB 的基础上加 1） |

至此,路由表已经完整,每个路由器都有到达网络中每个网络的路由了,所以路由的学习过程也就结束了。

虽然路由的学习过程结束了,但是路由的更新还会继续,即使没有任何变化。

### 6.1.7　路由环路

路由环路是指数据包在一系列路由器之间不断传输却始终无法到达其预期目的网络的一种现象,其发生的原因是由于距离矢量路由是通过定期的广播路由更新到所有激活的接口,但有时路由器不能同时或接近同时地完成路由表的更新。如图 6-2 所示。

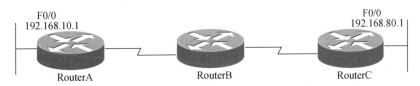

图 6-2　路由环路示例

在路由器 A、B、C 构成的网络里,RouterC 连接 192.168.80.0 的网络,RouterA 连接 192.168.10.0 的网络,由于某种原因 192.168.80.0 的网络连接中断,于是在 RouterC 的路由表中就缺失了到达 192.168.80.0 网络的路由,RouterB 在 RouterC 发送更新前发送了更新,造成 RouterC 中添加了错误的到达 192.168.80.0 网络的路由(可通过 RouterB 到达 192.168.80.0 的网络,跳数为 2)。当网络 192.168.10.0 有发往 192.168.80.0 网络的数据包时,RouterA 发往 RouterB,而 RouterB 发往 RouterC,RouterC 又发往 RouterB,这样反复

就是路由环路。

防止路由环路的方法有以下几种：

● 最大跳数：RIP 允许的最大跳数是 15。所以，任何经过 16 跳到达的网络都被认为是不可达的。最大跳数可以控制一个路由表项在达到多大值后变成无效。

● 水平分裂：通过在 RIP 网络中强制信息的传输规则来减少不正确路由信息和路由管理开销，做法就是限制路由器不能按接收信息的方向发送信息。

● 路由中毒：当某路由器发现某个网络出现问题时，它就可以将该网络的跳计数设为 16 或不可达的表项来引发一个路由中毒。

● 保持关闭：是指路由器将那些可能会影响路由的更改信息保持一段特定的时间。如果确定某条路由为 down(不可用)或 possibly down(可能不可用)，则在规定的时间段内，任何包含相同状态或更差状态的有关该路由的信息都将被忽略。这表示路由器将在一段足够长的时间内将路由标记为 unreachable(不可达)，以便路由更新能够传递带有最新信息的路由表。

### 6.1.8  针孔拥塞

由于 RIP 只使用跳数来决定到达某个网络的最佳路径，所以当 RIP 发现一个以上的到达目的网络路径并具有相同的开销时，路由器就会进行负载均衡，但如果出现了如图 6-3 所示的情况，就有些问题了。

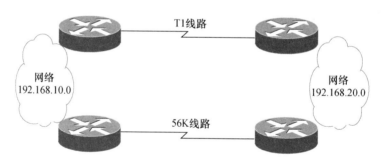

图 6-3  针孔拥塞

如图 6-3 所示，当网络 192.168.10.0 中的 RIP 路由器有到达网络 192.168.20.0 的路由时，由于经过 T1 线路与经过 56K 线路的跳数是一样的，所以 RIP 会进行负载均衡(显然 56K 线路不如 T1 线路)，这种现象就是针孔拥塞。

### 6.1.9  RIP 常用配置命令

1. RIP 基本配置命令

(1) 命令语法。

① router rip

② version {1|2}

③ network *network-number*

（2）命令功能。

① 设置路由协议为 RIP。

② 设定 RIP 版本。

③ 制定路由器关联的直连网络

（3）参数说明。

● {1|2}：定义版本号为 1 或 2，通常 1 为默认。

● *network-number*：网络号，必须是路由器直连的网络，如果是第一版本，这里必须是有类别的网络号，严格按 A、B、C 分类网络。

（4）命令示例。

```
Router(conifg)# router rip
Router(conifg-router)version 1
Router(conifg-router)# network 172.16.1.0
```

## 2. 改变最大路径数

（1）命令语法。

maximum-paths *number-paths*

（2）命令功能。

默认情况下，RIP 最多只能自动在 4 条开销相同的路径上实施负载均衡。不同的 IOS 版本，RIP 能够支持的最大等价路径的条数可能也不同，可以通过此命令来修改路由协议 RIP 支持的等价路径的条数。

（3）参数说明。

● *number-paths*：最大负载均衡数量。

（4）命令示例。

```
Router(conifg-route)# maximum-paths  6
```

## 3. 设置被动接口

（1）命令语法。

passive-interface *interface-number*

（2）命令功能。

使用了这个命令后，特定的路由协议的更新就不会从这个接口发送出去了。但是，从其他接口发出的路由更新仍将通告这个接口所属的网络。使用这种方法可以很好地控制路由更新的流向，避免不必要的链路资源的浪费。

（3）参数说明。

● *interface-number*：路由器接口。

（4）命令示例。

```
Router(conifg-route)# passive-interface  s0/0
```

## 4. 查看 IP 协议信息

（1）命令语法。

show ip protocols

（2）命令功能。

查看当前使用什么路由协议,路由协议的配置情况等信息。

5.查看路由表

（1）命令语法。

show ip route

（2）命令功能。

显示路由表信息。

6.检测 RIP

（1）命令语法。

（no）debug ip rip

（2）命令功能。

用于调试 RIP 信息。使用前缀"no"关闭调试信息。当该命令被开启后,路由器会显示所有与 RIP 有关的行为,包括何时、从哪里收到了多少数据包,发送了多少数据包,等等。

检测 RIP 命令应只在调试时开启,调试结束后关闭,因为该命令会不断地返回大量信息并输出,占用路由器的性能。

# 6.2　动 手 做 做

本节主要是通过动态路由设置的实验使读者深入体会路由的概念并掌握动态路由的配置。

## 6.2.1　实验目的

通过本实验,读者可以掌握以下技能:
- RIP 的基本配置。
- 静态路由在 RIP 中的发布。
- 查看路由表。
- 查看 RIP 更新信息。

## 6.2.2　实验规划

1.实验设备
- 2811 路由器 3 台。

- 实验用 PC 3 台。
- 直连双绞线若干。
- 2950 交换机 3 台。
- 串行电缆 2 根。

2. 网络拓扑

如图 6-4 所示，RouterA 的 S0/0 接口通过串行电缆与 RouterB 的 S0/0 接口相连，RouterB 的 S0/1 接口通过双绞线与 RouterC 的 S0/0 接口相连。PC1、PC2、PC3 分别通过交换机连接到 3 台路由器的 F0/0 端口。

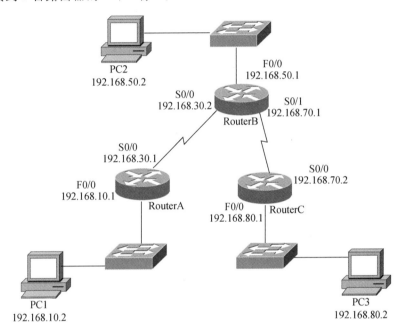

图 6-4　网络拓扑图

## 6.2.3　实验步骤

1. 配置 RouterA

```
Router>en
Router#config t
RouterA(config)#inter f0/0
RouterA(config-if)#ip add 192.168.10.1 255.255.255.0
RouterA(config-if)#no shut
RouterA(config-if)#int s0/0
RouterA(config-if)#ip add 192.168.30.1 255.255.255.0
RouterA(config-if)#clock rate 64000
RouterA(config-if)#no shut
```

```
RouterA(config-if)#exit
RouterA(config)#router rip       //配置 RIP
RouterA(config-router)#version 1
RouterA(config-router)#network 192.168.10.0
RouterA(config-router)#network 192.168.30.0
RouterA(config-router)#exit
RouterA(config)#end
```

## 2. 配置 RouterB

```
Router>en
Router#config t
RouterB(config)#int s0/0
RouterB(config-if)#ip add 192.168.30.2 255.255.255.0
RouterB(config-if)#no shut
RouterB(config-if)#int s0/1
RouterB(config-if)#ip add 192.168.70.1 255.255.255.0
RouterB(config-if)#clock rate 64000
RouterB(config-if)#no shut
RouterB(config-if)#int f0/0
RouterB(config-if)#ip add 192.168.50.1 255.255.255.0
RouterB(config-if)#no shut
RouterB(config-if)#exit
RouterB(config)#router rip
RouterB(config-router)#version 1
RouterB(config-router)#network 192.168.50.0
RouterB(config-router)#network 192.168.30.0
RouterB(config-router)#network 192.168.70.0
RouterB(config-router)#passive-interface f0/0      //将 f0/0 端口设为被动端口
RouterB(config-router)#exit
RouterB(config)#ip route 0.0.0.0 0.0.0.0 s0/0      //将所有未知网络发往 RouterA
RouterB(config)#end
```

## 3. 配置 RouterC

```
Router>en
Router#config t
Router(config)#hostname RouterC
RouterC(config-if)#int s0/1
RouterC(config-if)#ip add 192.168.70.2 255.255.255.0
RouterC(config-if)#no shut
RouterC(config-if)#int f0/0
```

```
RouterC(config-if)♯ip add 192.168.80.1 255.255.255.0
RouterC(config-if)♯no shut
RouterC(config-if)♯exit
RouterC(config)♯router rip
RouterC(config)♯vision 1
RouterC(config-router)♯network 192.168.70.0
RouterC(config-router)♯ network 192.168.80.0
RouterC(config-router)♯passive-interface f0/0
RouterC(config-router)♯exit
RouterC(config)♯end
```

4. PC1、PC2、PC3 的 IP 地址设置

略(可参考第 5 章)。

5. 检测结果

(1) 测试连通性。

在 PC2 上测试到 PC1 的连通性。

```
PC/>ping 192.168.10.2

Pinging 192.168.10.2 with 32 bytes of data:
Reply from 192.168.10.2:bytes = 32 time = 97ms TTL = 126
Reply from 192.168.10.2:bytes = 32 time = 141ms TTL = 126
Reply from 192.168.10.2:bytes = 32 time = 156ms TTL = 126

Ping statistics for 192.168.10.2:
    Packets:Sent = 4, Received = 3, Lost = 1 (25% loss),
Approximate round trip times in milli-seconds:
    Minimum = 97ms, Maximum = 156ms, Average = 131ms
```

在 PC1 上测试到 PC2 的连通性。

```
PC/>ping 192.168.50.2

Pinging 192.168.50.2 with 32 bytes of data:
Reply from 192.168.50.2:bytes = 32 time = 156ms TTL = 126
Reply from 192.168.50.2:bytes = 32 time = 156ms TTL = 126
Reply from 192.168.50.2:bytes = 32 time = 125ms TTL = 126
Reply from 192.168.50.2:bytes = 32 time = 125ms TTL = 126

Ping statistics for 192.168.50.2:
    Packets:Sent = 4, Received = 4, Lost = 0 (0% loss),
Approximate round trip times in milli-seconds:
    Minimum = 125ms, Maximum = 156ms, Average = 140ms
```

在 PC3 上测试到 PC1 的连通性。

```
PC/>ping 192.168.10.2

Pinging 192.168.10.2 with 32 bytes of data：
Reply from 192.168.10.2：bytes = 32 time = 250ms TTL = 125
Reply from 192.168.10.2：bytes = 32 time = 188ms TTL = 125
Reply from 192.168.10.2：bytes = 32 time = 187ms TTL = 125
Reply from 192.168.10.2：bytes = 32 time = 172ms TTL = 125

Ping statistics for 192.168.10.2：
    Packets：Sent = 4, Received = 4, Lost = 0 (0% loss)，
Approximate round trip times in milli-seconds：
    Minimum = 172ms, Maximum = 250ms, Average = 199ms
```

其余略。

（2）查看 3 个路由器的路由表。

```
RouterA# show ip route
Codes：C - connected, S - static, I - IGRP, R - RIP, M - mobile, B - BGP
       D - EIGRP, EX - EIGRP external, O - OSPF, IA - OSPF inter area
       N1 - OSPF NSSA external type 1, N2 - OSPF NSSA external type 2
       E1 - OSPF external type 1, E2 - OSPF external type 2, E - EGP
       i - IS-IS, L1 - IS-IS level-1, L2 - IS-IS level-2, ia - IS-IS inter area
       * - candidate default, U - per-user static route, o - ODR
       P - periodic downloaded static route

Gateway of last resort is not set

C    192.168.10.0/24 is directly connected, FastEthernet0/0
C    192.168.30.0/24 is directly connected, Serial0/0
R    192.168.50.0/24 [120/1] via 192.168.30.2, 00:00:05, Serial0/0
R    192.168.80.0/24 [120/1] via 192.168.30.2, 00:00:05, Serial0/0

RouterB# show ip route
Codes：C - connected, S - static, I - IGRP, R - RIP, M - mobile, B - BGP
       D - EIGRP, EX - EIGRP external, O - OSPF, IA - OSPF inter area
       N1 - OSPF NSSA external type 1, N2 - OSPF NSSA external type 2
       E1 - OSPF external type 1, E2 - OSPF external type 2, E - EGP
       i - IS-IS, L1 - IS-IS level-1, L2 - IS-IS level-2, ia - IS-IS inter area
       * - candidate default, U - per-user static route, o - ODR
       P - periodic downloaded static route

Gateway of last resort is 0.0.0.0 to network 0.0.0.0
C    192.168.30.0/24 is directly connected, Serial0/0
C    192.168.50.0/24 is directly connected, FastEthernet0/0
C    192.168.70.0/24 is directly connected, Serial0/1
R    192.168.80.0/24 [120/1] via 192.168.70.2, 00:00:05, Serial0/1
```

```
S *    0.0.0.0/0 is directly connected, Serial0/0

RouterC# show ip route
Codes: C - connected, S - static, I - IGRP, R - RIP, M - mobile, B - BGP
       D - EIGRP, EX - EIGRP external, O - OSPF, IA - OSPF inter area
       N1 - OSPF NSSA external type 1, N2 - OSPF NSSA external type 2
       E1 - OSPF external type 1, E2 - OSPF external type 2, E - EGP
       i - IS-IS, L1 - IS-IS level-1, L2 - IS-IS level-2, ia - IS-IS inter area
       * - candidate default, U - per-user static route, o - ODR
       P - periodic downloaded static route

Gateway of last resort is 192.168.70.1 to network 0.0.0.0

R    192.168.30.0/24 [120/1] via 192.168.70.1, 00:00:28, Serial0/1
R    192.168.50.0/24 [120/1] via 192.168.70.1, 00:00:28, Serial0/1
C    192.168.70.0/24 is directly connected, Serial0/1
C    192.168.80.0/24 is directly connected, FastEthernet0/0
R *  0.0.0.0/0 [120/1] via 192.168.70.1, 00:00:28, Serial0/1
```

```
RouterA# show ip interface brief                              //查看所有接口摘要信息
Interface           IP-Address       OK?   Method   Status   Protocol
Serial0/0           192.168.30.1     YES   unset    up       up
FastEthernet 0/0    192.168.10.1     YES   unset    up       up
```

注意观察路由表输出中每种路由前面的标志是什么样的。

（3）查看被动端口。

```
RouterC# show run
（略）
router rip
passive-interface FastEthernet0/0
network 192.168.70.0
network 192.168.80.0
（略）
```

# 6.3  活 学 活 用

网络拓扑图如图 6-4 所示，配置路由协议 RIPv2 版本，实现各 PC 间互通。

# 6.4 动动脑筋

1. 路由选择协议分哪几类？请列举常见路由协议并说时明它分属哪类。

2. RIP 的主要特征是什么？

3. RIPv1 与 RIPv2 的相同点和不同点分别是什么？

4. 和静态路由相比，动态路由的优点是什么？

5. passive-interface interface-number 命令使用的结果是什么？

6. 在 6.2 节实验中我们将路由器 B、C 的以太网端口都设为了被动端口，请问：还有哪些端口可以设为被动端口？

7. 如果在路由器 A 上的静态路由只设一种，那该怎么修改各个路由器的 IP？

# 6.5 学习小结

通过本章的学习，读者对动态路由、RIP 等相关技术有了一定的认识。通过本章的实验，读者进行了深入细致的练习，对路由过程有了初步的认识，为下一步内部网关路由协议的学习打下基础。现将本章所涉及的主要命令总结如下（如表 6-12 所示），供读者查阅。

表 6-12　第 6 章命令汇总

| 命　令 | 功　能 |
|---|---|
| router rip | 启用 RIP |
| network[mask] ⟨address \| interface⟩[distance] | 指定参与 RIP 的端口 |

102

续表

| 命　　令 | 功　　能 |
| --- | --- |
| maximum-paths＜1-6＞ | 设定负载链路数量 |
| passive-interface *interface-number* | 设置被动端口 |
| default-information originate | 在 RIP 中发布静态路由 |
| show ip protocols | 查看当前使用什么路由协议，路由协议的配置情况等信息 |
| show ip route | 显示路由表中的内容 |
| debug ip rip | 用于调试 RIP 信息 |

# 第7章 我的地盘我做主——IGRP

## 7.1 知识准备

### 7.1.1 IGRP 简介

IGRP 是 interior gateway routing protocol(内部网关路由协议)的简称,是由 Cisco 公司在 20 世纪 80 年代中期开发设计的一种动态距离向量路由协议,是 Cisco 专用路由协议。Cisco 设计 IGRP 的主要目的是为 AS 内的路由提供一种"健壮"的路由协议。

### 7.1.2 IGRP 的主要内容及特征

1. IGRP 的主要内容
- IGRP 以固有的时间间隔把本地的路由表以广播的方式传递给邻居路由器。
- IGRP 不支持 VLSM。
- IGRP 使用水平分裂(split horizon)、毒性逆转(poison reverse)、触发更新(trigger update)、抑制计时(holddown timer)等方法解决路由环路问题。

● 水平分裂:保证路由器记住每一条路由信息的来源,阻止路由更新信息返回到最初发送的方向,即路由器不能使用接收更新的同一接口来通告同一网络。

● 毒性逆转:也叫路由毒化,这种方法是在路由器发往其他路由器的路由更新中将不可到达的路由信息标记为不可到达,标记的方法是将度量值设置为最大值。

● 触发更新:是路由的更新方式,不需要等待更新计时器超时,只要检测到网络拓扑结构发生变化就立即向邻居路由器发送更新消息,邻居路由器收到更新消息以后依次生成触发更新,以通知其邻居路由器。

● 抑制计时：即抑制计时器,可以用来防止定期更新消息错误地恢复某些可能发生故障的路由信息,当路由器发现路由表中的路由信息无效以后,在抑制计时器规定的时间内,不接收任何与无效路由信息具有相同状态或具有比无效路由信息更差状态的那些路由信息。

### 2. IGRP 的特征

● IGRP 是距离向量路由协议。

● IGRP 是有类别的路由协议。

● IGRP 采用广播的方式(255.255.255.255)进行邻居路由器之间的路由更新。

● IGRP 的管理距离为 100。

● IGRP 采用跳数限制来避免路由环路,IGRP 支持最大跳数为 255,默认值为 100 跳,但在实际设置时通常其设置值比默认值还要低。

● IGRP 支持等价和非等价负载均衡。

### 7.1.3 IGRP 的定时器和度量值的计算

#### 1. 定时器

IGRP 在默认设置中包含下列定时器:

● 更新定时器(update timer)：表示路由更新消息的发送频率,默认值为 90 秒。

● 失效定时器(invalid timer)：表示在没有收到特定路由的路由更新消息时,路由失效前路由器应该等待的时间,默认值为 270 秒(更新周期的 3 倍)。

● 保持定时器(hold-down timer)：用于指定保持关闭时间间隔,默认值为 280 秒(3 倍于更新时间间隔加 10 秒)。

● 清空计时器(flash timer)：表示路由器清空路由表之前需要等待的时间,默认值为 630 秒(路由更新周期的 7 倍)。

默认情况下,IGRP 每 90 秒发送一次路由更新广播;在 3 个更新周期内(即 270 秒)没有收到路由条目的更新时,则宣布路由不可访问;在 7 个更新周期(即 630 秒)后,路由器就会从路由表中清除该路由条目。

#### 2. 度量值的计算

IGRP 使用一个综合性的度量值选择路由,这个度量值包括如下五个要素：带宽(bandwidth)、延迟(delay)、负载(load)、可靠性(reliability)、最大传输单元(maximum transmission unit,MTU)。

IGRP 默认只使用包括带宽和延迟两个要素的度量值。

（1）IGRP 度量值的计算公式。

度量值＝[K1 * bandwidth＋(K2 * bandwidth)/(256-load)＋K3 * delay] * [K5/(reliability＋K4)]

（2）公式解析。

默认情况下，K1＝K3＝1，K2＝K4＝K5＝0。因为 K5＝0，因此公式后面的 * [K5/(reliability＋K4)]可以忽略。公式可简化为 K1 * bandwidth＋(K2 * bandwidth)/(256-load)＋K3 * delay，因为 K2＝0，公式进一步简化为 K1 * bandwidth＋K3 * delay。公式中的带宽以 Kb/s 为单位，延迟以 μs 为单位。从源端到目的端所经过的链路带宽可能不一定相同，所以公式中使用的带宽应该是从源端到目的端所经过的链路中带宽最小值，然后用 10000000 除以该值。公式中的延迟是从发送数据的源端到目的端所经过的所有路由器出口的延迟之和除以 10。

因此公式最终简化为：度量值＝10 000 000/bandwidth＋$\sum$ reliability/10。

### 7.1.4　IGRP 的配置命令

在路由器上配置 IGRP 主要分两个步骤：首先在路由器上启动 IGRP，然后声明相应网络加入 IGRP 路由进程。

1．启动 IGRP

（1）命令语法。

router igrp {autonomous-system-number}

no router igrp {autonomous-system-number}

（2）命令功能。

启动 IGRP；关闭一个 IGRP 路由进程，则使用该命令的 no 形式。

（3）参数说明。

● autonomous-system-number：自治域号，可以随意建立，并非实际意义上的 autonomous-system-number，但运行 IGRP 的路由器要想交换路由更新信息，autonomous-system-number 必须相同，其范围为 1～65535。

（4）命令示例。

```
Router(conifg)# router igrp 100
```

2．声明相应网络加入 IGRP 路由进程

（1）命令语法。

network {ip-adress}

no network {ip-adress}

（2）命令功能。

指定 IGRP 路由进程的网络列表；如果要移除一列表项，则使用该命令的 no 形式。

（3）参数说明。

● ip-adress：IP 地址。

（4）命令示例。

```
Router(conifg-router)# network 10.0.0.0
```

3. 等价负载均衡和非等价负载均衡

如果有多条到达同一个目的网络的路由,且这些路由具有相同的度量值,路由器会在这多条路径上均衡负载,这称为等价负载均衡。IGRP 和 RIP 一样具有等价负载均衡的能力,不同于 RIP 的是,IGRP 还具有非等价负载均衡的能力(EIGRP 与 IGRP 相同)。非等价负载均衡是在 IGRP 能在目的地相同但度量值不同的多条路径上平衡负载。

(1) 命令语法。

varianec { variance-multiplier }

(2) 命令功能。

启用并配置 IGRP 的非等价负载均衡的功能,该命令定义一个倍数(必须为整数),决定多条路径里面有哪些路径在非等价的负载均衡中可用。

(3) 参数说明。

● variance-multiplier 是指备选路径范围系数,取值范围为 1~128,默认值为 1,这个系数代表了可以接受的不等价链路的度量值的倍数,在这个范围内的链路都将被接受,并且被加入到路由表中。默认值为 1 时,表示只有两条路径 metric 相同时才能在两条路径上启用负载均衡。

(4) 命令示例。

```
Router(config)#router igrp 100
Router (config-router)#variance 2
```

该命令的含义是假如路由的最低代价度量值为 8000,备选路径范围系数为 2,那么到某一网络的路由只要小于或等于 15 999,都会被计入路由表,IGRP 会在两条路径之间平衡负载。

实例如图 7-1 所示,RouterA 和 RouterB 由两条串行线路连接,RouterA 的 S0/0 和 RouterB 的 S0/0 接口连接的链路带宽是 1544Kb/s,延迟为 20 000 毫秒;RouterA 的 S0/1 和 RouterB 的 S0/1 接口连接的链路带宽是 256Kb/s,延迟为 1000 毫秒,要在这两条链路上实现非等价负载均衡,variance-multiplier 如何确定呢?

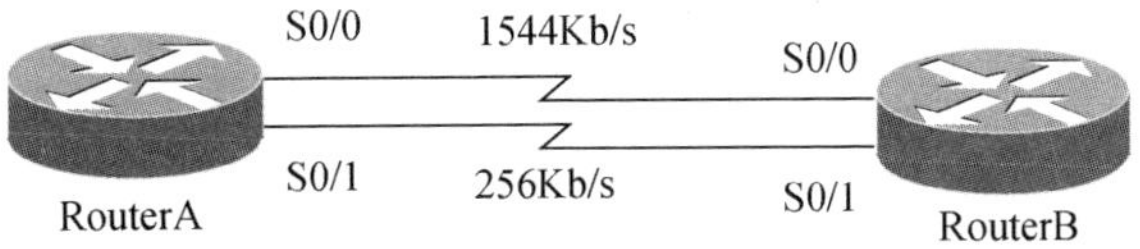

S0/0　　1544Kb/s　　S0/0

S0/1　　256Kb/s　　S0/1

RouterA　　　　　　　　RouterB

**图 7-1　非等价负载拓扑图**

第 1 种方法:

首先计算每条链路的度量值,即 $\mathrm{metric} = 10\ 000\ 000/\mathrm{bandwidth} + \sum \mathrm{reliability}/10$。

所以两条链路的度量值分别为:$\mathrm{metric} = 10\ 000\ 000/1544 + (20\ 000 + 1000)/10 = 8576$

$\mathrm{metric} = 10\ 000\ 000/256 + (20\ 000 + 1000)/10 = 41\ 162$

然后可得：41 162/8576＝4.8，可近似取值为 5。这样 variance-multiplier 的值就被确定了。

第 2 种方法（在 EIGRP 下使用）：

使用 show ip eigrp topology 命令，该命令用来查看路由协议 EIGRP 的拓扑表，在显示结果中可以直接看到度量值（metric）。

```
RouterA# show ip eigrp topology
IP-EIGRP Topology Table for AS(100)/ID(10.1.3.9)
Codes：P-Passive, A-Active, U-Update, Q-Query, R-Reply, r-reply Status, s-sia Status
P 192.168.0.0/24, 1 successors, FD is 8576
Via 172.16.0.1 (8576/28160), Serial0/0
Via 23.0.0.2 (41162/428160), Serial1/1
```

8576 和 41 162 即为两条链路的度量值，然后可得：41 162/8576＝4.8，可近似取值为 5。这样 variance-multiplier 的值就被确定了。

4. 调整允许负载均衡路径数目

（1）命令语法。

maximum-paths {maxpaths}

（2）命令功能。

所有的路由协议都默认 4 条等价链路负载均衡，可以通过命令调整允许负载均衡的路径数目，最多可以达到 6 条并行等价路径。

（3）参数说明。

● maxpaths：负载均衡路径数目。

（4）命令示例。

```
Router(conifg)# router eigrp 100
Router(conifg-router)# maximum-paths 6
```

### 7.1.5  IGRP 的验证命令

1. 查看 IGRP 路由表

（1）命令语法。

show ip route igrp

（2）命令功能。

查看 IGRP 路由表。

2. 监测 IGRP 的事件

（1）命令语法。

debug ip igrp events

（2）命令功能。

提供在网络中运行的 IGRP 路由选择信息的概要。

3．监测 IGRP 的事务处理

（1）命令语法。

debug ip igrp transactions

（2）命令功能。

显示来自邻居路由器要求更新的请求消息和由路由器发到邻居路由器的广播消息。

### 7.1.6  两条可选命令

1．指定与该路由器相邻的节点地址

（1）命令语法。

neighbor {ip-address}

（2）参数说明。

● ip-address：相邻路由器的相邻端口 IP 地址。

（3）命令示例。

```
Router(conifg-router)# neighbor 192.168.30.1
```

2．不让某个端口发送 IGRP

（1）命令语法。

passive-interface type number [default]

（2）命令功能。

使用 passive-interface 命令的方式有两种：

● 指定某个接口成为被动模式，这意味着它将不会发出路由更新。

● 首先将所有接口设为被动模式，然后在那些打算发送路由更新的接口上使用 no passive-interface 命令。

（3）参数说明。

● type number：端口类型和端口编号。

● default：将路由器所有接口的默认状态设置为被动状态。

（4）命令示例。

```
Router(config)# router igrp 110
Router(config-router)# passive-interface default        //要将所有接口设为被动
Router(config-router)# no passive-interface Serial 0/0   //单独打开接口 s0/0
```

## 7.2  动 手 做 做

本节通过 IGRP 的配置实验使读者掌握 IGRP 的常用配置及验证命令。

### 7.2.1 实验目的

通过本实验,读者可以掌握以下技能:
- 能够在路由器上配置 IGRP。
- 能够使用 IGRP 实现网络的互访问。

### 7.2.2 实验规划

#### 1. 实验设备
- Cisco 2811 系列路由器 3 台。
- PC 机 3 台以上。
- 双绞线若干。
- consloe 电缆 3 根。
- 串行电缆 2 根。
- 2950 交换机 3 台。

#### 2. 网络拓扑

如图 7-2 所示,RouterA 的 S0/0 接口(192.168.30.1)通过串行电缆与 RouterB 的S0/0 接口(192.168.30.2)相连,RouterB 的S0/1 接口(192.168.70.1)通过串行电缆与 RouterC 的 S0/0 接口(192.168.70.2)相连。PC1、PC2 和 PC3 分别通过交换机连接到路由器 RouterA、RouterB 和 RouterC 的 FastEthernet 0/0。

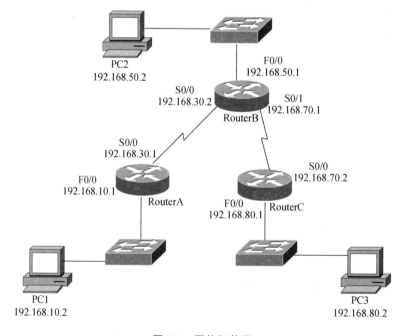

图 7-2 网络拓扑图

## 7.2.3 实验步骤

### 1. 配置 RouterA

```
Router>en
Router#config t
RouterA(config)#inter f0/0
RouterA(config-if)#ip add 192.168.10.1 255.255.255.0
RouterA(config-if)#no shut
RouterA(config-if)#int s0/0
RouterA(config-if)#ip add 192.168.30.1 255.255.255.0
RouterA(config-if)#clock rate 64000
RouterA(config-if)#no shut
RouterA(config-if)#exit
RouterA(config)#router igrp 100
RouterA(config-router)#network 192.168.10.0
RouterA(config-router)#network 192.168.30.0
RouterA(config-router)#exit
RouterA(config)#end
```

### 2. 配置 RouterB

```
Router>en
Router#config t
RouterB(config)#int s0/0
RouterB(config-if)#ip add 192.168.30.2 255.255.255.0
RouterB(config-if)#no shut
RouterB(config-if)#int s0/1
RouterB(config-if)#ip add 192.168.70.1 255.255.255.0
RouterB(config-if)#clock rate 64000
RouterB(config-if)#no shut
RouterB(config-if)#int f0/0
RouterB(config-if)#ip add 192.168.50.1 255.255.255.0
RouterB(config-if)#no shut
RouterB(config-if)#exit
RouterB(config)#router igrp 100
RouterB(config-router)#network 192.168.50.0
RouterB(config-router)#network 192.168.30.0
RouterB(config-router)#network 192.168.70.0
RouterB(config-router)#exit
RouterB(config)#end
```

### 3. 配置 RouterC

```
Router>en
Router#config t
Router(config)#hostname RouterC
RouterC(config-if)#int s0/1
RouterC(config-if)#ip add 192.168.70.2 255.255.255.0
RouterC(config-if)#no shut
RouterC(config-if)#int f0/0
RouterC(config-if)#ip add 192.168.80.1 255.255.255.0
RouterC(config-if)#no shut
RouterC(config-if)#exit
RouterC(config)#router igrp 100
RouterC(config-router)#network 192.168.70.0
RouterC(config-router)#network 192.168.80.0
RouterC(config-router)#exit
RouterC(config)#end
```

### 4. PC1、PC2、PC3 的 IP 地址设置

略（可参考第 5 章）。

### 5. 检测结果

（1）利用 ping 命令测试 PC1 和 PC3 之间的连通性，在 PC1 的命令提示符下输入 ping 192.168.80.2，在 PC3 的命令提示符下输入 ping 192.168.10.2。如果 PC1 和 PC3 之间彼此能 ping 通，说明在路由器的 IGRP 的配置是正确的。

在 PC1 上运行 ping 命令：

```
C:\>ping 192.168.80.2
Pinging 192.168.80.2 with 32 bytes of data:
Reply from 192.168.80.2: bytes = 32 time = 60ms TTL = 241
Reply from 192.168.80.2: bytes = 32 time = 60ms TTL = 241
Reply from 192.168.80.2: bytes = 32 time = 60ms TTL = 241
Reply from 192.168.80.2: bytes = 32 time = 60ms TTL = 241
Reply from 192.168.80.2: bytes = 32 time = 60ms TTL = 241
Ping statistics for 192.168.80.2:
Packets: Sent = 5, Received = 5, Lost = 0 (0% loss),
Approximate round trip times in milli-seconds:
    Minimum = 50ms, Maximum =  60ms, Average =  55ms
```

在 PC3 上运行 ping 命令：

```
C:\>ping 192.168.10.2
Pinging 192.168.10.2 with 32 bytes of data:
Reply from 192.168.10.2: bytes = 32 time = 60ms TTL = 241
```

```
Reply from 192.168.10.2：bytes = 32 time = 60ms TTL = 241

Reply from 192.168.10.2：bytes = 32 time = 60ms TTL = 241

Reply from 192.168.10.2：bytes = 32 time = 60ms TTL = 241

Reply from 192.168.10.2：bytes = 32 time = 60ms TTL = 241

Ping statistics for 192.168.10.2：

Packets：Sent = 5, Received = 5, Lost = 0 (0% loss),

Approximate round trip times in milli-seconds：

    Minimum = 50ms, Maximum =  60ms, Average =  55ms
```

**6. 查看路由信息**

本实验只给出了查看 RouterA 上配置信息的命令，RouterB、RouterC 的查看过程与 RouterA 相同，请读者自己动手完成。

（1）查看 RouterA 的路由表。

```
RouterA♯show ip route

Codes：C - connected, S - static, I - IGRP, R - RIP, M - mobile, B - BGP

       D - EIGRP, EX - EIGRP external, O - OSPF, IA - OSPF inter area

       E1 - OSPF external type 1, E2 - OSPF external type 2, E - EGP

       i - IS-IS, L1 - IS-IS level-1, L2 - IS-IS level-2, * - candidate default

       U - per-user static route

Gateway of last resort is not set

C    192.168.30.0 is directly connected, Serial0/0

C    192.168.10.0 is directly connected, FastEthernet0/0

I    192.168.70.0 [100/651] via 192.168.30.2, 00：07：31, Serial0/0

I    192.168.80.0 [100/1040] via 192.168.30.2, 00：09：41, Serial0/0
```

（2）查看 RouterA 的协议信息。

```
RouterA♯show ip protocols

Routing Protocol is "igrp 100"

  Sending updates every 90 seconds, next due in 55 seconds

  Invalid after 270 seconds, hold down 280, flushed after 630

  Outgoing update filter list for all interfaces is not set

  Incoming update filter list for all interfaces is not set

  Default networks flagged in outgoing updates

  Default networks accepted from incoming updates

  IGRP metric weight K1 = 1, K2 = 0, K3 = 1, K4 = 0, K5 = 0    //显示计算度量值时的 K 值

  IGRP maximum hopcount 100                                    //默认最大跳数为 100

  IGRP maximum metric variance 1                               //默认 variance 值为 1，通过改变该
                                                                 值可以实现非等价负载均衡

  Redistributing：igrp 100

  Routing for Networks：

    192.168.30.0
```

```
    192.168.10.0
   Routing Information Sources：
     192.168.30.2          100          00：00：03
   Distance：(default is 100)
```

（3）检测 RouterA 的 IGRP 协议事件。

```
RouterA # debug ip igrp events
IGRP event debugging is on
IGRP：received update from 192.168.30.2 on Serial0/0
IGRP：Update contains 0 interior, 2 system, and 0 exterior routes.
IGRP：Total routes in update：2
IGRP：sending update to 255.255.255.255 via Serial0/0 (192.168.30.1)
IGRP：Update contains 0 interior, 1 system, and 0 exterior routes.
IGRP：Total routes in update：1
IGRP：sending update to 255.255.255.255 via FastEthernet0/0 (192.168.10.1)
IGRP：Update contains 0 interior, 3 system, and 0 exterior routes.
IGRP：Total routes in update：3
IGRP：received update from 192.168.30.2 on Serial0/0
IGRP：Update contains 0 interior, 2 system, and 0 exterior routes.
IGRP：Total routes in update：2
IGRP：sending update to 255.255.255.255 via Serial0/0 (192.168.30.1)
IGRP：Update contains 0 interior, 1 system, and 0 exterior routes.
IGRP：Total routes in update：1
IGRP：sending update to 255.255.255.255 via FastEthernet0/0 (192.168.10.1)
IGRP：Update contains 0 interior, 3 system, and 0 exterior routes.
IGRP：Total routes in update：3
```

# 7.3  活 学 活 用

网络拓扑图如图 7-3 所示，请完成如下操作：

分别在路由器 A 和 B 上配置 IGRP，实现 PC1 和 PC2 的网络连通；同时在路由器 A 和 B 上查看路由表。

# 7.4  动 动 脑 筋

1. IGRP 的特征是什么？

_____

_____

2. IGRP 的主要内容是什么？

_____

_____

3. IGRP 与 RIP 有哪些不同？

_____

_____

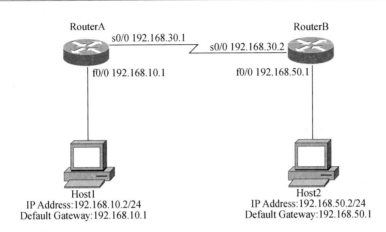

图 7-3　网络拓扑图

## 7.5　学 习 小 结

通过本章的学习，读者能够理解 IGRP 的原理、特性及相关概念，并掌握 IGRP 的配置和验证方法。现将本章所涉及的主要命令总结如下（如表 7-1 所示），供读者查阅。

表 7-1　第 7 章命令汇总表

| 命令 | 功能 |
| --- | --- |
| router igrp〔autonomous-system〕 | 启动 IGRP |
| network〔network_number〕 | 指定该路由器相连的网络 |
| show ip route igrp | 查看 IGRP 路由表 |
| debug ip igrp events | 提供在网络中运行的 IGRP 路由选择信息的概要 |
| debug ip igrp transactions | 显示来自邻居路由器要求更新的请求消息和由路由器发到邻居路由器的广播消息 |
| neighbor〔ip-address〕 | 指定与该路由器相邻节点的 IP |
| passive-interface type number〔default〕 | 禁止通过指定的路由器接口向外发送路由更新 |

# 第8章　强大的距离矢量路由协议——EIGRP

## 8.1　知 识 准 备

### 8.1.1　EIGRP 简介

EIGRP 是 enhanced interior gateway routing protocol（增强的内部网关路由协议）的简称，它是 Cisco 公司开发的距离矢量路由协议，也是 Cisco 公司的专用协议。Cisco 开发 EIGRP 的主要目的是开发 IGRP 的无类路由版本。EIGRP 的工作方式类似于链路状态路由协议，但是它仍然属于距离矢量路由协议。一些书上将它称为混合路由协议，但 EIGRP 不是链路状态路由协议和距离矢量路由协议的混合体，而是纯粹的距离矢量路由协议，现在 Cisco 公司已经不再用混合路由协议来定义 EIGRP。

### 8.1.2　EIGRP 中的数据包类型

EIGRP 数据的数据部分封装在数据包内，这部分数据段称为类型/长度/值。所有的 EIGRP 数据包都具有 EIGRP 数据包报头。EIGRP 数据包报头和类型/长度/值被封装在一个 IP 数据包中，IP 数据包的协议字段会被设成 88，以表明此 IP 数据包为 EIGRP 数据包。EIGRP 数据包格式如图 8-1 所示。

| 数据链路帧报头 | IP 数据包报头 | EIGRP 数据包报头 | 类型/长度/值 |
|---|---|---|---|

图 8-1　EIGPP 数据包格式

EIGRP 有五种类型的数据包：

1. Hello

Hello 数据包用于发现邻居并与所发现的邻居保持邻居关系。Hello 包以组播的方式发送，而且使用实时传输协议（real-time transport protocol，RTP）。在大部分网络中，每 5 秒发送一次 Hello 包，保持时间为 15 秒；在多点非广播多路访问（non-broadcast multiple access，NBMA）网络上和带宽为 T1 或 ATM 接口上，每 60 秒发送一次 Hello 包，保持时间为 180 秒。

2. 更新（update）

更新数据包用来传输路由信息。路由器与邻居路由器建立邻居关系后，以单播方式将包含它所知道的路由信息的更新包传递给邻居路由器。只有在路由信息有改变的时候才发送更新数据包,而且更新数据包仅包含发生变化的路由信息,仅发送给需要该信息的路由器。如果是多台路由器需要更新路由信息,就以组播的方式传输;如果只有一台路由器需要更新路由信息,就以单播的方式传输。

3. 查询(query)

当网络中的链路发生变换的时候,路由器需要重新计算路由,如果在备份路由表里面没有找到可以替代的路由信息时,路由器会以单播或组播的方式向它的邻居路由器发送一个查询数据包,询问邻居路由器是否有到达目的网络的最佳路由。查询使用可靠传输协议。

4. 应答(reply)

所有收到查询的路由器都会发送一个应答给查询方,应答总是单播,也使用可靠传输协议。

5. 确认(acknowledgement,ACK)

确认数据包以不可靠单播方式传输。对于查询、应答和更新的数据包,路由器都必须回应一个确认。

### 8.1.3　EIGRP 的相关概念

1. 可行距离(feasible distance,FD)

可行距离是指计算出来的到达目的网络的最佳度量值。

2. 后继路由器(successor router)

后继路由器简称后继,是指用于转发数据包的一台邻居路由器,它具有到达目的网络的最佳路由。

3. 通告距离(advertise distance,AD)

通告距离又称报告距离,邻居路由器所通告的邻居路由器自己到达某个目的网络的最佳路由。

4. 可行后继路由器(feasible successor router,FS)

可行后继路由器简称可行后继,是一台邻居路由器,它具有到达目的网络的路由,没有在路由表中使用它,是因为它的度量值不是最佳的,但是它的通告距离小于可行距离,因而被保持在拓扑表中,作为备用路由使用。

5. 可行条件(feasible condition)

可行距离、后继、通告距离、可行后继共同构成可行条件,可行条件是 EIGRP 更新路由表和拓扑表的依据,可行条件可以有效地阻止路由环路,实现路由的快速收敛。可行条件的原则是通告距离小于可行距离。

### 8.1.4　EIGRP 的工作原理

在运行 EIGRP 的路由器上保存有三张独立的表:

- 路由表：保存路由器到达目的网络的路由。
- 拓扑表：描述网络的拓扑结构。
- 邻居表：保存与本地路由器建立邻居关系的路由器。

1. 建立邻居关系

路由器运行 EIGRP 以后，会使用 224.0.0.10 的组播地址从启用参与了 EIGRP 路由协议的接口向网络发送 Hello 包。当网络中与其直接连接的路由器第一次收到 Hello 包的时候，就会以单播的方式回送一个更新包，更新包包括这台邻居路由器的全部路由信息，在收到这个更新包后本地路由器会以单播的方式回送一个确认，自此这两台路由器之间建立起了邻居关系。

2. 发现网络拓扑，选择最短路由

本地路由器完成邻居路由器的发现，与邻居路由器的邻居关系的建立，从邻居路由器获得路由更新信息以后，本地路由器会将获得的路由更新信息与拓扑表中所记录的信息进行比较，符合可行条件的路由信息会被放入拓扑表，然后将拓扑表中符合后继路由器的路由信息添加到路由表中。拓扑表中符合可行后继路由器的路由信息如果在所配置的非等价负载均衡范围内，会被添加到路由表，反之，会被保存到拓扑表中作为备选路由。如果路由器通过不同的路由协议学到了到同一目的地的多条路由，则会比较路由的管理距离，管理距离最小的路由为最优路由。

负载均衡是指路由器在其离目标地址的距离相同的所有网络端口之间分配数据流的能力。IGRP 对给定目的站点，可同时使用不对称路径，这被称为非等价负载均衡（unequal-cost load balancing）。非等价负载均衡允许在多重（多达 4 条）开销不等路径间分布传输，以保证更大的总吞吐率和更高的可靠性。备选路径可变系数 path variance（即在首选和备选路径之间满意度的差异）用于衡量潜在路由的可行性。如果路径上后续路由器比本地路由器更近于目标站点时（尺度值较低），并且整条备选路径的尺度不大于可变系数，则备选路径是合格的。只有合格的路径才能用于负载均衡，并被加入路由表中。尽管由于这些条件限制，减少了负载均衡出现的几率，但却保证了动态网络的稳定性。

3. 路由查询、更新

当网络的拓扑没有发生变化的时候，EIGRP 的邻居路由器之间只会通过发送 Hello 包来维持邻居关系，这样可以减小对网络带宽不必要的占用。当网络的拓扑结构发生改变的时候，运行在路由器上的 EIGRP 会从拓扑表中查询作为备份路由的可行后继路由，并将它添加到路由表中。如果在拓扑表中没有找到备份路由，路由器就会向它的邻居路由器发送查询包，邻居路由器在收到查询包后会查找自己的路由表中是否有符合查询条件的路由信息,如果有就将该路由信息回复给查询端的路由器,并且不再扩散这个查询;如果没有符合查询条件的路由信息,邻居路由器会向它的邻居路由器扩散这个查询信息,直到收到符合条件的路由信息或者收到网络中没有符合此路由信息的回复。路由器会重新计算路由,选择新的后继路由器。

### 8.1.5 EIGRP 的特征

- 采用触发更新。
- 支持可变长度子网掩码和不连续子网,默认开启路由自动汇总功能。
- 使用扩散更新算法(diffusing update algorithm,DUAL)来选择和保持到远端的最佳路径。它能使路由器判断某邻居通告的一条路径是否处于循环状态,并运行路由器找到替代路径而无须等待来自其他路由器的更新,这样做有助于加快网络的汇聚。
- 支持等价和非等价的负载均衡。
- EIGRP 用 32bit 来表示度量值,IGRP 用 24bit 来表示度量值,所以 EIGRP 的度量值是 IGRP 的 256 倍。
- 采用组播(224.0.0.10)进行路由更新。
- 采用 RTP 传输 EIGRP 数据包,RTP 负责 EIGRP 数据包有保证地和按顺序地被传输到所有邻居,它支持组播和单播传输数据包的混合传输。

### 8.1.6 EIGRP 的基本配置

在路由器上配置 EIGRP 与配置 IGRP 方法类似,也分两个步骤。

1. 启动 IGRP

(1) 命令语法。

router eigrp {autonomous-system-number}

no router eigrp {autonomous-system-number}

(2) 命令功能。

启动 EIGRP,关闭 EIGRP 进程使用该命令的 no 形式。

(3) 参数说明。

- autonomous-system-number:自治域号,实际上起进程 ID 的作用,可以随意建立,并非实际意义上的 autonomous-system,同一路由域内的所有路由器要想交换路由更新信息,其 autonomous-system-number 必须相同,其范围为 1~65535。

(4) 命令示例。

```
Router(conifg)# router eigrp 100
```

2. 声明相应网络加入 EIGRP 路由进程

(1) 命令语法。

network {ip-address} [wildcard-mask]

no network {ip-address} [wildcard-mask]

（2）命令功能。

指定加入 EIGRP 路由进程的网络；移除一个网络，则使用该命令的 no 形式。与 IGRP 和 RIP 不同，在通告网络的时候，如果通告的是主网地址（没有划分过子网的网络），就只输入主网地址；如果网络划分过子网，就必须在子网网络地址后面输入反掩码；如果对划分过子网的网络只输入主网地址，则表明此网络的所有子网都加入 EIGRP 的路由进程。

（3）参数说明。

- ip-address：直连网络的 IP 地址。
- wildcard-mask：（可选项）反掩码。

（4）命令示例。

```
Router(config)♯router eigrp 10
Router(config-router)network 10.0.0.0
```

或

```
Router(config-router)network 10.1.0.0 0.0.255.255
Router(config-router)network 10.2.0.0 0.0.255.255
```

### 8.1.7　其他相关命令

1. 激活或关闭自动路由汇总

（1）命令语法。

auto-summary

no auto-summary

（2）命令功能。

激活或关闭 EIGRP 的路由汇总功能，路由汇总功能默认是开启的。在处理使用 VLSM（尤其是存在不连续的子网）的网络的时候，通常需要关闭自动路由汇总功能。

（3）命令示例。

```
Router(config-router) no auto-summary
```

2. 记录邻居路由器有关 EIGRP 的变化

（1）命令语法。

eigrp log-neighbor-changes

no eigrp log-neighbor-changes

（2）命令功能。

记录邻居路由器有关 EIGRP 的变化信息。禁止 EIGRP 邻居关系日志，使用该命令的 no 形式。

（3）命令示例。

```
Router(config-router) eigrp log-neighbor-changes
```

## 8.1.8　EIGRP 的验证命令

1. 查看 EIGRP 邻居表

(1) 命令语法。

show ip eigrp neighbors

(2) 命令功能。

查看由 EIGRP 发现的邻居路由器的信息。

(3) 命令示例。

```
Router# show ip eigrp neighbors
IP-EIGRP neighbors for process 100
H  Address    Interface  Holdtime Uptime    SRTT  RTO   Q   Seq Type
                         (sec)              (ms)        Cnt Num
1  23.1.1.1   Et0/1      13       01:43:22  40    240   0   3
0  12.1.1.1   Et0/0      6        01:43:31  530   3180  0   4
```

输出结果中各字段含义如下：

① H(handle)：Cisco 内部用来跟踪邻居的编号。

② Address(地址)：邻居的网络层地址。

③ Interface(接口)：能够到达邻居的本地路由器出接口。

④ Holdtime(保持时间)：在没有收到邻居的任何分组时，认为链路不可用之前等待的最长时间。

⑤ Uptime(正常运行时间)：本地路由器上一次收到邻居更新分组后经过的时间，以小时/分/秒计。对于稳定的邻居关系，这个时间应该是比较长的。

⑥ SRTT(平均往返时间)：将 EIGRP 分组发送到邻居和本地路由器收到对该分组的确认之间的时间间隔，单位为 ms。该时间用于确定重传间隔。

⑦ RTO：路由器将重传队列中的分组重传给邻居之前所等待的时间，以 ms 计。如果 RTO 到期后仍未收到 ACK 分组，EIGRP 将重传可靠分组，直到重传 16 次或 Holdtime 定时器到期为止。默认 RTO＝6×SRTT，且取值范围是 200～5000。

⑧ Q Cnt(queue count，队列计数)：在队列中等待发送的分组数。如果该值经常大于 0，则可能存在拥塞问题。0 表示队列中没有等待发送的 EIGRP 分组。

⑨ Seq Num(序列号)：从邻居那里收到的最后一个更新、查询、应答分组的序列号，用于管理同步及避免信息处理中的重复或错序。

2. 查看 EIGRP 拓扑结构表

(1) 命令语法。

show ip eigrp topology [as-number | [[ip-address] mask]] [active | all-links | pending | summary | zero-successors]

(2) 命令功能。

根据选项显示 EIGRP 拓扑表的不同部分，没有选项则全部显示。但并不是所有这些信息都进入路由表并被路由器所使用，只有最佳的路由才被使用，即度量值最小的路由。

（3）参数说明。

- as-number：（可选项）自治系统号。
- ip-address：（可选项）IP 地址。
- mask：（可选项）子网掩码。
- active：（可选项）活动表项。
- all-links：（可选项）所有表项汇总信息。
- pending：（可选项）等待邻居更新或者回复的所有表项。
- summary：（可选项）表汇总信息。
- zero-successors：（可选项）可用路由。

3．查看 EIGRP 配置的接口信息

（1）命令语法。

show ip eigrp interfaces ［interface-type interface-number］［as-number］［detail］

（2）命令功能。

查看运行 EIGRP 的接口信息。

（3）参数说明。

- interface-type interface-number：端口类型及端口号。
- as-number：自治系统号。
- detai：详细信息。

4．查看 EIGRP 流量统计信息

（1）命令语法。

show ip eigrp traffic ［as-number］

（2）命令功能。

查看 EIGRP 进程发送和接收包的数量。

（3）参数说明。

- as-number：自治系统号。

5．查看发送和接收的 EIGRP 数据包类型

（1）命令语法。

debug eigrp packets

（2）命令功能。

查看在该路由器和它的邻居之间发送和接收的数据包类型。

# 8.2 动手做做

本节主要通过 EIGRP 的配置实验使读者掌握 EIGRP 的基本配置及验证命令。

### 8.2.1　实验目的

通过本实验,读者可以掌握以下技能:

- 在路由器上配置 EIGRP。
- 查看 EIGRP 配置信息。
- 查看 EIGRP 邻居路由器信息。

### 8.2.2　实验规划

1. 实验设备

- 路由器 3 台,其中一台要求至少有 2 个串口。
- PC 机 2 台。
- 双绞线若干。
- consloe 电缆 3 根。
- 串行电缆 2 根。

2. 网络拓扑

如图 8-2 所示,RouterA 的 S0/0 接口通过串行电缆与 RouterB 的 S0/0 接口相连,RouterB 的 S0/1 接口通过双绞线与 RouterC 的 S0/0 接口相连。PC1、PC2、PC3 分别通过交换机连接到 3 台路由器的 F0/0 端口。

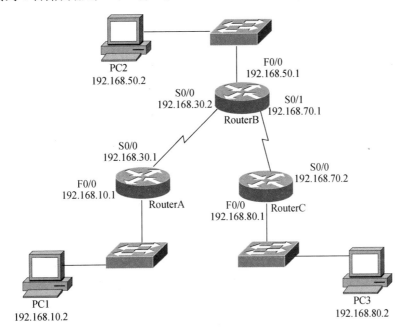

图 8-2　网络拓扑图

### 8.2.3　实验步骤

首先对各路由器的相关接口进行配置(通过前面的路由协议配置的学习,读者已非常熟悉这一配置过程，此处不再详述），然后启动 EIGRP，并声明网段。

1. 配置 RouterA

```
Router>en
Router#config t
RouterA(config)#inter f0/0
RouterA(config-if)#ip add 192.168.10.1 255.255.255.0
RouterA(config-if)#no shut
RouterA(config-if)#int s0/0
RouterA(config-if)#ip add 192.168.30.1 255.255.255.0
RouterA(config-if)#clock rate 64000
RouterA(config-if)#no shut
RouterA(config-if)#exit
RouterA(config)#router eigrp 100
RouterA(config-router)#network 192.168.10.0
RouterA(config-router)#network 192.168.30.0
RouterA(config-router)#no auto-summary
RouterA(config-router)#exit
RouterA(config)#end
```

2. 配置 RouterB

```
Router>en
Router#config t
RouterB(config)#int s0/0
RouterB(config-if)#ip add 192.168.30.2 255.255.255.0
RouterB(config-if)#no shut
RouterB(config-if)#int s0/1
RouterB(config-if)#ip add 192.168.70.1 255.255.255.0
RouterB(config-if)#clock rate 64000
RouterB(config-if)#no shut
RouterB(config-if)#int f0/0
RouterB(config-if)#ip add 192.168.50.1 255.255.255.0
RouterB(config-if)#no shut
RouterB(config-if)#exit
RouterB(config)#router igrp 100
RouterB(config-router)#network 192.168.50.0
RouterB(config-router)#network 192.168.30.0
RouterB(config-router)#network 192.168.70.0
RouterB(config-router)#no auto-summary
RouterB(config-router)#exit
RouterB(config)#end
```

### 3. 配置 RouterC

```
Router>en
Router#config t
Router(config)#hostname RouterC
RouterC(config-if)#int s0/1
RouterC(config-if)#ip add 192.168.70.2 255.255.255.0
RouterC(config-if)#no shut
RouterC(config-if)#int f0/0
RouterC(config-if)#ip add 192.168.80.1 255.255.255.0
RouterC(config-if)#no shut
RouterC(config-if)#exit
RouterC(config)#router igrp 100
RouterC(config-router)#network 192.168.70.0
RouterC(config-router)#network 192.168.80.0
RouterC(config-router)#no auto-summary
RouterC(config-router)#exit
RouterC(config)#end
```

在 EIGRP 网段声明中,如果是主网地址(即 A、B、C 类的主网,没有划分子网的网络),只需输入此网络地址,反掩码可省略。

### 4. 配置 PC1 和 PC2 的 IP 地址、子网掩码和网关

略。

### 5. 结果验证

利用 ping 命令测试 PC1 和 PC2 之间的连通性,在 PC1 的命令提示符下输入 ping 192.168.80.2,在 PC2 的命令提示符下输入 ping 192.168.10.2。如果运行结果如下所示,说明 PC1 和 PC2 之间彼此是互通的,也说明路由器的 EIGRP 配置是正确的.

(1) PC1 上输入 ping 命令的正确运行结果:

```
C:\>ping 192.168.80.2
Pinging 192.168.80.2 with 32 bytes of data:

Reply from 192.168.80.2: bytes = 32 time = 60ms TTL = 241
Reply from 192.168.80.2: bytes = 32 time = 60ms TTL = 241
Reply from 192.168.80.2: bytes = 32 time = 60ms TTL = 241
Reply from 192.168.80.2: bytes = 32 time = 60ms TTL = 241
Reply from 192.168.80.2: bytes = 32 time = 60ms TTL = 241
```

Ping statistics for 192.168.80.2：

Packets：Sent = 5, Received = 5, Lost = 0（0% loss），

Approximate round trip times in milli-seconds：

  Minimum = 50ms, Maximum =  60ms, Average =  55ms

（2）PC2 上输入 ping 命令的正确运行结果：

C:\>ping 192.168.10.2

Pinging 192.168.10.2 with 32 bytes of data：

Reply from 192.168.10.2：bytes = 32 time = 60ms TTL = 241

Reply from 192.168.10.2：bytes = 32 time = 60ms TTL = 241

Reply from 192.168.10.2：bytes = 32 time = 60ms TTL = 241

Reply from 192.168.10.2：bytes = 32 time = 60ms TTL = 241

Reply from 192.168.10.2：bytes = 32 time = 60ms TTL = 241

Ping statistics for 192.168.10.2：

Packets：Sent = 5, Received = 5, Lost = 0（0% loss），

Approximate round trip times in milli-seconds：

  Minimum = 50ms, Maximum = 60ms, Average = 55ms

6. 查看 EIGRP 的配置信息

以下只给出了查看 RouterA 上的配置信息的命令，RouterB、RouterC 的查看过程与 RouterA 相同，请读者自己动手完成。

（1）查看 RouterA 的路由配置信息。

```
RouterA#show ip route
Codes：C - connected, S - static, I - IGRP, R - RIP, M - mobile, B - BGP
       D - EIGRP, EX - EIGRP external, O - OSPF, IA - OSPF inter area
       N1 - OSPF NSSA external type 1, N2 - OSPF NSSA external type 2
       E1 - OSPF external type 1, E2 - OSPF external type 2, E - EGP
       i - IS-IS, L1 - IS-IS level-1, L2 - IS-IS level-2, ia - IS-IS inter area
       * - candidate default, U - per-user static route, o - ODR
       P - periodic downloaded static route
Gateway of last resort is not set

C    192.168.10.0/24 is directly connected, FastEthernet0/0
C    192.168.30.0/24 is directly connected, Serial1/0
D    192.168.70.0/24 [90/21024000] via 192.168.30.2, 00:02:51, Serial1/0
D    192.168.80.0/24 [90/21026560] via 192.168.30.2, 00:01:00, Serial1/0
```

（2）查看 RouterA 的 IP 协议信息。

```
RouterA#show ip protocols
Routing Protocol is "eigrp 100 "
  Outgoing update filter list for all interfaces is not set
```

```
    Incoming update filter list for all interfaces is not set
    Default networks flagged in outgoing updates          //显示在发送的路由更新中的标记
    Default networks accepted from incoming updates       //默认路由可以被接收进来
    EIGRP metric weight K1 = 1, K2 = 0, K3 = 1, K4 = 0, K5 = 0   //显示计算度量值的 K 值
    EIGRP maximum hopcount 100
    EIGRP maximum metric variance 1
  Redistributing：eigrp 100
    Automatic network summarization is not in effect      //路由自动汇总功能已关闭
  Maximum path：4
  Routing for Networks：
    192.168.10.0
    192.168.30.0
  Routing Information Sources：
    Gateway          Distance          Last Update
    192.168.30.2       90                 449500
  Distance：internal 90 external 170                       //管理距离：内部 90,外部 170
```

Distance(管理距离)：这里的 internal(内部管理距离)指由 EIGRP 本身产生的路由信息,external(外部管理距离)是指由其他协议再分发过来的路由信息,这两者的管理距离是不同的,两者的可信程度区别较大。

（3）查看 RouterA 的邻居路由表。

```
RouterA# show ip eigrp neighbors
IP-EIGRP neighbors for process 100
H  Address         Interface     Hold  Uptime      SRTT   RTO    Q    Seq   Type
                                 (sec)             (ms)         Cnt  Num
0  192.168.30.2    Ser1/0        10    00：14：32    40     1000   0    10
```

（4）查看 RouterA 的接口配置信息。

```
RouterA# show ip eigrp interfaces
IP-EIGRP interfaces for process 100

                      Xmit Queue   Mean   Pacing Time   Multicast    Pending
Interface   Peers    Un/Reliable   SRTT   Un/Reliable   Flow Timer   Routes
Fa0/0       0        0/0           1236   0/10          0            0
Ser1/0      1        0/0           1236   0/10          0            0
```

输出结果中,各字段的含义如下：
● Interface：表示运行 EIGRP 的接口。

- Peers：表示该接口邻居的个数。
- Xmit Queue Un/Reliable：在不可靠/可靠队列中保留的数据包数量。
- Mean SRTT：平均的往返时间，单位为秒。
- Pacing Time Un/Reliable：用来决定一个接口的 EIGRP 什么时候发送可靠的和不可靠的报文。
- Multicast Flow Timer：组播数据包被发送前最长的等待时间。
- Pending Routes：在传输队列中等待被发送的数据包携带的路由条目。

（5）查看 RouterA 的拓扑结构表。

```
RouterA#show ip eigrp topology
IP-EIGRP Topology Table for AS 100

Codes: P - Passive, A - Active, U - Update, Q - Query, R - Reply,
        r - Reply status
P 192.168.10.0/24, 1 successors, FD is 28160
        via Connected, FastEthernet0/0
P 192.168.30.0/24, 1 successors, FD is 20512000
        via Connected, Serial1/0
P 192.168.70.0/24, 1 successors, FD is 21024000
        via 192.168.30.2 (21024000/20512000), Serial1/0
P 192.168.80.0/24, 1 successors, FD is 21026560
        via 192.168.30.2 (21026560/20514560), Serial1/0
```

在输出结果中：
- P：表示网络处于收敛的稳定状态。
- A：表示当前网络不可用，正处于发送查询状态。
- U：表示网络处于等待 update 包的确认状态。
- Q：表示网络处于等待 query 包的确认状态。
- R：表示网络处于等待 reply 包的确认状态。

（6）查看 RouterA 的流量统计信息。

```
RouterA#show ip eigrp traffic
IP-EIGRP Traffic Statistics for process 100
  Hellos sent/received: 1309/607
  Updates sent/received: 10/6
  Queries sent/received: 0/0
  Replies sent/received: 0/0
  Acks sent/received: 6/5
  Input queue high water mark 1, 0 drops
  SIA-Queries sent/received: 0/0
  SIA-Replies sent/received: 0/0
```

（7）显示发送和接收的 EIGRP 数据包类型。

```
RouterA#debug eigrp Packets
EIGRP Packets debugging is on
    (UPDATE, REQUEST, QUERY, REPLY, HELLO, ACK)
```

```
EIGRP：Received HELLO on Serial1/0 nbr 192.168.30.2
   AS 100, Flags 0x0, Seq 27/0 idbQ 0/0
EIGRP：Sending HELLO on Serial1/0
   AS 100, Flags 0x0, Seq 20/0 idbQ 0/0 iidbQ un/rely 0/0
EIGRP：Sending HELLO on FastEthernet0/0
   AS 100, Flags 0x0, Seq 20/0 idbQ 0/0 iidbQ un/rely 0/0
EIGRP：Received HELLO on Serial1/0 nbr 192.168.30.2
   AS 100, Flags 0x0, Seq 27/0 idbQ 0/0
EIGRP：Sending HELLO on Serial1/0
   AS 100, Flags 0x0, Seq 20/0 idbQ 0/0 iidbQ un/rely 0/0
EIGRP：Sending HELLO on FastEthernet0/0
   AS 100, Flags 0x0, Seq 20/0 idbQ 0/0 iidbQ un/rely 0/0
EIGRP：Received HELLO on Serial1/0 nbr 192.168.30.2
   AS 100, Flags 0x0, Seq 27/0 idbQ 0/0
EIGRP：Sending HELLO on Serial1/0
   AS 100, Flags 0x0, Seq 20/0 idbQ 0/0 iidbQ un/rely 0/0
EIGRP：Sending HELLO on FastEthernet0/0
   AS 100, Flags 0x0, Seq 20/0 idbQ 0/0 iidbQ un/rely 0/0
EIGRP：Received HELLO on Serial1/0 nbr 192.168.30.2
   AS 100, Flags 0x0, Seq 27/0 idbQ 0/0
EIGRP：Sending HELLO on Serial1/0
   AS 100, Flags 0x0, Seq 20/0 idbQ 0/0 iidbQ un/rely 0/0
EIGRP：Sending HELLO on FastEthernet0/0
   AS 100, Flags 0x0, Seq 20/0 idbQ 0/0 iidbQ un/rely 0/0
```

# 8.3 活学活用

网络拓扑图如图 8-3 所示,请分别在 RouterA 和 RouterB 上配置 EIGRP,实现 PC1 和 PC2 的网络连通;同时在 RouterA 和 RouterB 上查看路由表。

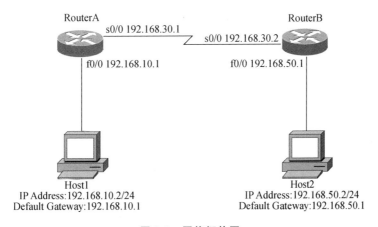

图 8-3　网络拓扑图

# 8.4　动 动 脑 筋

1. EIGRP 的特征是什么？
_____
_____

2. EIGRP 和 IGRP、RTP 的区别是什么？
_____
_____

3. EIGRP 和 IGRP 如何实现兼容？
_____
_____

# 8.5　学 习 小 结

通过本章的学习，读者能够理解 EIGRP 的原理、特性及相关概念，能够掌握 EIGRP 的配置方法和验证方法。现将本章所涉及的主要命令总结如下（如表 8-1 所示），供读者查阅。

表 8-1　第 8 章命令汇总表

| 命令 | 功能 |
|---|---|
| router eigrp｛as-number｝ | 启动 EIGRP |
| network ip-address［wildcard-mask］ | 声明相应网络加入 EIGRP 路由进程 |
| ［no］auto-summary | 关闭或激活 EIGRP 的路由汇总功能 |
| ［no］eigrp log-neighbor-changes | 记录或不记录邻居路由器有关 EIGRP 的变化信息 |
| show ip eigrp topology［as-number｜［［ip-address］mask］］［active｜all-links｜pending｜summary｜zero-successors］ | 查看 EIGRP 拓扑结构表 |
| show ip eigrp neighbors | 查看 EIGRP 邻居表 |
| show ip eigrp interfaces［interface-type interface-number］［as-number］ | 查看运行 EIGRP 的接口信息 |
| show ip eigrp traffic［as-number］ | 显示所有或一个特殊的 IP EIGRP 进程发送和接受的报文数量 |
| debug eigrp packets | 查看在该路由器和它的邻居之间发送和接收的数据包类型 |

# 第9章 聪明的路由协议——OSPF 路由协议

## 9.1 知 识 准 备

### 9.1.1 OSPF 路由协议简介

OSPF 是 open shortest path first(开放最短路径优先)的简称,OSPF 路由协议是一种典型的链路状态路由协议。因特网工程任务组(internet engineering task force,IETF)的 OSPF 小组在 1987 年开始开发 OSPF 路由协议,1989 年 OSPFv1 规范在 RFC 1131 中发布,但 OSPFv1 是一种实验性的路由协议,未获得实施。1991 年 OSPFv2 由 John Moy 在 RFC 1247 中引入,1998 年 OSPFv2 规范在 RFC 2328 中得到更新。OSPFv2 在 IPv4 网络中获得了广泛应用,随着 IPv6 网络的建设,IETF 在保留了 OSPFv2 优点的基础上针对 IPv6 网络修改形成了 OSPFv3。OSPFv3 主要用于在 IPv6 网络中提供路由功能,是 IPv6 网络中路由技术的主流协议。

### 9.1.2 OSPF 路由协议特性

OSPF 路由协议作为典型的内部网关协议,通常运行在某个自治系统内部,但它也可以将多个自治系统连接起来。将这些自治系统连接到一起的路由器被称为自治系统边界路由器(autonomous system boundary router,ASBR)。

OSPF 路由协议的特性如下:
- 收敛速度快,适合于大型网络实施的可扩展性。
- 使用区域概念实现可扩展性。
- 完全支持 CIDR 和可变长度子网掩码。
- 支持多条路径等价负载均衡。
- 使用组播地址进行路由器之间的信息互通。
- 支持简单口令和 MD5 认证。
- OSPF 度量定义为一个独立的值,即开销,Cisco IOS 使用带宽作为 OSPF 路由协议的开销度量。

### 9.1.3 OSPF 路由协议的术语

- 链路(link):是被指定给任一给定网络的一个网络或路由器。当一个接口被加入该

OSPF 路由协议的处理中时,它就被 OSPF 路由协议认为是一个链路。

- 邻接(adjacency)：路由器为彼此交换路由信息而建立起来的一种关系。

- 开销(cost)：也叫成本,是指数据包从源端的路由器接口到达目的端的路由器接口所需要花费的代价。Cisco 使用带宽作为 OSPF 路由协议的开销度量,计算公式为：108/带宽(b/s)。利用这个规则,100Mb/s 快速以太网接口将有一个默认为 1 的 OSPF 路由协议开销。

- 链路状态(link state)：用来描述路由器接口及其邻居路由器的关系。所有链路状态信息构成链路状态数据库。

- 链路状态数据库(link state database)：也叫拓扑状态数据库,包含网络中所有的路由器的链路状态信息,代表着网络的拓扑结构,在一个区域内的所有路由器都有完全相同的链路状态数据库。路由器使用拓扑状态数据库中的信息作为 Dijkstra 算法的输入。

- 区域(area)：有相同的区域标志的路由器和相关网络的集合。OSPF 路由协议会把大规模的网络划分成多个小范围的区域,以避免大规模网络所带来的弊病,从而提高网络性能。OSPF 路由协议中区域的划分是非常重要的内容。

- SPF：最短路径优先算法,因为该算法是由 Dijkstra 发明的,所以也叫 Dijkstra 算法。通过 SPF 算法可以独立地计算出到达目的地的最佳路径。

- 路由表(routing table)：也叫转发数据库(forwarding database),网络中每台路由器依据链路状态数据库通过 SPF 算法独立计算出来的最佳路由信息的集合,每台路由器的路由表是不同的。

### 9.1.4 OSPF 路由协议网络类型和数据包类型

1. OSPF 路由协议网络类型

根据路由器所连接的物理网络的不同,OSPF 路由协议把网络划分为 4 种类型：

- 广播多路访问型(broadcast multi access,BMA)：如 Ethernet、Token Ring、FDDI。涉及 ARP 寻址。

- 非广播多路访问型：网络中允许存在多台路由器,物理上链路共享,通过二层虚链路(VC)建立逻辑上的连接,如帧中继、X.25 等网络。

- 点到点型(point-to-point)：一个网络里仅有两个路由器,使用 HDLC 或 PPP 封装,不需寻址,地址字段固定为 FF,如 PPP、HDLC。

- 点到多点型(point-to-multipoint)：这种类型的网络包含有路由器上某个单一的接口与多个目的路由器的一系列连接。这里所有路由器的所有接口都共享这个属于同一网络的点到多点的连接。与点对点一样,不需要指定路由器(designated router,DR)和备份指定路由器(backup designated router,BDR)。

2. OSPF 路由协议数据包类型

- Hello。Hello 数据包用于与其他 OSPF 路由器建立和维持邻接关系。

- 数据库描述(database description,DBD)。DBD 数据包包含发送方路由器的链路状态数据库的简略列表,接收方路由器使用本数据包与其本地链路状态数据库对比。

- 链路状态请求(link state request,LSR)。LSR 数据包由接收方路由器发送,通过该类型数据包,接收方路由器可以请求 DBD 中任何条目的更详细信息。

● 链路状态更新(link state update,LSU)。LSU 数据包用于回复 LSR 和通告新信息。

● 链路状态确认(link state acknowledgment,LSAck)。路由器收到 LSU 后,会发送一个链路状态确认(LSAck)数据包来确认接收到了 LSU。

### 9.1.5　Hello 协议

Hello 协议是管理 OSPF 路由协议的 Hello 数据包的规则的集合。Hello 数据包的用途有:

● 发现 OSPF 邻居并建立邻接关系。

● 通告两台路由器建立邻接关系所必需统一的参数。

● 在广播多路访问性网络中选择 DR 和 BDR。

图 9-1 为 OSPF 数据包报头和 Hello 数据包。

| 版本 | 类型＝1 | 数据包长度 | |
|---|---|---|---|
| 路由器 ID | | | |
| 区域 ID | | | |
| 校验和 | | 身份验证类型 | |
| 身份验证 | | | |
| 身份验证 | | | |
| 网络掩码 | | | |
| Hello 间隔 | 选项 | | 路由器优先级 |
| 路由器 dead 间隔 | | | |
| DR | | | |
| BDR | | | |
| 邻居列表 | | | |

图 9-1　OSPF 数据包报头和 Hello 数据包

我们着重关注 Hello 数据包,图 9-1 中所示的字段包括:

● 版本:采用 OSPF 路由协议的版本。

● 类型:OSPF 路由协议数据包的类型,包括 Hello(类型 1)、BDB(类型 2)、LS 请求(类型 3)、LS 更新(类型 4)、LS 确认(类型 5)。

● 路由器 ID:始发路由器的 32 位长的唯一标识符。

● 区域 ID:用于区分 OSPF 路由协议数据包属于的区域。

● 校验和:用于标记数据包在传递时是否有错误。

● 身份验证类型:定义 OSPF 路由协议的认证类型。0 表示不进行认证(默认),1 表示采用简单口令认证,2 表示采用 MD5 认证。

● 身份验证:长度为 8 个字节,包括 OSPF 路由协议认证信息。

● 网络掩码:发送接口的网络掩码,它必须同接收接口的网络掩码相同,这样才能确保这两个接口位于同一个网络内。

● Hello 间隔：邻居路由器之间发送 Hello 包的时间间隔。

● 路由器优先级：在选择 DR 和 BDR 的时候，优先级越高，被选为 DR 和 BDR 的可能性就越大。路由器的每个接口都有优先级，当接口的优先级为 0 时，该路由器不参加 DR 和 BDR 的选举。

● 路由器 dead 间隔：即失效间隔，是路由器在宣告邻居进入不可用（down）状态之前等待该设备发送 Hello 数据包的时间，单位为秒。Cisco 默认的 dead 间隔为 Hello 间隔的 4 倍。广播多路访问型网络和点对点型网络的 dead 间隔为 40 秒，非广播多路访问型网络和点对多点型网络的 dead 间隔为 120 秒。

● DR 和 BDR：在广播多路访问网络中，OSPF 协议会在区域里面选举一台路由器为 DR，其他路由器都和这个 DR 建立完全邻接关系。DR 再负责把它收集的网络的链路状态信息传输给其他路由器。这样做的好处是可以大大减少路由器之间为建立完全邻接关系而占用的网络带宽。OSPF 在选举 DR 的时候也同时选举 BDR，BDR 在 DR 失效的时候启动，接替 DR 的工作，起到了 DR 的备份冗余的作用。

● 邻居列表：列出邻居路由器的 OSPF 路由器 ID。

### 9.1.6 多区域 OSPF

OSPF 引入"分层路由"的概念，将网络分割成一个"主干"连接的一组相互独立的部分，这些相互独立的部分被称为区域（area），主干部分称为主干区域。每个区域就如同一个独立的网络，该区域的 OSPF 路由器只保存该区域的链路状态，同一区域的链路状态数据库保持同步，使得每个路由器的链路状态数据库都可以保持合理的大小，路由计算的时间、报文数量都不会大。

多区域的 OSPF 必须存在一个主干区域（area0），主干区域负责收集非主干区域发出的汇总路由信息，并将这些信息返回给各区域。

OSPF 区域不能随意划分，应该合理地选择区域边界，使不同区域之间的通信量最小。在实际应用中，区域的划分往往不是根据通信模式而是根据地理或政治因素来完成的。

1. 路由器的类型

根据在自治系统中的不同位置，路由器可以分为以下 4 类：

（1）区域内路由器（internal router）。该类路由器的所有接口都属于同一个 OSPF 区域。

（2）区域边界路由器（area border router，ABR）。该类路由器可以同时属于两个以上的区域，但其中一个必须是主干区域。ABR 用来连接主干区域和非主干区域，它与主干区域之间既可以是物理连接，也可以是逻辑上的连接。

（3）主干路由器（backbone router）。该类路由器至少有一个接口属于主干区域。因此，所有的 ABR 和位于 area0 的内部路由器都是主干路由器。

（4）自治系统边界路由器 ASBR。与其他 AS 交换路由信息的路由器称为 ASBR。ASBR 并不一定位于 AS 的边界，它可能是区域内路由器，也可能是 ABR。只要一台 OSPF 路由器引入了外部路由的信息，它就成为 ASBR。

2. 区域类型

在多区域 OSPF 中会有多种网络类型，其中主干区域即 area0 是必须具备的，其他区域是根据实际情况进行选择配置的。

（1）主干区域（也称为主干区域、area0）：将其他所有区域连接起来，区域之间的所有流量都必须经过主干区域。

（2）普通区域：既不是主干区域，也不是末梢区域。在默认配置中，普通区域可以传播LSA 类型 1 到 LSA 类型 5。

（3）末梢区域：不允许 LSA 类型 4 和 LSA 类型 5 在其内部进行传播。

（4）完全末梢区域：这种区域的配置是 Cisco 的特有技术方案，为了保持链路状态数据库尽可能小而设计。

（5）半末梢区域：具有正常区域的一些特征，但又有末梢区域的一些限制。

### 9.1.7　OSPF 路由协议的运行步骤

#### 1. 建立邻接关系

路由器如果想与其邻居路由器建立邻接关系，首先需要发送带有自己 ID 的 Hello 包，其邻居路由器收到这个 Hello 包后，就会把 Hello 包中的 ID 添加到自己的 Hello 包里，同时使用这个 Hello 包应答先前收到的 Hello 包。路由器的接口收到应答的 Hello 包，并且在应答的 Hello 包中发现了自己的 ID，路由器的该接口就与其连接的邻居路由器之间建立了邻接关系。当该接口所连接的网络类型为广播多路访问网络的时候，就进入下一步选举 DR 和 BDR 的步骤；如果该接口所连接的网络类型为点对点网络的时候，就跳过选举 DR 和 BDR 的步骤，直接进入第三步骤。

路由器之间在建立邻接关系的过程中，相关接口会逐步经历以下 7 种状态。其中 1～3 状态的演变属于第一步骤，4～7 状态的演变属于第三步骤。

（1）down 状态：接口在没有收到任何邻居路由器的 Hello 包的时候，或者在 dead interval 期间，接口就处于 down 状态。

（2）init 状态：接口首次收到邻居路由器的 Hello 包以后就进入 init 状态。

（3）two-way 状态：路由器在收到的邻居路由器发送来的 Hello 包中发现自己的 ID 时，就与邻居路由器建立了邻接关系，接口也就进入了 two-way 状态。

上述 3 种状态的演变过程如图 9-2 所示。

图 9-2　建立邻接关系过程的三种状态

（4）exstart 状态：接口之间通过 DBD 数据包建立路由器之间的主/从关系，主路由器发起链路状态信息的交换，从路由器会对主路由器进行响应。

（5）exchange 状态：邻接关系的路由器使用 DBD 数据包来彼此发送各自的链路状态信息，这些信息包括链路状态类型、通告路由器的地址、链路的成本和一个序列号码。

（6）loading 状态：路由器通过使用 LSAck 数据包来确认 DBD 数据包的接收，每台路由器会将收到的 DBD 中的信息与自身的链路状态信息进行比较，如果在 DBD 数据包中发现有新的或者更新的链路状态信息，路由器就会发送 LSR 数据包，进入 loading 状态，来请求更新完整的链路状态信息。相关路由器收到 LSR 后，会使用 LSU 数据包发送完整的链路状态信息。路由器收到 LSU 数据包后会更新自己链路状态数据库，并用 LSAck 数据包回应并确认收到 LSU。

（7）full adjacency 状态：完成 LSA 的交换后，路由器就进入 full adjacency 状态，即完全邻接关系（完全毗邻关系）。

上述状态的演变过程如图 9-3 所示。

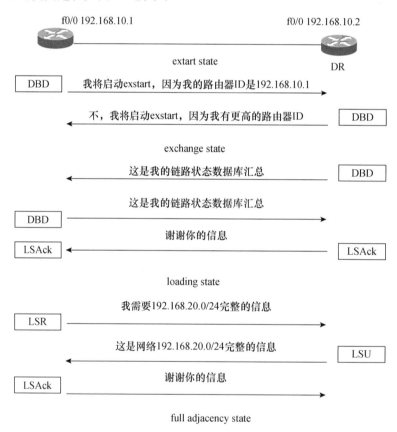

图 9-3  OSPF 协议路由器接口的状态演变

2. 选举 DR 和 BDR

DR 和 BDR 的选举是通过 Hello 包中的路由器 ID 和优先级字段值（0～255）来确定的。

优先级最大的路由器被选举为 DR,优先级次高的路由器被选举为 BDR。在优先级相同的情况下,由路由器的 ID 来决定,ID 最高的当选 DR,次高的被选举为 BDR。优先级字段值和路由器 ID 都可以通过相关命令来设定。如果路由器 ID 没有通过相关命令来指定,就选择 IP 地址最大的 loopback 接口的 IP 地址为路由器的 ID;如果只有一个 loopback 接口,这个 loopback 接口的 IP 地址就是路由器 ID;如果没有 loopback 接口,就选择最大的活动的物理接口的 IP 地址作为路由器 ID。推荐使用 loopback 的 IP 地址作为路由器的 ID。

3. 发现路由器

路由器彼此确认主/从关系后,主路由器会发起链路状态信息的交换,从路由器响应交换。路由器彼此交换链路状态信息后,会比较自己的链路状态信息,如果发现有新的或者更新的链路状态信息,就会要求对方发送完整的链路状态信息。完成链路状态信息的交换后,路由器之间就建立完全的邻接关系,每台路由器都有了独立的、完整的链路状态数据库。

在广播多路访问网络中,所有路由器与网络中的 DR 和 BDR 建立完全邻接关系,DR 和 BDR 负责与网络中的所有路由器交换链路状态信息,DR 和 BDR 发送链路更新信息时,更新发送给组播地址 224.0.0.5(对应所有路由器),非 DR 和 BDR 路由器将它们的链路状态更新发送到组播地址 224.0.0.6。

4. 计算最佳路由

路由器获得完整的链路状态数据库后,会利用 SPF 算法,独立地计算出到达每一个目的地的最佳路径,并把这些路径存入路由表。

5. 维护路由信息

链路状态发生改变后,OSPF 路由协议通过泛洪(flooding)将链路状态的更新信息传输到网络上的所有路由器。每台路由器收到更新信息后,会更新自己的链路状态数据库,然后利用 SPF 算法重新计算路由,并更新路由表。如果网络没有链路状态的改变,OSPF 协议也会对网络中的路由信息自动更新,默认的更新时间为 30 秒。

### 9.1.8 OSPF 路由协议的配置

OSPF 路由协议虽然是个复杂的协议,但是其配置却比较简单。

1. 终止或启动 OSPF 路由协议

(1)命令语法。

[no] router ospf {process-id}

(2)命令功能。

终止或启动 OSPF 路由协议。

(3)参数说明。

● pocess-id:路由进程 ID,用来区分路由器中的多个进程,其范围必须在 1~65535 内。

(4)命令示例。

```
Router(config)#router ospf 50
```

2. 指定运行 OSPF 路由协议的子网

（1）命令语法。

network {address} {wildcard-mask} area {area-id}

（2）命令功能。

指定运行 OSPF 路由协议的网络地址和区域号。

（3）参数说明。

● address：网络地址或子网地址。

● wildcard-mask：通配符掩码或反掩码。

● area-id：是 0～4294967295 的十进制数，也可以是 IP 地址格式（0 或 0.0.0.0 表示为主干区域）。

### 9.1.9　其他相关命令

1. 修改 OSPF 路由器优先级

（1）命令语法。

ip ospf priority {priority}

（2）命令功能。

修改接口优先级。

（3）参数说明。

● priority：路由器优先级，取值范围为 0～255。

（4）命令示例。

```
Router(config)#interface ethernet 0
Router(config-if)#ip ospf priority 4
```

2. 修改路由器 ID

（1）命令语法。

[no] router-id x.x.x.x

（2）命令功能。

手工配置路由器 ID；删除当前路由器 ID 时，使用该命令的 no 形式。

（3）参数说明。

● x.x.x.x：IP 地址。

（4）命令示例。

```
Router(config-router)#router-id 192.168.1.1
```

3. 配置环回接口和接口地址

（1）命令语法。

interface loopback {interface-number}

ip address {ip-address} {subnet-mask}

(2) 命令功能。

配置环回接口和接口地址。

(3) 参数说明。

- interface-number：环回接口号，取值范围为 0～2147483647。
- ip-address：IP 地址。
- subnet-mask：子网掩码。

(4) 命令示例。

```
Router(config)#interface loopback 0
Router(config-if)#ip address 192.168.1.1 255.255.255.0
```

### 9.1.10  OSPF 路由协议的验证命令

#### 1. 查看 OSPF 邻居路由器

(1) 命令语法。

show ip ospf neighbors [interface-type interface-number][neighbor-id] [detail]

(2) 命令功能。

汇总有关 OSPF 信息中关于邻居和邻接状态的信息。这个命令特别有用，如果网络中有 DR 或 BDR 存在，这些信息也将被显示。

(3) 参数说明。

- interface-type interface-number：（可选项）OSPF 接口的类型和号码。
- neighbor-id：（可选项）邻居主机名或 IP 地址。
- detail：所有指定邻居的详细信息。

(4) 命令示例。

```
Router#show ip ospf neighbors
```

#### 2. 查看 OSPF 接口配置信息

(1) 命令语法。

show ip ospf [process-id] interface [interface-type interface-number][brief] [multicast]

(2) 命令功能。

给出所有与接口相关的 OSPF 信息，被显示的数据是关于 OSPF 所有接口或指定接口的信息。

(3) 参数说明。

- process-id：（可选项）进程 ID。
- interface-type interface-number：（可选项）OSPF 接口的类型和号码。
- brief：（可选项）OSPF 接口概述信息。
- multicast：（可选项）组播信息。

(4) 命令示例。

```
Router#show ip ospf interface f0/0
```

3．查看 OSPF 数据库

（1）命令语法。

show ip ospf ［process-id］［area-id］ database

（2）命令功能。

该命令显示的信息包括链路号和邻居路由器的 ID，以及在前面提到过的拓扑状态数据库。

（3）参数说明。

● process-id：（可选项）进程 ID。

● area-id：（可选项）区域号码。

（4）命令示例。

```
Router # show ip ospf database
```

4．查看 OSPF 进程

（1）命令语法。

show ip ospf ［process-id］

（2）命令功能。

显示关于 OSPF 路由协议选择进程的一般信息，这些信息包含路由器 ID、地区信息、SPF 统计和 LSA 定时器的信息。

（3）参数说明。

● process-id：（可选项）进程 ID，如果包括这个参数，那么只包含该指定进程的信息。

（4）命令示例。

```
Router # show ip ospf
```

# 9.2　动手做做

本节主要通过 OSPF 路由协议的配置实验使读者掌握单个区域 OSPF 路由协议的配置及验证命令。

## 9.2.1　实验目的

通过本实验，读者可以掌握以下技能：

● 能在单个区域的路由器上配置 OSPF 路由协议。

● 查看 OSPF 路由信息。

● 查看 OSPF 路由协议配置信息。

● 看看 OSPF 邻居路由信息。

## 9.2.2　实验规划

1．实验设备

● 路由器 3 台，其中 1 台要求具有 2 个串行接口，另外 2 台要求具有 1 个串行接口和 1

个以太网接口；

- PC 2 台以上。
- 双绞线若干。
- console 电缆 3 根。
- 串行电缆 2 根。

2. 网络拓扑

如图 9-4 所示，RouterA 的 S0/0 接口通过串行电缆与 RouterB 的 S0/0 接口相连，RouterB 的 S0/1 接口通过双绞线与 RouterC 的 S0/0 接口相连。PC1、PC2、PC3 分别通过交换机连接到 3 台路由器的 F0/0 端口。L0：1.1.1.1 是 RouterA 的环回口地址，L0：2.2.2.2 是 RouterB 的环回口地址，L0：3.3.3.3 是 RouterC 的环回口地址。

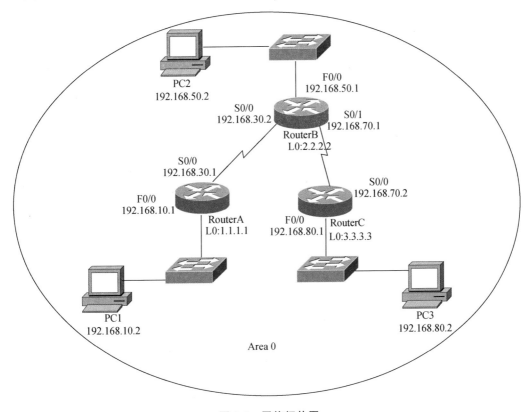

图 9-4　网络拓扑图

### 9.2.3　实验步骤

1. 对路由器配置 OSPF 路由协议

（1）配置 RouterA。

```
Router＞en
Router＃config t
```

```
RouterA(config)# inter f0/0
RouterA(config-if)# ip add 192.168.10.1 255.255.255.0
RouterA(config-if)# no shut
RouterA(config-if)# int s0/0
RouterA(config-if)# ip add 192.168.30.1 255.255.255.0
RouterA(config-if)# clock rate 64000
RouterA(config-if)# no shut
RouterA(config-if)# exit
RouterA(config)# router ospf 1
RouterA(config-router)# router-id 1.1.1.1
RouterA(config-router)# network 192.168.10.0 0.0.0.255 area 0
RouterA(config-router)# network 192.168.30.0 0.0.0.255 area 0
RouterA(config-router)# exit
RouterA(config)# end
```

（2）配置 RouterB。

```
Router>en
Router# config t
RouterB(config)# int s0/0
RouterB(config-if)# ip add 192.168.30.2 255.255.255.0
RouterB(config-if)# no shut
RouterB(config-if)# int s0/1
RouterB(config-if)# ip add 192.168.70.1 255.255.255.0
RouterB(config-if)# clock rate 64000
RouterB(config-if)# no shut
RouterB(config-if)# int f0/0
RouterB(config-if)# ip add 192.168.50.1 255.255.255.0
RouterB(config-if)# no shut
RouterB(config-if)# exit
RouterB(config)# router ospf 1
RouterB(config-router)# router-id 2.2.2.2
RouterB(config-router)# network 192.168.30.0 0.0.0.255 area 0
RouterB(config-router)# network 192.168.50.0 0.0.0.255 area 0
RouterB(config-router)# network 192.168.70.0 0.0.0.255 area 0
RouterB(config-router)# exit
RouterB(config)# end
```

（3）配置 RouterC。

```
Router>en
Router# config t
Router(config)# hostname RouterC
```

```
RouterC(config-if)♯ int s0/1
RouterC(config-if)♯ ip add 192.168.70.2 255.255.255.0
RouterC(config-if)♯ no shut
RouterC(config-if)♯ int f0/0
RouterC(config-if)♯ ip add 192.168.80.1 255.255.255.0
RouterC(config-if)♯ no shut
RouterC(config-if)♯ exit
RouterC(config)♯ router ospf 1
RouterC(config-router)♯ router-id 3.3.3.3
RouterC(config-router)♯ network 192.168.30.0 0.0.0.255 area 0
RouterC(config-router)♯ network 192.168.40.0 0.0.0.255 area 0
RouterB(config-router)♯ exit
RouterB(config)♯ end
```

2. 配置 PC1 和 PC2 的 IP 地址、子网掩码和网关

略。

3. 结果验证

利用 ping 测试 PC1 和 PC3 之间的连通性,在 PC1 的命令提示符下输入 ping 192.168.80.2,在 PC3 的命令提示符下输入 ping 192.168.10.2。运行结果如下,如果 PC1 能和 PC3 之间彼此 ping 通,说明在路由器的 OSPF 路由协议配置是正确的。

(1) PC1 上输入 ping 命令的正确运行结果:

```
C:\>ping 192.168.80.2
Pinging 192.168.80.2 with 32 bytes of data:

Reply from 192.168.80.2: bytes = 32 time = 60ms TTL = 241
Reply from 192.168.80.2: bytes = 32 time = 60ms TTL = 241
Reply from 192.168.80.2: bytes = 32 time = 60ms TTL = 241
Reply from 192.168.80.2: bytes = 32 time = 60ms TTL = 241
Reply from 192.168.80.2: bytes = 32 time = 60ms TTL = 241

Ping statistics for 192.168.80.2:
Packets: Sent = 5, Received = 5, Lost = 0 (0% loss),
Approximate round trip times in milli-seconds:
    Minimum = 50ms, Maximum =  60ms, Average =  55ms
```

(2) PC3 上输入 ping 命令的正确运行结果:

```
C:\>ping 192.168.10.2
Pinging 192.168.10.2 with 32 bytes of data:

Reply from 192.168.10.2: bytes = 32 time = 60ms TTL = 241
Reply from 192.168.10.2: bytes = 32 time = 60ms TTL = 241
Reply from 192.168.10.2: bytes = 32 time = 60ms TTL = 241
```

```
Reply from 192.168.10.2：bytes = 32 time = 60ms TTL = 241
Reply from 192.168.10.2：bytes = 32 time = 60ms TTL = 241

Ping statistics for 192.168.10.2：
Packets：Sent = 5, Received = 5, Lost = 0 (0% loss),
Approximate round trip times in milli-seconds：
    Minimum = 50ms, Maximum =  60ms, Average =  55ms
```

4. 查看 OSPF 路由协议的配置信息

以下只给出了查看 RouterB 上的配置信息的命令，RouterA、RouterC 的查看过程与RouterB 相同，请读者自己动手完成。

（1）查看 RouterB 的路由配置信息。

```
RouterB# show ip route
Codes：C - connected, S - static, I - IGRP, R - RIP, M - mobile, B - BGP
       D - EIGRP, EX - EIGRP external, O - OSPF, IA - OSPF inter area
       N1 - OSPF NSSA external type 1, N2 - OSPF NSSA external type 2
       E1 - OSPF external type 1, E2 - OSPF external type 2, E - EGP
       i - IS-IS, L1 - IS-IS level-1, L2 - IS-IS level-2, ia - IS-IS inter area
       * - candidate default, U - per-user static route, o - ODR
       P - periodic downloaded static route

Gateway of last resort is not set

O    192.168.10.0/24 [110/2] via 192.168.30.1, 00:29:57, Serial0/0
C    192.168.30.0/24 is directly connected, Serial0/0
C    192.168.50.0/24 is directly connected, FastEthernet0/0
C    192.168.70.0/24 is directly connected, Serial0/0
O    192.168.80.0/24 [110/2] via 192.168.70.2, 00:30:07, Serial0/1
```

（2）查看 RouterB 的 IP 协议信息。

```
RouterB# show ip protocols
Routing Protocol is "ospf 1"                     //路由器运行的协议是 OSPF,OSPF 进程号是 1
  Outgoing update filter list for all interfaces is not set
                                                 //所有接口的出方向没有设置过滤列表
  Incoming update filter list for all interfaces is not set
                                                 //所有接口的入方向没有设置过滤列表
  Router ID 2.2.2.2                              //路由器 ID 为 2.2.2.2
  Number of areas in this router is 1. 1 normal 0 stub 0 nssa
                                                 //路由器参与的区域数量和类型
  Maximum path：4                                //支持等价负载均衡的路径数目,默认为 4 条
  Routing for Networks：
    192.168.30.0 0.0.0.255 area 0
    192.168.50.0 0.0.0.255 area 0
```

```
        192.168.70.0 0.0.0.255 area 0          //运行 OSPF 的网络及网络所在的区域
   Routing Information Sources：
      Gateway       Distance      Last Update
      1.1.1.1        110          00：01：34
      2.2.2.2        110          00：01：35
      3.3.3.3        110          00：01：36          //路由信息来源
   Distance：(default is 110)                      //OSPF 路由协议默认的管理距离
```

（3）查看 OSPF 进程。

```
RouterB＃ show ip ospf
Routing Process "ospf 1" with ID 2.2.2.2
Supports only single TOS(TOS0) routes
Supports opaque LSA
SPF schedule delay 5 secs, Hold time between two SPFs 10 secs
Minimum LSA interval 5 secs. Minimum LSA arrival 1 secs
Number of external LSA 0. Checksum Sum 0x000000
Number of opaque AS LSA 0. Checksum Sum 0x000000
Number of DCbitless external and opaque AS LSA 0
Number of DoNotAge external and opaque AS LSA 0
Number of areas in this router is 1. 1 normal 0 stub 0 nssa
External flood list length 0
    Area BACKBONE(0)
        Number of interfaces in this area is 3
        Area has no authentication
        SPF algorithm executed 5 times          //SPF 算法执行 4 次
        Area ranges are
        Number of LSA 3. Checksum Sum 0x03728b
        Number of opaque link LSA 0. Checksum Sum 0x000000
        Number of DCbitless LSA 0
        Number of indication LSA 0
        Number of DoNotAge LSA 0
        Flood list length 0
```

（4）查看 OSPF 邻居路由器。

```
RouterB＃ show ip ospf neighbor
Neighbor ID  Pri   State        Dead Time    Address         Interface
1.1.1.1       0    FULL/BDR     00：00：39    192.168.30.1    Serial0/0
3.3.3.3       0    FULL/DR      00：00：39    192.168.70.2    Serial0/1
```

输出结果中,各字段的含义如下：
● Pri：邻居路由器接口的优先级。
● State：当前邻居路由器的状态。
● Dead Time：邻居路由器将要 Dead 的时间。

- Address:邻居路由器接口的地址。
- Interface:当前路由器哪些接口与邻居路由器相连。

（5）查看 OSPF 数据库。

```
RouterB# show ip ospf database
            OSPF Router with ID (2.2.2.2) (Process ID 1)

            Router Link States (Area 0)
Link ID        ADV Router     Age        Seq#           Checksum Link count
2.2.2.2        2.2.2.2        289        0x80000006     0x00ad72 5
3.3.3.3        3.3.3.3        294        0x80000005     0x00dba8 3
1.1.1.1        1.1.1.1        289        0x80000005     0x007d4a 3
```

输出结果中,各字段的含义如下:
- Link ID: 路由器 ID 号。
- ADV Router:通告链路状态信息的路由器 ID。
- Age:老化时间。
- Seq#:序列号。
- Checksum:校验和。
- Link count:通告路由器在本区域的链路数目。

# 9.3 活 学 活 用

网络拓扑图如图 9-5 所示,请读者结合 9.2 的实验完成单个区域下点到点链路上 OSPF 路由协议的配置。

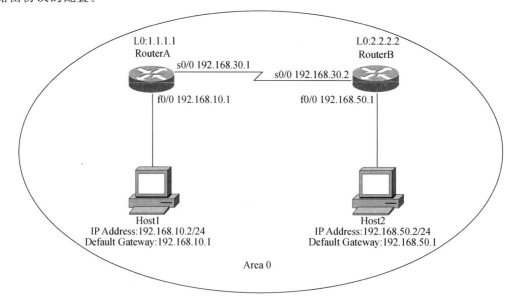

图 9-5 网络拓扑图

# 9.4 动动脑筋

1. 请简述 OSPF 路由协议的特性。

_____

_____

2. 如何确定路由器的 ID?

_____

_____

3. 请简述 OSPF 路由协议建立邻接关系过程中,接口状态变化的过程。

_____

_____

# 9.5 学 习 小 结

通过本章的学习,使读者能够掌握 OSPF 路由协议原理、特性、运行步骤,并能够掌握单区域 OSPF 路由协议的配置方法和验证方法。现将本章所涉及的主要命令总结如下(如表 9-1 所示),供读者查阅。

表 9-1　第 9 章命令汇总

| 命令 | 功能 |
| --- | --- |
| [no] router ospf {process-id} | 启动或终止 OSPF 路由协议 |
| network {address} {wildcard-mask} area {area-id} | 指定运行 OSPF 路由协议的网络地址和区域号 |
| ip ospf priority {priority} | 修改路由器优先级,number 的取值范围为 0~255 |
| router-id x. x. x. x | 手工配置路由器 ID |
| interface loopback {interface-number} ip address {ip-address} {subnet-mask} | 配置环回接口和接口地址 |
| show ip ospf neighbors [interface-type interface-number] [neighbor-id] [detail] | 汇总有关 OSPF 信息中关于邻居和邻接状态的信息 |
| show ip ospf [process-id] interface [interface-type interface-number][brief] [multicast] | 查看 OSPF 接口配置信息 |
| show ip ospf [process-id] [area-id] database | 该命令显示的信息包括链路号和邻居路由器的 ID,以及拓扑状态数据库 |
| show ip ospf [process-id] | 显示关于 OSPF 路由协议路由选择进程的一般信息 |

# 第10章 网络共享连接器——交换机基本配置

## 10.1 知 识 准 备

### 10.1.1 交换基础

交换是指在一个网络内把信息从源端传递到目的端的行为。交换通常与集线器来比较,它们的主要区别在于交换发生在 OSI 参考模型的第二层(数据链路层),而集线器发生在第一层(物理层)。这一区别使二者在传递信息的流程中运用不同的信息,从而以不同的方式来完成任务。

用集线器组成的网络称为共享式网络。当同一局域网内的 A 主机给 B 主机传输数据时,数据包在以集线器为架构的网络上是以广播方式传输的,由每一台终端通过验证数据包报头的地址信息来确定是否接收。所有用户共享带宽,每个用户的实际可用带宽随网络用户数的增加而递减。假使这里使用的是 100Mb/s 的集线器,共 10 个端口。那么每个主机享有 10Mb/s 的带宽。总流量也不会超出 100Mb/s。当信息量大时,多个用户可能同时"争用"一个信道,而一个信道在某一时刻只允许一个用户占用,所以大量的用户经常处于监听等待状态,致使信号传输时产生抖动、停滞或失真,严重影响网络的性能。

而交换机就不会出现这种情况。在交换式以太网中,交换机提供给每个用户专用的信息通道,除非两个源端口企图同时将信息发往同一个目的端口,否则多个源端口与目的端口之间可同时进行通信而不会发生冲突。交换机为每个工作站提供更高的带宽,交换机在同一时刻可进行多个端口对之间的数据传输。每一端口都可视为独立的网段,连接在其上的网络设备独自享有全部的带宽,无须同其他设备竞争使用。当主机 A 向主机 B 发送数据时,主机 B 可同时向主机 C 发送数据,而且这两个传输都享有网络的全部带宽,都有着自己的虚拟连接。假如这里使用的是 100Mb/s 的以太网交换机,共 10 个全双工端口,每个端口享有 100Mb/s 的带宽,该交换机这时的总带宽就等于 2000(2×10×100Mb/s=2000Mb/s)。

交换机是如何做到的呢? 交换机工作在第二层,可以识别数据包中的 MAC 地址信息,根据 MAC 地址进行转发,并将这些 MAC 地址与对应的端口记录在自己内部的一个地址表中(MAC 表)。当交换机从某一主机收到一个以太网帧后,将立即在其内存中的地址表中进行查找,以确认该目的 MAC 的网卡连接在哪一个主机上,然后直接将该帧转发至相应主机。这样就避免了广播。

### 10.1.2 交换原理

交换机是一种基于 MAC 地址识别并能完成封装转发数据包功能的网络设备。交换机可以"学习"MAC 地址,并将其存放在内部地址表中,通过在数据帧的始发者和目标接收者之间建立临时的交换路径,使数据帧直接由源地址到达目的地址。

交换机具体的工作流程如下:

(1) 当一个交换机从某个端口收到一个数据帧,学习端口连接的主机的 MAC 地址,并写入 MAC 地址和端口的映射表(简称地址表或 MAC 表)。

(2) 检查目的 MAC 地址,并在地址表中查找相应的端口。如地址表中有与这一目的 MAC 地址对应的端口,就把数据包直接复制到端口上。

(3) 如在地址表中找不到相应的端口,则把数据包广播到所有端口上,当目的主机对源主机响应时,交换机就可以记录这一目的 MAC 地址与哪个端口对应,在下次传输数据时就不再需要对所有端口进行广播了。不断地循环这个过程,就可以学习到整个网络的 MAC 地址信息,交换机就是这样建立和维护自己的地址表。

要使用 TCP/IP 来远程管理交换机,就需要为交换机分配 IP 地址,交换机的默认配置为通过 VLAN1 控制对交换机的管理。但是,交换机配置的最佳做法是将管理 VLAN 更改为非 VLAN1 的其他 VLAN。

### 10.1.3 交换机基本配置命令

1. 创建或进入 VLAN 虚接口

(1) 命令语法。

interface vlan {vlan_id}

(2) 命令功能。

用来进入指定的 VLAN 接口视图。如果该 VLAN 接口不存在,则先创建该接口,再进入该 VLAN 接口视图。

(3) 参数说明。

● vlan_id:VLAN 接口的 ID,取值范围为 1～4094。

2. 配置交换机的默认网关

(1) 命令语法。

ip default-gateway {ip-address}

(2) 命令功能。

配置交换机的默认网关。

(3) 参数说明。

● ip-address:网关 IP 地址。

3. 交换机的基本配置命令示例

```
Switch＞enable                      //从用户执行模式切换到特权执行模式
Switch＃configure terminal          //从特权执行模式切换到全局配置模式
```

```
Switch (config)♯interface vlan 99                        //进入 VLAN 99 接口的接口配置模式
Switch (config-if)♯ip address 172.17.99.11 255.255.255.0    //配置接口 IP 地址
Switch (config)♯ip default-gateway 172.17.99.1    //配置交换机的默认网关
Switch (config)♯Interface fastethernet 0/1        //进入 fastethernet 0/1 接口配置模式
Switch (config-if)♯duplex auto                    //配置接口双工速度并启用 auto 速度配置
Switch (config-if)♯exit
Switch (config)♯erase startup-config              //清除配置信息
Switch (config)♯line con 0                        //从全局配置模式切换为控制台 0 的线路配置模式
Switch (config-line)♯password cisco              //设置交换机控制台 0 线路的密码为"cisco"
Switch (config-line)♯login                        //将控制台线路设置为需要输入密码后才会允许访问
Switch (config-if)♯exit
Switch (config)♯line vty 0 4                      //进入 telnet 接口配置模式。
Switch (config-line)♯password cisco              //设置远程登录密码为"cisco"
Switch (config-line)♯login                        //将远程登录设置为需要输入密码后才会允许访问
Switch (config-line)♯exit
Switch ♯copy running-config startup-config        //保存配置
```

同一品牌的交换机和路由器的很多配置命令都是通用的，上面示例中很多命令都是我们在学习路由器配置时已经讲解过的，此处不再赘述。

### 10.1.4 VLAN

我们先了解一下广播域。广播域是指广播帧（目标 MAC 地址全部为 1）所能传递到的范围，即能够直接通信的范围。如果 A 想和 B 通信，A 发送一个 ARP 请求，这个 ARP 请求原本是为了获得计算机 B 的 MAC 地址而发出的。也就是说，只要计算机 B 能收到就万事大吉了。可是事实上，数据帧却传遍整个网络，导致所有的计算机都收到了它。这样，一方面广播信息消耗了网络的带宽，另一方面，收到广播信息的所有计算机还要消耗一部分 CPU 时间来对它进行处理，造成了网络带宽和 CPU 运算能力的大量无谓消耗。因此，在设计 LAN 时，需要注意如何有效地分割广播域。

分割广播域时，一般都必须使用路由器。使用路由器后，可以以路由器上的网络接口为单位分割广播域。但是，通常情况下路由器上不会有太多的网络接口，其数目多在 1～4 个。而且路由器价格较高，使得用户无法自由地根据实际需要分割广播域。

与路由器相比，二层交换机一般带有多个网络接口。因此，如果能使用它分割广播域，那么运用上的灵活性会大大提高。用于在二层交换机上分割广播域的技术，就是 VLAN。

通过利用 VLAN，我们可以自由设计广播域的构成，提高网络设计的自由度。

VLAN 只是一个逻辑上独立的 IP 子网。多个 IP 网络和子网可以通过 VLAN 存在于同一个物理交换网络上。如果在包含多台计算机的网络中，为了让同一个 VLAN 上的计算机能相互通信，每台计算机必须具有与该 VLAN 一致的 IP 地址和子网掩码。其中的交换机必须配置 VLAN，并且必须将位于 VLAN 中的每个端口分配给 VLAN。配置了单个 VLAN 的交换机端口称为接入端口。注意，如果两台计算机只是在物理上连接到同一台交换机，并不表示它们能够通信。无论是否使用 VLAN，两个不同网络和子网上的设备必须通过路由或第三层才能通信。

基于端口的 VLAN 划分的交换机的端口有两种模式：access、trunk。access 是两台网络设备之间的点对点链路，负责传输单个 VLAN 的流量，每个配置了 access 的端口只可以连接一个 VLAN。trunk 是两台网络设备之间的点对点链路，负责传输多个 VLAN 的流量。trunk 可让 VLAN 扩展到整个网络上。trunk 不属于具体某个 VLAN，而是作为 VLAN 在交换机或路由器之间的管道，以保证在跨越多个交换机上建立的同一个 VLAN 的成员能够相互通信。其中交换机之间互联用的端口就称为 trunk 端口。如图 10-1 所示，如果在两台交换机上分别划分了多个 VLAN（VLAN 也是基于二层的），那么分别在两台交换机上的 VLAN10 和 VLAN20 的各自的成员如果要互通，就需要在 SwitchA 上设为 VLAN10 的端口中取一个和 SwitchB 上设为 VLAN10 的某个端口作级联连接。同理，VLAN20 也是这样。那么如果交换机上划了 10 个 VLAN，就需要分别连 10 条线作级联，端口效率就太低了。如果在交换机上设置 trunk 端口，事情就简单了，只需要两台交换机之间有一条级联线，并将对应的端口设置为 trunk，这条线路就可以承载交换机上所有 VLAN 的信息（如图 10-2）。这样的话，就算交换机上设了上百个 VLAN，也只用 1 个端口就解决了。如果是不同台的交换机上相同 ID 的 VLAN 要相互通信，那么可以通过共享的 trunk 端口来实现，但如果是同一台上不同 ID 的 VLAN 或不同台不同 ID 的 VLAN 它们之间要相互通信，还是需要通过第三方的路由来实现的。

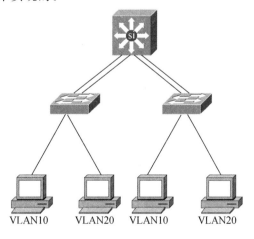

图 10-1　未设置 trunk 的 VLAN

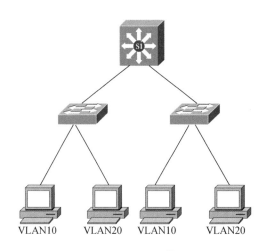

图 10-2　设置 trunk 的 VLAN

### 10.1.5　VLAN 配置命令

1. 进入 VLAN 配置模式

（1）命令语法。

vlan database

（2）命令功能。

在特权 EXEC 模式下，使用该命令进入 VLAN 配置模式。

2. 创建 VLAN

（1）命令语法。

［no］vlan {vlan-id}［name {vlan-name}］

（2）命令功能。

创建或进入一个 VLAN；使用命令的 no 形式可删除 VLAN。如果包含 name 关键字，将为 VLAN 命名。

（3）参数说明。

- vlan-id：VLAN 接口的 ID，取值范围为 1～4094。
- vlan-name：VLAN 的名称。

3. 设置接口类型

（1）命令语法。

［no］switchport mode {access| trunk}

（2）命令功能。

在接口配置模式下，使用该命令设置接口类型，在 access 和 trunk 两种类型中二选一；使用该命令的 no 形式可复位设备的默认模式。

（3）参数说明。

- access：非干道。

● trunk：干道。

4. 将接口加入 VLAN

（1）命令语法。

switchport access vlan {vlan-id}

（2）命令功能。

在接口访问模式下，使用该命令可以将该接口加入"vlan-id"指定的 VLAN。

（3）参数说明。

● vlan-id：接口要加入的 VLAN 的 ID，取值范围为 1～4094。

5. 命令示例

```
Switch#vlan database
Switch(vlan)#vlan 2 name Student              //创建 VLAN2 并命名为 Student
Switch(vlan)#exit
Switch#conf t
Switch(config)#interface fastEthernet 0/1      //进入接口 f0/1
Switch(config-if)#switchport mode access        //配置端口模式为 access
Switch(config-if)#switchport access vlan 2       //将端口 fastEthernet 0/1 归属 VLAN2
Switch(config-if)#switchport access trunk        //配置端口模式为 trunk
```

### 10.1.6  VTP

VTP 是 VLAN trunk protocol 的简称，它可以实现每个设备（router 或 LAN-switch）在主干端口（trunk ports）发送广播。这些广播被发送到一个组播地址，并被所有相邻设备接收。这些广播列出了发送设备的管理域、它的配置修订号、已知的 VLAN 及已知 VLAN 的确定参数。通过听这些广播，在相同管理域的所有设备都可以学习到在发送设备上配置的新的 VLAN。使用这种方法，新的 VLAN 只需要在管理域内的一台设备上建立和配置，信息会自动被相同管理域内的其他设备学到。

VTP 有 3 种工作模式：VTP server（服务器）模式、VTP client（客户机）模式和 VTP transparent（透明）模式。一般情况下，一个 VTP 域内的整个网络只设一个 VTP server，VTP server 维护该 VTP 域中所有 VLAN 信息，VTP server 可以建立、删除或修改 VLAN。VTP client 虽然也维护所有 VLAN 信息，但其 VLAN 的配置信息是从 VTP server 上学到的，VTP client 不能建立、删除或修改 VLAN。VTP transparent 相当于一个独立的交换机，它不参与 VTP 工作，不从 VTP server 学习 VLAN 的配置信息，只拥有自己维护的 VLAN 信息。VTP transparent 可以建立、删除和修改自己的 VLAN 信息

交换机可以配置为 VTP server 或 VTP client。VTP 允许网络管理员对作为 VTP server 的交换机进行更改，使之将 VLAN 配置传播到网络中的其他交换机。基本上，VTP server 会向整个交换网络中启用 VTP 的交换机分发和同步 VLAN 信息，从而最大限度地减少由错误配置和配置不一致而导致的问题。在一台 VTP server 上配置一个新的 VLAN 时，该 VLAN 的配置信息将自动传播到本域内的其他交换机。这些交换机会自动地接收这

些配置信息，使其 VLAN 的配置与 VTP server 保持一致，从而减少在多台设备上配置同一个 VLAN 信息的工作量，而且保持了 VLAN 配置的统一性。

同一个 VTP 域的域名、版本、密码必须一致。

### 10.1.7　VTP 配置命令

1. 配置 VTP 管理域域名

（1）命令语法。

vtp domain {domain-name}

（2）命令功能。

为设备配置 VTP 管理域域名。

（3）参数说明。

● domain-name：管理域域名。

2. 创建 VTP 密码

（1）命令语法。

vtp password { password }

（2）命令功能。

在 VLAN 配置模式下，使用该命令创建 VTP 密码。

（3）参数说明。

● password：VTP 密码。

3. 配置 VTP 模式

（1）命令语法。

vtp mode {server ｜ client ｜ transparent}

（2）命令功能。

在 VLAN 配置模式下，使用该命令配置 VTP 模式，在 server、client、transparent 三种模式中选一种。

（3）参数说明。

● server：服务器模式。

● client：客户机模式。

● transparent：透明模式。

4. 命令示例

```
Switch (vlan)＃vtp domain cisco          //设置 VTP 管理域名称 cisco
Switch (vlan)＃vtp mode server           //设置交换机为 server 模式
Switch (vlan)＃vtp password 123456       //设置 VTP 密码为 123456
```

### 10.1.8　验证交换机配置

**1. 查看交换机当前的配置**

（1）命令语法。

show running-config

（2）命令功能。

查看交换机活动的配置文件,包括交换机名称、密码、接口配置情况以及辅助端口的配置等。

**2. 查看端口的 IP 信息和状态**

（1）命令语法。

show ip interface［brief｜vlan］

（2）命令功能。

使用该命令可查看交换机所有端口的 IP 信息和状态,包括物理以太口和 VLAN 虚接口。

（3）参数说明。

● brief：（可选）概要信息。

● client：（可选）VLAN 虚接口信息。

**3. 查看 VLAN 信息**

（1）命令语法。

show vlan［brief｜id vlan-id｜name name］

（2）命令功能。

在 EXEC 特权模式下,使用该命令查看 VLAN 信息。

（3）参数说明。

● brief：（可选）概要信息。

● id vlan-id：（可选）显示 VLAN ID 号标识的 VLAN 信息。

● name name：（可选）显示 VLAN 名称标识的 VLAN 信息。

（4）使用 show vlan brief 可以查看所有 VLAN 的信息,示例如下：

```
Switch# show vlan brief
VLAN Name                    Status      Ports
1    default                 active      Fa0/3, Fa0/4, Fa0/5, Fa0/6,
                                         Fa0/7, Fa0/8, Fa0/9, Fa0/10,
                                         Fa0/11,Fa0/12,Fa0/13,Fa0/14,
                                         Fa0/15,Fa0/16,Fa0/17,Fa0/18,
                                         Fa0/19, Fa0/21, Fa0/22, Fa0/20,
                                         Fa0/23, Fa0/24, Gig1/1, Gig1/2
10   VLAN0010                active      Fa0/1
20   VLAN0020                active      Fa0/2
1002 fddi-default            active
1003 token-ring-default      active
1004 fddinet-default         active
1005 trnet-default           active
```

在该命令示例的显示结果中，VLAN1，VLAN1002，VLAN1003，VLAN1004，VLAN1005 是默认的 VLAN。

# 10.2　动 手 做 做

　　本节主要是通过交换机的基本配置和 VLAN、VTP、TRUNK 的配置使读者深入体会交换机的概念，并掌握 VLAN、VTP 配置和查看交换机配置状态所使用的命令。

## 10.2.1　实验目的

通过本实验，读者可以掌握以下技能：

- 交换机基本配置方法。
- 配置 VLAN。
- 配置 VTP。
- 查看交换机配置状态。

## 10.2.2　实验规划

### 1. 实验设备

- Cisco Catalyst2950 系列交换 2 台。
- 实验用 PC 4 台，其中至少 1 台安装超级终端软件。
- 直连双绞线 4 根。
- 交叉双绞线 1 根。
- console 电缆 1 条。

### 2. 网络拓扑

如图 10-3 所示，2 台交换机通过交叉双绞线相连，4 台 PC 通过直连双绞线和交换机相连。

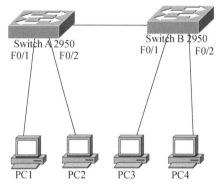

图 10-3　网络拓扑图

## 10.2.3 实验步骤

### 1. 配置 SwitchA 基本参数

```
Switch>enable                                    //进入特权模式
Switch#conf t                                    //进入全局配置模式
Switch(config)#host SwitchA                      //设置主机名
SwitchA (config)#ena se c1                        //设置启用加密口令
SwitchA (config)#line vty 0 15                    //进入虚拟终端
SwitchA (config-line)#pass c2                     //接上一条命令,设置 telnet 口令
SwitchA (config-line)#int fe 0/1                  //进入 fe 0/1 端口
SwitchA (config-if)#switchport mode access        //定义接口为主机端口而不是中继端口
SwitchA (config-if)#int fe 0/2
SwitchA (config-if)#switchport mode access
SwitchA (config-if)#int vlan 1                    //进入 VLAN1 端口,1 为默认 VLAN
SwitchA (config-if)#ip add 192.168.0.1 255.255.255.0 //为交换机添加 IP 地址
SwitchA (config-if)#no shut
SwitchA (config-if)#end
SwitchA #copy run start
```

### 2. 配置 SwitchB 基本参数

```
Switch>enable
Switch#conf t
Switch(config)#host SW2
SwitchB(config)#ena se c1
SwitchB(config)#line vty 0 15
SwitchB(config-line)#pass c2
SwitchB(config-line)#int fe 0/1
SwitchB(config-if)#switchport mode access
SwitchB(config-if)#int fe 0/2
SwitchB(config-if)#switchport mode access
SwitchB(config-if)#int vlan 1
SwitchB(config-if)#ip add 192.168.0.2 255.255.255.0
SwitchB(config-if)#no shut
SwitchB(config-if)#end
SwitchB#copy run start
```

### 3. 配置 PC1、PC2、PC3 和 PC4 的 IP 地址、子网掩码

其中 PC1 的 IP 地址为 192.168.0.11,PC2 的 IP 地址为 192.168.0.22,PC3 的 IP 地址为 192.168.0.33,PC4 的 IP 地址为 192.168.0.44,所有的主机的子网掩码都是 255.255.255.0,具体配置步骤此处省略。

4. 测试 PC1 到各交换机和其他 PC 的连通性

（1）测试 PC1 到 SwitchA 的连通性。

在 PC1 的命令提示符下键入 ping 192.168.0.1，并查看运行结果。

（2）测试 PC1 到 SwitchB 的连通性。

在 PC1 的命令提示符下键入 ping 192.168.0.2，并查看运行结果。

（3）测试 PC1 到 PC2 的连通性。

在 PC1 的命令提示符下键入 ping 192.168.0.22，并查看运行结果。

（4）测试 PC1 到 PC3 的连通性。

在 PC1 的命令提示符下键入 ping 192.168.0.33，并查看运行结果。

（5）测试 PC1 到 PC4 的连通性。

在 PC1 的命令提示符下键入 ping 192.168.0.44，并查看运行结果。

如果上面全部配置正确，以上 5 条 ping 命令应该全部能够 ping 通。测试 PC2、PC3、PC4 与其他主机和交换机的连通性与 PC1 类似，请读者自己完成。

5. 配置 SwitchA 的 trunk 信息

```
SwitchA #conf t
SwitchA (config)#int fe 0/12
SwitchA (config-if)#switchport mode trunk      //在端口启用中继
SwitchA (config-if)#end
SwitchA #copy run start
```

6. 配置 SwitchB 的 trunk 信息

```
SwitchB #conf t
SwitchB (config)#int fe 0/12
SwitchB (config-if)#switchport mode trunk      //在端口启用中继
SwitchB (config-if)#end
SwitchB #copy run start
```

7. 配置 SwitchA 的 VTP 信息

```
SwitchA #conf t
SwitchA (config)#vtp mode server      //定义交换机 VTP 模式为 server 模式
SwitchA (config)#vtp domain northstar      //将 VTP 的域设置为 northstar
SwitchA (config)#end
SwitchA #copy run start
```

### 8. 查看 SwitchA 的 VTP 信息

```
SwitchA#show vtp status
VTP Version                     : 2
Configuration Revision          : 0
Maximum VLANs supported locally : 255
Number of existing VLANs        : 7
VTP Operating Mode              : Server
VTP Domain Name                 : northstar
VTP Pruning Mode                : Disabled
VTP V2 Mode                     : Disabled
VTP Traps Generation            : Disabled
MD5 digest                      : 0x6D 0xB0 0xA2 0x24 0x0C 0x0D 0x92 0x2E
Configuration last modified by 0.0.0.0 at 3-1-93 00:03:47
```

### 9. 配置 SwitchB 的 VTP 信息

```
SwitchB#conf t
SwitchB (config)#vtp mode client     ////定义交换机 VTP 模式为 client 模式
SwitchB (config)#vtp domain northstar
SwitchB (config)#end
SwitchB#copy run start
SwitchB#show vtp status
```

### 10. 查看 SwitchB 的 VTP 信息

```
SwitchB#show vtp status
VTP Version                     : 2
Configuration Revision          : 18
Maximum VLANs supported locally : 1005
Number of existing VLANs        : 7
VTP Operating Mode              : Client
VTP Domain Name                 : northstar
VTP Pruning Mode                : Disabled
VTP V2 Mode                     : Disabled
VTP Traps Generation            : Disabled
MD5 digest                      : 0xE4 0x81 0x7F 0xA8 0x72 0x01 0x49 0xD9
Configuration last modified by 0.0.0.0 at 3-1-93 00:00:00
```

### 11. 配置 SwitchA 的 VLAN 信息

```
SwitchA#vlan database                 //进入 VLAN 数据库
SwitchA(vlan)#vlan 10 name test10     //创建编号为 10,名称为 test10 的 VLAN
SwitchA(vlan)#vlan 20 name test20     ////创建编号为 20,名称为 test20 的 VLAN
```

```
SwitchA(vlan)# int fe 0/1
SwitchA(config-if)# switchport access vlan 10          //将该端口连入 VLAN10
SwitchA(config-if)# int fe 0/2
SwitchA(config-if)# switchport access vlan 20          ////将该端口连入 VLAN20
SwitchA(config-if)# end
SwitchA# copy run start
```

## 12. 查看 SwitchA 的 VLAN 信息

```
SwitchA# show vlan          //查看 VLAN 数据库
VLAN Name                        Status    Ports
------------------------------------------------------------------------------
1    default                     active    Fa0/3, Fa0/4, Fa0/5, Fa0/6
                                           Fa0/7, Fa0/8, Fa0/9, Fa0/10
                                           Fa0/11, Fa0/12
10   test10                      active    Fa0/1
10   test20                      active    Fa0/2
1002 fddi-default                active
1003 token-ring-default          active
1004 fddinet-default             active
1005 trnet-default               active
VLAN Type  SAID   MTU  Parent RingNo BridgeNo Stp BrdgMode Trans1 Trans2
------------------------------------------------------------------------------
1    enet  100001 1500  -      -      -        -   -        0      0
10   enet  101002 1500  -      -      -        -   -        0      0
```

## 13. 配置 SwitchB 的 VLAN 信息

```
SwitchB # vlan database
SwitchB (vlan)# int fe 0/1
SwitchB (config-if)# switchport access vlan 10          //将该端口连入 VLAN10
SwitchB (config-if)# int fe 0/2
SwitchB (config-if)# switchport access vlan 20          ////将该端口连入 VLAN20
SwitchB # copy run start
```

## 14. 查看 SwitchB 的 VLAN 信息

```
SwitchB # show vlan
VLAN Name                        Status    Ports
------------------------------------------------------------------------------
1    default                     active    Fa0/3, Fa0/4, Fa0/5, Fa0/6
                                           Fa0/7, Fa0/8, Fa0/9, Fa0/10
                                           Fa0/11, Fa0/12
```

```
10    test10                        active      Fa0/1
10    test20                        active      Fa0/2
1002 fddi-default                   active
1003 token-ring-default             active
1004 fddinet-default                active
1005 trnet-default                  active

VLAN Type  SAID    MTU   Parent RingNo BridgeNo Stp  BrdgMode Trans1 Trans2
--------------------------------------------------------------------------------
1    enet  100001  1500    -      -       -      -       -       0      0
10   enet  101002  1500    -      -       -      -       -       0      0
```

15. 重新配置 PC1、PC2、PC3 和 PC4 的 IP 地址、子网掩码

PC1 的 IP 地址为 192.168.1.1,PC2 的 IP 地址为 192.168.1.2,PC3 的 IP 地址为 192.168.1.3,PC4 的 IP 地址为 192.168.1.4,所有的主机的子网掩码都是 255.255.255.0,具体配置步骤此处省略。

16. 测试各交换机和 PC 机的连通性

(1) 测试 PC1 到 SwitchA 的连通性。

在 PC1 的命令提示符下键入 ping 192.168.0.1,可以 ping 通。

(2) 测试 PC1 到 SwitchB 的连通性。

在 PC1 的命令提示符下键入 ping 192.168.0.2,可以 ping 通。

(3) 测试 PC1 到 PC2 的连通性。

在 PC1 的命令提示符下键入 ping 192.168.1.2,不能 ping 通。

(4) 测试 PC1 到 PC3 的连通性。

在 PC1 的命令提示符下键入 ping 192.168.1.3,可以 ping 通。

(5) 测试 PC1 到 PC4 的连通性。

在 PC1 的命令提示符下键入 ping 192.168.1.4,不能 ping 通。

(6) 测试 PC2 到 PC4 的连通性。

在 PC2 的命令提示符下键入 ping 192.168.1.4,可以 ping 通。

(7) 测试 PC3 到 PC2 的连通性。

在 PC3 的命令提示符下键入 ping 192.168.1.2,不能 ping 通。

(8) 测试 PC3 到 PC4 的连通性。

在 PC3 的命令提示符下键入 ping 192.168.1.4,不能 ping 通。

PC1、PC2 虽然连接在同一个交换机上,但它们分属不同的 VLAN,所以它们之间不能 ping 通;PC3、PC4 也分属不同的 VLAN,它们之间也不能 ping 通;PC1 和 PC3 同属于 VLAN10,所以它们之间可以 ping 通;PC2 和 PC4 同属于 VLAN20,所以它们之间也可以 ping 通。

# 10.3　活　学　活　用

网络拓扑图如图 10-4 所示，各设备的 IP 地址如表 10-1 所示，请完成基本的交换机配置，并配置交换机 VTP 和中继端口，创建和分发 VLAN 信息并将端口分配给 VLAN，最终实现 Host1 与 Host3 互通，Host2 与 Host4 互通。

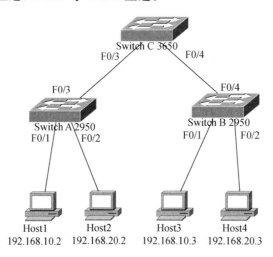

图 10-4　网络拓扑图

表 10-1　各设备 IP 地址

| 设备 | 接口 | IP 地址 | 子网掩码 |
| --- | --- | --- | --- |
| SwitchA | VLAN99 | 192.168.99.11 | 255.255.255.0 |
| SwitchB | VLAN99 | 192.168.99.22 | 255.255.255.0 |
| SwitchC | VLAN99 | 192.168.99.33 | 255.255.255.0 |
| Host1 | 网卡 | 192.168.1.2 | 255.255.255.127 |
| Host2 | 网卡 | 192.168.1.130 | 255.255.255.127 |
| Host3 | 网卡 | 192.168.1.3 | 255.255.255.127 |
| Host4 | 网卡 | 192.168.1.131 | 255.255.255.127 |

注意交换机的端口状态。

# 10.4 动动脑筋

1. 交换机是怎样传递数据包的?
_____
_____

2. 为了进行交换,交换机必须知道哪些内容?
_____
_____

3. 为什么两台交换机之间要 trunk?
_____
_____

4. 使用 VTP 的好处有哪些?
_____
_____

# 10.5 学习小结

通过本章的学习,读者对交换机的基本配置、VLAN 和 VTP 等相关技术有了初步的认识。通过对本章的实验进行深入细致的练习,读者对交换过程有了更深入的理解。现将本章所涉及的主要命令总结如下(如表 10-2 所示),供读者查阅。

表 10-2 第 10 章命令汇总

| 命 令 | 功 能 |
|---|---|
| configure terminal | 进入全局配置模式 |
| show ip interface [brief\|vlan] | 查看端口 IP 配置信息 |
| hostname {name} | 配置交换机名称 |
| enable password {password} | 设置登录密码 |
| interface vlan {vlan_id} | 创建或进入 VLAN 虚接口 |
| ip address {address} {mask} | 配置接口的 IP 地址 |
| vlan database | 进入 VLAN 配置模式 |
| [no] vlan {vlan-id}[name {vlan-name}] | 创建或删除 VLAN |
| reload | 重启交换机操作系统 |
| ip default-gateway {address} | 指定交换机的默认网关 |
| switchport mode {access\| trunk} | 设置交换机接口类型 |
| switchport access vlan {vlan-id} | 将接口加入 VLAN |
| vtp domain {domain-name} | 配置 VTP 域名 |
| vtp password {password} | 创建 VTP 密码 |
| vtp mode {server\|client\|transport} | 配置 VTP 模式 |

# 第11章 企业级的网络共享——三层交换

## 11.1 知识准备

### 11.1.1 三层交换概述

三层交换技术是相对于传统交换技术而提出的。通过前面几章的学习我们已经知道，传统的交换技术是在 OSI 参考模型中的第二层——数据链路层工作的，而三层交换是在 OSI 参考模型中的第三层(网络层)工作的。简单地说，三层交换技术就是"二层交换技术＋三层路由技术"。三层交换技术的出现，解决了局域网不同 VLAN 之间互相访问时必须依赖路由器进行转发，以及传统路由器性能低、价格昂贵所造成的网络瓶颈问题。

三层交换机使用硬件技术，把二层交换机和路由器在功能上集成一台设备，它是两者的有机结合，而不是简单地把路由器设备的硬件及软件叠加在局域网交换机上。我们可以通过下面的例子说明三层交换机是如何工作的。

PC1 和 PC2 通过三层交换机进行通信。PC1 和 PC2 位于不同子网中，所在网段都属于交换机上的直连网段，由于 PC1 和 PC2 不在同一子网内，发送端 PC1 首先要向其"默认网关"发出 ARP 请求报文，而"默认网关"的 IP 地址其实就是三层交换机上 PC1 所属 VLAN 的 IP 地址。当 PC1 对"默认网关"的 IP 地址广播出一个 ARP 请求时，交换机就向 PC1 回复一个 ARP 回复报文，告诉 PC1 交换机的 MAC 地址，同时交换机把 PC1 的 IP 地址、MAC 地址、与交换机直接相连的端口号等信息写入交换机的三层硬件表(MAC 地址表)中。PC1 收到这个 ARP 回复报文之后，进行目的 MAC 地址替换，把要发给 PC2 的数据包首先发给交换机，交换机收到这个数据包以后，同样首先进行源 MAC 地址学习和目的 MAC 地址查找。由于此时目的 MAC 地址为交换机的 MAC 地址，在这种情况下该报文会被送到交换芯片的三层引擎处理。一般来说，三层引擎有两张表，一张是主机路由表，这个表是以 IP 地址为索引的，里面存放目的 IP 地址、下一跳 MAC 地址、端口号等信息。若找到一条匹配表项，就会对报文进行一些操作(例如，目的 MAC 与源 MAC 替换、TTL 减 1 等)，然后将报文从表中指定的端口转发出去。若主机路由表中没有找到匹配条目，则会继续查找另一张表——网段路由表，这个表存放网段地址、下一跳 MAC 地址、端口号等信息。一般来说这个表的条目要少得多，但覆盖的范围很大，只要设置得当，基本上可以保证大部分进入交换机的报文都能从硬件转发，这样不仅大大提高转发速度，同时也减轻了 CPU 的负荷。若查找网段路由表也没有找到匹配表项，则交换芯片会把数据包送给 CPU 处理，进行软路由。

由于 PC2 属于交换机的直连网段之一,CPU 收到这个 IP 报文以后,会直接以 PC2 的 IP 地址为索引检查 ARP 缓存,若没有 PC2 的 MAC 地址,则根据路由信息向 PC2 所属子网广播一个 ARP 请求,PC2 收到此 ARP 请求后向交换机回复其 MAC 地址,CPU 在收到这个 ARP 回复报文的同时,同样可以通过软件把 PC2 的 IP 地址、MAC 地址、进入交换机的端口号等信息设置到交换芯片的三层硬件表项中,然后把由 PC1 发来的 IP 报文转发给 PC2,这样就完成了 PC1 到 PC2 的第一次单向通信。由于芯片内部的三层引擎中已经保存 PC1、PC2 的路由信息,以后它们之间进行通信或其他子网的 PC 想要与 PC1、PC2 进行通信,交换芯片则会直接把数据包从三层硬件表项中指定的端口转发出去,而不必再交给 CPU 处理。这种通过“一次路由,多次交换”的方式,大大提高了转发速度。需要说明的是,三层引擎中的路由表项大都是通过软件设置的,至于何时设置、怎么设置并不存在一个固定的标准,我们在此也不详细讨论。

通过以上分析我们可以了解报文在交换机中的执行过程,同时我们也可以清楚地看出三层交换机是如何把传统交换机和路由器的优势充分地、有机地结合在一起的。

### 11.1.2　三层交换机的路由功能

相对传统的路由器,三层交换机不仅路由速度快,而且配置简单。一旦交换机接入网络,只要设置完 VLAN,并为每个 VLAN 设置一个三层接口即可实现 VLAN 间路由。三层交换机就会自动把子网内部的二层数据流限定在子网之内,并通过三层直连路由实现子网之间的数据包路由。交换机上可以使用的路由协议有静态路由和 RIP,OSPF,EIGRP,ISIS,BGP 等,一般来说,性能越强的三层交换机,它所支持的路由协议越多,配置方法和路由器基本一致,主要区别在于路由器上配置 IP 地址一般在物理接口上,而交换机是在三层虚接口及 VLAN 上。

### 11.1.3　三层交换机多 VLAN 的互通配置方法

在二层交换机上划分不同 VLAN 后,如果要实现 VLAN 之间互通,就需要用到三层路由功能。传统网络中我们需要在交换机上面连接一台路由器来实现 VLAN 之间的相互访问,这种方式通过路由器来实现 VLAN 间路由功能,称为单臂路由。这种方式的缺点是路由器的处理性能比较低,再加上所有 VLAN 间通信全要依靠路由器来完成,网络很容易因为路由器处理性能问题导致路由器成为瓶颈,引发网络拥塞。

三层交换机的路由功能由专用集成电路(application specific integrated circuit,ASIC)来完成,通过硬件技术实现高速 IP 转发,解决 VLAN 之间互通的瓶颈问题。三层交换机的配置一般有以下几个步骤:

1. 创建 VLAN 并划分接口

在第 10 章中我们已经学习了如何创建 VLAN 和如何把接口划分到不同的 VLAN 中,以及 trunk 等方面的知识,此处不再重复讲解。

2. 配置三层 VLAN 虚接口

要在三层交换机上实现 VLAN 之间互通需要使用 VLAN 虚接口功能。

VLAN 虚接口属于逻辑接口,在硬件中并不存在,VLAN 虚接口和 VLAN 是一一对应的,创建 VLAN 虚接口时,应首先创建该 VLAN 并分配硬件端口,默认情况下创建的虚端口是关闭的,需要使用 no shutdown 命令激活。

3. 配置路由功能

三层交换机的路由功能默认情况下是打开的,我们可以使用[no] ip routing 关闭/打开路由功能。如果网络中存在多台三层交换机,每台三层交换机上又划分了多个 VLAN 并启用了三层功能,此时要想实现不同交换机上 VLAN 之间的通信,还需要额外设置静态路由或动态路由,配置方式和配置命令与路由器上配置基本相同。

### 11.1.4 三层交换配置命令

1. 创建三层虚接口

（1）命令语法。

interface vlan [vlan_id]

（2）命令功能。

进入指定的 VLAN 接口视图。如果该 VLAN 接口不存在,则先创建该接口,再进入该 VLAN 接口视图。

（3）参数说明。

● vlan_id: VLAN 接口的 ID,取值范围为 1~4094。

（4）命令示例。

```
Switch(config)#interface vlan 5
Switch(config-if)#ip address 10.1.1.1 255.255.255.0
Switch(config-if)#no shutdown
```

2. 启用路由功能

（1）命令语法。

[no] ip routing

（2）命令功能。

关闭或启用三层交换机路由功能。

### 11.1.5 三层交换配置示例

下面我们通过一个具体示例来看看三层交换机上划分多个 VLAN 后,各 VLAN 中的 PC 是如何实现通信的。

图 11-1 中使用的交换机为 Catalyst 3550,各 PC 使用双绞线和交换机连接,PC1 属于 VLAN2,连接到 3550 交换机的 Fa0/1 接口,IP 地址使用 192.168.1.1,子网掩码使用 24 位掩码,默认网关 192.168.1.254;PC2 属于 VLAN3,连接到 3550 交换机的 Fa0/2 接口,IP 地址使用 192.168.2.1,子网掩码使用 24 位掩码,默认网关 192.168.2.254;PC3 属于 VLAN4,连接到 3550 交换机的 Fa0/3 接口,IP 地址使用 192.168.3.1,子网掩码使用 24 位掩码,默认网关 192.168.3.254;PC4 属于 VLAN5,连接到 3550 交换机的 Fa0/4 接口,IP 地址使用 192.168.4.1,子网掩码使用 24 位掩码,默认网关 192.168.4.254。VLAN 三层虚接口配置如表 11-1 所示。

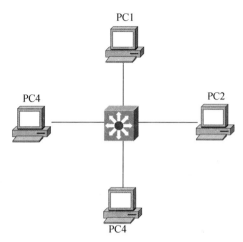

图 11-1　三层交换示例

表 11-1　VLAN 各设备配置参数

| 设备 | 接口 | IP 地址 | 子网掩码 | 网关 |
|---|---|---|---|---|
| Catalyst 3550 | VLAN 2 | 192.168.1.254 | 255.255.255.0 | — |
| Catalyst 3550 | VLAN 3 | 192.168.2.254 | 255.255.255.0 | — |
| Catalyst 3550 | VLAN 4 | 192.168.3.254 | 255.255.255.0 | — |
| Catalyst 3550 | VLAN 5 | 192.168.4.254 | 255.255.255.0 | — |
| PC1 | 网卡 | 192.168.1.1 | 255.255.255.0 | 192.168.1.254 |
| PC2 | 网卡 | 192.168.2.1 | 255.255.255.0 | 192.168.2.254 |
| PC3 | 网卡 | 192.168.3.1 | 255.255.255.0 | 192.168.3.254 |
| PC4 | 网卡 | 192.168.4.1 | 255.255.255.0 | 192.168.4.254 |

## 1. 在交换机上创建 VLAN2～VLAN5

```
Switch>enable
Switch#vlan database
Switch(vlan)#vlan 2
VLAN 2 added:
    Name：VLAN0002
Switch(vlan)#vlan 3
VLAN 3 added:
    Name：VLAN0003
Switch(vlan)#vlan 4
VLAN 4 added:
    Name：VLAN0004
Switch(vlan)#vlan 5
VLAN 5 added:
    Name：VLAN0005
Switch(vlan)#exit
APPLY completed.
Exiting....
```

2. 设置接口 f0/1~f0/4 为接入端口，并把 f0/1~f0/4 分配给 VLAN2~VLAN5

```
Switch# configure terminal
Enter configuration commands, one per line. End with CNTL/Z.！
Switch(config)# int f0/1
Switch(config-if)# switchport mode access
Switch(config-if)# switchport access vlan 2
Switch(config-if)# int f0/2
Switch(config-if)# switchport mode access
Switch(config-if)# switchport access vlan 3
Switch(config-if)# int f0/3
Switch(config-if)# switchport mode access
Switch(config-if)# switchport access vlan 4
Switch(config-if)# int f0/4
Switch(config-if)# switchport mode access
Switch(config-if)# switchport access vlan 5
Switch(config-if)# exit
```

3. 进入 VLAN 虚接口配置模式，启用并为三层虚接口配置 IP 地址

```
Switch(config)# interface vlan 2
Switch(config-if)# no shutdown
Switch(config-if)# ip address 192.168.1.254 255.255.255.0
Switch(config-if)# int vlan 3
Switch(config-if)# ip add 192.168.2.254 255.255.255.0
Switch(config-if)# no shut
Switch(config-if)# int vlan 4
Switch(config-if)# ip add 192.168.3.254 255.255.255.0
Switch(config-if)# no shut
Switch(config-if)# int vlan 5
Switch(config-if)# ip add 192.168.4.254 255.255.255.0
Switch(config-if)# no shut
Switch(config-if)# exit
```

4. 配置 4 台 PC 的 IP 地址、子网掩码和默认网关

略。

5. 测试 PC1 到各交换机和其他 3 台 PC 的连通性

配置完毕后，在 PC1 上 ping 其他 3 台 PC，运行结果如下所示：

```
C:\>ping 192.168.2.1
Pinging 192.168.2.1 with 32 bytes of data：

Reply from 192.168.2.1：bytes = 32 time<1ms TTL = 127
```

Reply from 192.168.2.1：bytes = 32 time＜1ms TTL = 127
Reply from 192.168.2.1：bytes = 32 time＜1ms TTL = 127
Reply from 192.168.2.1：bytes = 32 time＜1ms TTL = 127

Ping statistics for 192.168.2.1：
　　Packets：Sent = 4, Received = 4, Lost = 0 (0% loss)，
Approximate round trip times in milli-seconds：
Minimum = 0ms, Maximum = 0ms, Average = 0ms

C:\＞ping 192.168.3.1

Pinging 192.168.3.1 with 32 bytes of data：

Reply from 192.168.3.1：bytes = 32 time＜1ms TTL = 127
Reply from 192.168.3.1：bytes = 32 time＜1ms TTL = 127
Reply from 192.168.3.1：bytes = 32 time＜1ms TTL = 127
Reply from 192.168.3.1：bytes = 32 time＜1ms TTL = 127

Ping statistics for 192.168.3.1：
　　Packets：Sent = 4, Received = 4, Lost = 0 (0% loss)，
Approximate round trip times in milli-seconds：
Minimum = 0ms, Maximum = 0ms, Average = 0ms

C:\＞ping 192.168.4.1

Pinging 192.168.4.1 with 32 bytes of data：

Reply from 192.168.4.1：bytes = 32 time＜1ms TTL = 127
Reply from 192.168.4.1：bytes = 32 time＜1ms TTL = 127
Reply from 192.168.4.1：bytes = 32 time＜1ms TTL = 127
Reply from 192.168.4.1：bytes = 32 time＜1ms TTL = 127

Ping statistics for 192.168.4.1：
　　Packets：Sent = 4, Received = 4, Lost = 0 (0% loss)，
Approximate round trip times in milli-seconds：
Minimum = 0ms, Maximum = 0ms, Average = 0ms

小提示

三层交换机的路由功能默认是打开的，所以 4 台 PC 之间是互通的。

# 11.2　动手做做

本节的实验稍复杂些，需要大家结合前面学习的一些知识。实验中所用到的知识包括

VLAN 和 trunk,主要是通过 3 台交换机实现不同子网网段之间跨越多台交换机互通。

### 11.2.1 实验目的

实现三层交换,使 VLAN 之间主机能互相通信。

### 11.2.2 实验规划

1. 实验设备

- Cisco Catalyst 2950 系列交换机 2 台,Cisco Catalyst 3550 系列交换机 1 台。
- 实验用 PC 5 台,其中 1 台作为服务器。
- console 电缆 1 根以上。
- 直连双绞线 5 根;
- 交叉双绞线 2 根。

2. 网络拓扑

如图 11-2 所示,分别用 console 电缆连接 PC 的串行口和各交换机的 console 口,用直连双绞线连接 PC 的网卡到交换机的相应端口,用交叉双绞线连接各交换机,各交换机相连的端口配置成 trunk 模式,PC1 和 PC3 属于 VLAN5,PC2 和 PC4 属于 VLAN10,server 属于 VLAN15。实验的网络拓扑图如图 11-2 所示,各设备配置参数如表 11-2 所示。

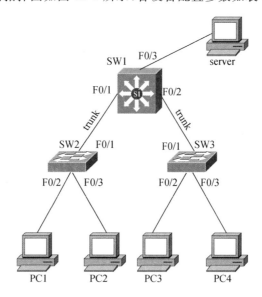

图 11-2 网络拓扑图

表 11-2 VLAN 各设备配置参数

| 设备 | 接口 | IP 地址 | 子网掩码 | 网关 |
|---|---|---|---|---|
| Catalyst 3550 | VLAN5 | 192.168.0.254 | 255.255.255.0 | — |
| Catalyst 3550 | VLAN10 | 192.168.1.254 | 255.255.255.0 | — |
| Catalyst 3550 | VLAN15 | 10.1.13.254 | 255.255.255.0 | — |

续表

| 设备 | 接口 | IP | 子网掩码 | 网关 |
|------|------|------|----------|------|
| PC1 | 网卡 | 192.168.0.1 | 255.255.255.0 | 192.168.0.254 |
| PC2 | 网卡 | 192.168.1.1 | 255.255.255.0 | 192.168.1.254 |
| PC3 | 网卡 | 192.168.0.2 | 255.255.255.0 | 192.168.0.254 |
| PC4 | 网卡 | 192.168.1.2 | 255.255.255.0 | 192.168.1.254 |
| server | 网卡 | 10.1.13.1 | 255.255.255.0 | 10.1.13.254 |

### 11.2.3 实验步骤

#### 1. 在 SW1 上创建 VLAN5、VLAN10 和 VLAN15

```
Switch>en
Switch#conf t
Enter configuration commands, one per line.   End with CNTL/Z.
Switch(config)#host SW1          //修改交换机名
SW1(config)#ip routing          //启用路由功能
SW1(config)#exit
SW1#vlan database
SW1(vlan)#vlan 5
VLAN 5 added：
    Name：VLAN0005
SW1(vlan)# vlan 10
VLAN 10 added：
    Name：VLAN0010
SW1(vlan)# vlan 15
VLAN 15 added：
    Name：VLAN0015
SW1(vlan)#exit
APPLY completed.
Exiting....
```

#### 2. 配置接口 f0/1,f0/2 为 trunk 模式,使用 dot1q 封装

```
SW1#conf t
Enter configuration commands, one per line. End with CNTL/Z.
SW1(config)#int f0/1
SW1(config-if)#switchport mode trunk
SW1(config-if)#switchport trunk encapsulation dot1q
SW1(config-if)#int f0/2
SW1(config-if)#switchport mode trunk
SW1(config-if)#switchport trunk encapsulation dot1q
```

trunk 链路包含两种封装：思科私有封装类型 ISL(inter-switch link protocol)和公有标准封装类型 802.1Q。在配置时 802.1Q 写为 dot1q，是 IEEE 定义的用来支持不同厂家交换机上的 VLAN。

3. 配置 f0/3 为接入端口，属于 VLAN15

```
SW1(config-if)# int f0/3
SW1(config-if)# switchport mode access
SW1(config-if)# switchport access vlan 15
```

4. 创建 VLAN 虚接口，启用接口并配置 IP 地址

```
SW1(config)# interface vlan 5
SW1(config-if)# ip address 192.168.0.254 255.255.255.0
SW1(config-if)# no shutdown
SW1(config-if)# int vlan 10
SW1(config-if)# ip add 192.168.1.254 255.255.255.0
SW1(config-if)# no shutdown
SW1(config-if)# int vlan 15
SW1(config-if)# ip address 10.1.13.254 255.255.255.0
SW1(config-if)# no sh
SW1(config-if)# exit
```

5. 在 SW2 上创建 VLAN5、VLAN10 和 VLAN15

```
Switch>
Switch>enable
Switch# conf t
Enter configuration commands, one per line. End with CNTL/Z.
Switch(config)# host SW2
SW2(config)# exit
SW2# vlan database
SW2(vlan)# vl 5
VLAN 5 added:
    Name:VLAN0005
SW2(vlan)# vl 10
VLAN 10 added:
    Name:VLAN0010
SW2(vlan)# vl 15
```

```
VLAN 15 added:
    Name:VLAN0015
SW2(vlan)#exit
APPLY completed.
Exiting....
```

6. 将端口 f0/1 封装成 trunk 模式,封装类型为 802.1Q,将端口 f0/2 分配给 VLAN5,将端口 f0/3 分配给 VLAN10

```
SW2(config)#int f0/1
SW2(config-if)#switchport mode trunk
SW2(config-if)#switchport trunk encapsulation dot1q
SW2(config-if)#int f0/2
SW2(config-if)#switchport mode access
SW2(config-if)#switchport access vlan 5
SW2(config-if)#int f0/3
SW2(config-if)#switchport mode access
SW2(config-if)#switchport access vlan 10
SW2(config-if)#exit
```

7. 在 SW3 上创建 VLAN5、VLAN10 和 VLAN15

```
Switch#conf t
Enter configuration commands, one per line. End with CNTL/Z.
Switch(config)#host SW3
SW3(config)#exit
SW3#vlan database
SW3(vlan)#vl 5
VLAN 5 added:
    Name:VLAN0005
SW3(vlan)#vl 10
VLAN 10 added:
    Name:VLAN0010
SW3(vlan)#vl 15
VLAN 15 added:
    Name:VLAN0015
SW3(vlan)#exit
APPLY completed.
Exiting....
```

8. 将端口 f0/1 封装成 trunk 模式,封装类型为 802.1Q,将端口 f0/2 分配给 VLAN5,将端口 f0/3 分配给 VLAN10

```
SW3(config)#int f0/1
SW3(config-if)#switchport mode trunk
```

```
SW3(config-if)# switchport trunk encapsulation dot1q
SW3(config-if)# int f0/2
SW3(config-if)# switchport mode access
SW3(config-if)# switchport access vlan 5
SW3(config-if)# int f0/3
SW3(config-if)# switchport mode access
SW3(config-if)# switchport access vlan 10
SW3(config-if)# exit
```

9. 在 PC1、PC2、PC3、PC4 和 server 的 IP 配置 IP 地址、网关和子网掩码
略。

10. 验证配置(在 server 上 ping 其他 PC)

```
C:\>ping 192.168.0.1
Pinging 192.168.0.1 with 32 bytes of data:

Reply from 192.168.0.1: bytes = 32 time = 60ms TTL = 241
Reply from 192.168.0.1: bytes = 32 time = 60ms TTL = 241
Reply from 192.168.0.1: bytes = 32 time = 60ms TTL = 241
Reply from 192.168.0.1: bytes = 32 time = 60ms TTL = 241
Reply from 192.168.0.1: bytes = 32 time = 60ms TTL = 241

Ping statistics for 192.168.0.1:    Packets: Sent = 5, Received = 5, Lost = 0 (0% loss),
Approximate round trip times in milli-seconds:
    Minimum = 50ms, Maximum =  60ms, Average =  55ms

C:\>ping 192.168.0.2
Pinging 192.168.0.2 with 32 bytes of data:

Reply from 192.168.0.2: bytes = 32 time = 60ms TTL = 241
Reply from 192.168.0.2: bytes = 32 time = 60ms TTL = 241
Reply from 192.168.0.2: bytes = 32 time = 60ms TTL = 241
Reply from 192.168.0.2: bytes = 32 time = 60ms TTL = 241
Reply from 192.168.0.2: bytes = 32 time = 60ms TTL = 241

Ping statistics for 192.168.0.2:    Packets: Sent = 5, Received = 5, Lost = 0 (0% loss),
Approximate round trip times in milli-seconds:
    Minimum = 50ms, Maximum =  60ms, Average =  55ms

C:\>ping 192.168.1.1
Pinging 192.168.1.1 with 32 bytes of data:

Reply from 192.168.1.1: bytes = 32 time = 60ms TTL = 241
Reply from 192.168.1.1: bytes = 32 time = 60ms TTL = 241
Reply from 192.168.1.1: bytes = 32 time = 60ms TTL = 241
Reply from 192.168.1.1: bytes = 32 time = 60ms TTL = 241
```

```
Reply from 192.168.1.1: bytes = 32 time = 60ms TTL = 241

Ping statistics for 192.168.1.1:     Packets: Sent = 5, Received = 5, Lost = 0 (0% loss),
Approximate round trip times in milli-seconds:

    Minimum = 50ms, Maximum =   60ms, Average =   55ms

C:\>ping 192.168.1.2
Pinging 192.168.1.2 with 32 bytes of data:

Reply from 192.168.1.2: bytes = 32 time = 60ms TTL = 241
Reply from 192.168.1.2: bytes = 32 time = 60ms TTL = 241
Reply from 192.168.1.2: bytes = 32 time = 60ms TTL = 241
Reply from 192.168.1.2: bytes = 32 time = 60ms TTL = 241
Reply from 192.168.1.2: bytes = 32 time = 60ms TTL = 241

Ping statistics for 192.168.1.2:     Packets: Sent = 5, Received = 5, Lost = 0 (0% loss),
Approximate round trip times in milli-seconds:

    Minimum = 50ms, Maximum =   60ms, Average =   55ms
```

## 11. 查看 SW1 上的三层接口 IP 信息

```
SW1#show ip interface brief
Interface            IP-Address       OK? Method Status                    Protocol
VLAN 1               unassigned       YES unset  administratively down      down
VLAN0005             192.168.0.254    YES unset
VLAN0010             192.168.1.254    YES unset
VLAN0015             10.1.13.254      YES unset
FastEthernet0/1      unassigned       YES unset  up                         up
FastEthernet0/2      unassigned       YES unset  up                         up
FastEthernet0/3      unassigned       YES unset  up                         up
FastEthernet0/4      unassigned       YES unset  up                         up
FastEthernet0/5      unassigned       YES unset  up                         up
FastEthernet0/6      unassigned       YES unset  up                         up
FastEthernet0/7      unassigned       YES unset  up                         up
FastEthernet0/8      unassigned       YES unset  up                         up
FastEthernet0/9      unassigned       YES unset  up                         up
FastEthernet0/10     unassigned       YES unset  up                         up
FastEthernet0/11     unassigned       YES unset  up                         up
FastEthernet0/12     unassigned       YES unset  up                         up
GigabitEthernet0/1   unassigned       YES unset  up                         up
GigabitEthernet0/2   unassigned       YES unset  up                         up
```

小
提示

交换机的 VLAN 配置也可以使用 VTP,其结果是一样的。

# 11.3  活 学 活 用

**1. 实验设备**

- Cisco Catalyst 2950 系列交换机 2 台，Cisco Catalyst 3550 系列交换机 1 台。
- 实验用 PC 至少 4 台。
- console 电缆 1 根以上。
- 直连双绞线 4 根。
- 交叉双绞线 2 根。

**2. 网络拓扑**

如图 11-3 所示，分别用 console 电缆连接 PC 的串行口和各交换机的 console 口，用直连双绞线连接 PC 的网卡到交换机的相应端口，用交叉双绞线连接各交换机，各交换机相连的端口配置成 trunk 模式，PC1 属于 VLAN2，PC3 属于 VLAN3，PC4 属于 VLAN4。各设备配置参数如表 11-3 所示。

**3. 实验目的**

实现各 PC 间互联互通。

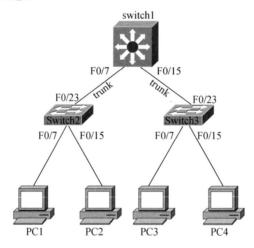

图 11-3   网络拓扑图

表 11-3   VLAN 各设备配置参数

| 设备 | 接口 | IP 地址 | 子网掩码 |
| --- | --- | --- | --- |
| Catalyst 3550 | VLAN2 | 192.168.11.254 | 255.255.255.0 |
| Catalyst 3550 | VLAN3 | 192.168.12.254 | 255.255.255.0 |
| Catalyst 3550 | VLAN4 | 192.168.13.254 | 255.255.255.0 |
| PC1 | 网卡 | 192.168.11.1 | 255.255.255.0 |
| PC2 | 网卡 | 192.168.12.1 | 255.255.255.0 |
| PC3 | 网卡 | 192.168.12.2 | 255.255.255.0 |
| PC4 | 网卡 | 192.168.13.1 | 255.255.255.0 |

## 11.4　动动脑筋

1. 实现 VLAN 之间通信主要依靠什么？

_____

_____

2. 使用什么命令配置三层虚接口？

_____

_____

3. 使用三层交换机相对于"传统路由器＋二层交换机"方式有何优点？

_____

_____

4. 三层交换的优点是什么？

_____

_____

## 11.5　学 习 小 结

通过本章的学习，读者对三层交换相关技术有了初步的认识，通过本章的实验相信读者对三层交换过程有了更深入的理解和认识。现将本章所涉及的主要命令总结如下（如表11-4 所示），供读者查阅。

表 11-4　第 11 章命令汇总

| 命令 | 功能 |
| --- | --- |
| interface vlan [vlan_id] | 创建或进入 VLAN 虚接口 |
| [no] ip routing | 关闭或启用三层交换机路由功能 |

# 第 12 章　抑制广播风暴——STP

## 12.1　知 识 准 备

### 12.1.1　STP 概述

STP 是 spanning tree protocol(生成树协议)的简称,它最早是由数字设备公司(digital equipment corporation,DEC)开发的,这个公司后来被收购并改名为 Compaq 公司。IEEE 后来开发了它自己的 STP 版本,称为 802.1D。所有的 Cisco 交换机运行的 STP 是 IEEE 开发的 802.1D 版本。

STP 是用来维护一个无环路的交换网络的,目的是保证网络中不存在环路。在由网桥/交换机构成的交换网络中通常设计有冗余链路和冗余设备。这种设计的目的是防止一条链路或一台交换机发生故障导致整个网络中断。虽然冗余设计可以消除单点故障问题,但也导致了二层交换网络中环路的产生,它会带来如下问题:

* 广播风暴。
* 单播帧的重复传输。
* 不稳定的 MAC 地址表。

如果二层交换网络中存在环路,交换机接收到广播数据后就会向除了接收该广播数据接口外的所有接口无穷无尽地泛洪广播。广播数据通过环路不停地传播,这样就产生了广播风暴,广播风暴将严重影响网络和主机性能,会导致网络瘫痪。因此,在交换网络中必须有一个机制来阻止回路,而 STP 的出现彻底解决了这一问题。

在 Cisco 的交换机中 STP 默认是打开的。

### 12.1.2　STP 原理

在学习 STP 原理之前,我们需要理解几个与 STP 相关的基本概念和术语。

1. 根网桥

根网桥是 STP 的核心概念,所有的 STP 计算都是围绕根网桥来完成的,我们可以把根网桥当作是网络的参考点。一个网络中只能有一个根网桥,根网桥的所有接口都属于指定端口,处于转发状态。

2. 网桥 ID

每台交换机都具有唯一的桥 ID,用来与其他交换机进行区别。桥 ID 由两部分组成,长8 个字节,包括下面两个字段。

(1) 网桥优先级:默认为 32768,取值范围是 0~65535。

(2) 网桥 MAC 地址:即交换机的 MAC 地址。

一个网络中桥 ID 最小的交换机就成为根网桥,其他交换机为非根网桥。

3. 桥协议单元(bridge protocol data unit,BPDU)

所有的交换机相互之间都交换信息,并利用这些信息选出根交换机,也根据这些信息来进行网络的后续配置。每台交换机都对 BPDU 中的参数进行比较,它们将 BPDU 传输给某个邻居,并在其中放入它们从其他邻居那里收到的 BPDU。BPDU 报文有两种类型。

(1) 配置 BPDU(configuration BPDU):用于 STP 计算,是由每个交换机发出的。

(2) 拓扑变化通知 BPDU(topology change notification BPDU,TCN BPDU):用于通告网络拓扑的变化,由根网桥发出,用于激活 block(阻塞)端口。

4. 三种端口角色

(1) 根端口:每个非根交换机选取一个根端口,这个端口是到根网桥路径代价最低的端口。根端口被标记为转发端口。

(2) 指定端口:所在网段中到根交换机路径代价最低的网桥的端口。指定端口被标记为转发端口。

(3) 非指定端口:除了根端口和指定端口外,其余的端口都是非指定端口。非指定端口被标记为阻塞状态。

5. 五种端口状态

(1) 阻塞状态(blocking):交换机刚开机时,所有端口均处于阻塞状态,阻塞状态的端口不能接收和发送数据帧,不能进行 MAC 地址学习,只允许接收 BPDU,这样交换机才能够监听网络有没有发生变化。

(2) 监听状态(listening):处于监听状态的端口可以发出和接收 BPUD,不能接收和发送数据帧,不能学习 MAC 地址。和阻塞状态的唯一区别就是处在监听状态的端口可以发送 BPDU,监听状态下转发延时为 15 秒。

(3) 学习状态(learning):可以发出和接收 BPUD,可以进行 MAC 地址学习,但是不能接收和发送数据帧,学习状态下转发延时为 15 秒。

(4) 转发状态(forwarding):可以接收和发送 BPDU,可以接收和发送数据帧,可以学习MAC 地址。

(5) 禁用状态(disable):端口被管理员关闭,或由于错误条件被系统关闭,此状态下的端口不参与 STP 计算。

6. STP 工作过程

（1）选举根网桥。

交换机之间通过传递 BPDU 来选取根交换机和确定端口状态,通过传递拓扑变化通告 BPDU 来报告网络的拓扑变化。配置 BPDU 主要包括根网桥的 ID、从指定网桥到根网桥的最小路径开销、指定网桥 ID、指定端口 ID。网桥 ID 是由网桥优先级（默认 32768）和网桥 MAC 地址组成,端口 ID 是由端口优先级（默认 128）和端口号组成。

在网络初始化时,每个网桥都认为自己是根网桥,在网络中接收并发送自己的 BPDU 配置消息,网桥收到 BPDU 配置消息后先比较根网桥 ID,首先比较优先级,如果优先级相同再比较 MAC 地址,MAC 地址小的成为根网桥,如果网桥收到的 BPDU 配置消息中的根网桥 ID 小于自己保存的根网桥 ID,则网桥就替换原来的根网桥 ID。通过多次这种比较,最终会选择出网络中网桥 ID 最小的网桥作为根网桥。

（2）选举根端口。

网络中选出根网桥后,其他网桥则为非根网桥,每个非根网桥都要选取一个到根网桥路径开销最低的端口为根端口,当网桥中的多个端口路径开销相同时,端口 ID 小的端口为根端口。表 12-1 列出了不同带宽下 STP 的路径开销。

表 12-1　STP 路径开销

| 带宽 | 旧版本 STP 开销 | 新版本 STP 开销 |
| --- | --- | --- |
| 4Mb/s | 250 | 250 |
| 10Mb/s | 100 | 100 |
| 16Mb/s | 63 | 62 |
| 45Mb/s | 22 | 39 |
| 100Mb/s | 10 | 19 |
| 155Mb/s | 6 | 14 |
| 622Mb/s | 2 | 6 |
| 1Gb/s | 1 | 4 |
| 10Gb/s | 0 | 2 |

STP 的路径开销是基于路径中所有路径的累积开销。

（3）选举指定端口。

接下来每个网段选取一个指定端口,所在网段中到根网桥的路径开销最低的网桥的端口为指定端口。其他接口为非指定端口,呈阻塞状态,只能接受 BPDU,这样一来,网络中的环路就被阻断。

以上就是从网络选取根网桥到阻塞非指定端口的过程,至此,网络以逻辑方式阻断了环路。当网络拓扑发生变化时网桥会向根端口不断发送拓扑变更通告 BPDU,直到该网桥收到拓扑变化确认,然后网络重复上面的过程进行新一轮选举。

STP 使用时钟定时器来确定环路形成之前已经完成 STP 计算,有以下几个时钟。

- Hello:根网桥发送配置 BPDU 的时间间隔,默认 2 秒。
- forward delay:端口处于监听和学习状态的时间间隔,默认 15 秒。
- max age:BPDU 存储的时间长度,默认为 20 秒,如果从收到 BPDU 开始,20 秒内仍未收到 BPDU,网桥将宣布保存的 BPDU 无效,并开始寻找新的根端口。

STP 的时钟计时器最好不要随意改变,如果修改不合理的话会造成临时环路或延长网络收敛时间。只有在根网桥上才可以修改时钟计时器的值。

### 12.1.3 STP 配置命令

默认情况下交换机的 STP 功能是打开的,也就是说,我们不需要对交换机进行任何配置,就已经可以防止环路产生。通过上面的学习,我们知道一切 STP 操作都是围绕着根网桥来计算的,根网桥又是根据桥 ID 选举而来,如果我们不加以干涉,任由交换机选取的话,可能最后产生的拓扑和我们的预期相差很多,而且根网桥的选择会直接影响到网络的拓扑结构,比如有可能最低端或性能不稳定的交换机成为根网桥,形成网络瓶颈,造成网络拥塞,甚至造成网络瘫痪。

下面我们来学习手动配置 STP 的命令。

1. 启用 STP

(1)命令语法。

[no] spanning-tree vlan {stp-list}

(2)命令功能。

禁用/启用指定 VLAN 上的 STP。

(3)参数说明。

- stp-list:要禁用/启用 STP 的实例列表。

(4)命令示例。

```
Switch(config)#spanning-tree vlan 5
```

2. 配置 STP

(1)命令语法。

spanning-tree vlan vlan-id [forward-time seconds | hello-time seconds | max-age seconds priority priority | root {primary | secondary} [ diameter net-diameter [ hello-time seconds]]]

（2）命令功能。

为在每一个 VLAN 上配置 STP，在全局配置模式下，使用 spanning-tree 命令。

（3）参数说明。

● vlan_id：与 STP 实例关联的 VLAN 范围。

● forward-time seconds：（可选项）为指定 STP 实例设置转发延迟计时器。转发延迟计时器指定接口开始转发前，侦听状态和学习状态的持续时间默认为 15 秒。

● hello-time seconds：（可选项）设置根网桥发送配置 BPDU 的时间间隔，默认为 2 秒。

● max-age seconds：（可选项）设置从根网桥接收的 STP 消息的时间间隔，默认为 20 秒。如果交换机在时间间隔内没有从根网桥收到 BPDU 消息，它将重新计算 STP 拓扑。

● priority priority：（可选项）为指定 STP 实例设置交换机优先级。该设置影响交换机被选举为根网桥的可能性，较低的值增加交换机被选举为根网桥的可能性。以 4096 为增量。有效优先级值是 4096、8192、12288、16384、20480、24576、28672、32768、36864、40960、45056、49152、53248、57344 和 61440，其他值都被拒绝。主根网桥优先级默认为 24576，辅助根网桥优先级默认为 28672。

● root primary：（可选项）强制交换机成为根网桥。

● root secondary：（可选项）一旦主根网桥失效，设置该交换机为根网桥。

● diameter net-diameter：（可选项）设置任何两个端站之间的交换机的最大数量。

（4）命令示例。

```
Switch(config)# spanning-tree vlan 1 root primary
vlan 1 bridge priority set to 24576
vlan 1 bridge max aging time unchanged at 20
vlan 1 bridge hello time unchanged at 2
vlan 1 bridge forward delay unchanged at 15
Switch(config)#
```

3. 配置端口路径成本

（1）命令语法。

spanning-tree [vlan vlan_id] cost cost

（2）命令功能。

在接口配置模式下，使用该命令为 STP 计算设置路径成本。

（3）参数说明。

● vlan_id：（可选项）与一个 STP 实例关联的 VLAN 范围。

● cost：路径成本，默认值为 32768，取值范围 1～200000000。

（4）命令示例。

```
Switch(config-if)# spanning-tree10,12-15,20 cost 300
```

4. 配置端口优先级

（1）命令语法。

spanning-tree [vlan vlan_id] port-priority <priority>

（2）命令功能。

在接口配置模式下,使用该命令配置端口的优先级。

（3）参数说明。

- vlan_id：（可选项）与一个 STP 实例关联的 VLAN 范围。
- priority：端口优先级。以 16 递增,有效值是 0、16、32、48、64、80、96、112、128、144、160、176、192、208、224 和 240。数值越小,优先级越高。

（4）命令示例。

```
Switch(config-if)# spanning-tree vlan 20 port-priority 0
```

5. 显示 STP 信息

（1）命令语法。

show spaning-tree [active | blockedports | bridge | brief | detail [active] | interface interface-type interface-number | root | summary | vlan vlan-id]

（2）命令功能。

在特权 EXEC 模式下,使用该命令显示 STP 信息。

（3）参数说明。

- active：（可选项）显示活动接口 STP 信息。
- blockedports：（可选项）显示阻塞端口 STP 信息。
- bridge：（可选项）显示交换机 STP 信息。
- brief：（可选项）显示概要 STP 信息。
- detail[activie]：（可选项）显示详细 STP 信息。
- interface interface-type interface-number：（可选项）显示指定接口 STP 信息。
- root：（可选项）显示 STP 根网桥信息。
- summary：（可选项）显示汇总 STP 信息。
- vlan vlan-id：（可选项）显示指定 VLAN STP 信息。

（4）命令示例。

① 显示 STP 信息。

```
Switch# show spanning-tree
VLAN0001
  Spanning tree enabled protocol ieee
  Root ID    Priority    32768
             Address     000b.5f50.d900
             This bridge is the root
             Hello Time   2 sec   Max Age 20 sec   Forward Delay 15 sec

  Bridge ID  Priority    32769   (priority 32768 sys-id-ext 1)
             Address     000b.5f50.d900
             Hello Time   2 sec   Max Age 20 sec   Forward Delay 15 sec
             Aging Time 300
```

| Interface | Port ID | | | Designated | Port ID |
| Name | Prio. Nbr | Cost | Sts | Cost Bridge ID | Prio. Nbr |
| --- | --- | --- | --- | --- | --- |
| Fa0/2 | 128.2 | 19 | FWD | 0  32769 000b.5f50.d900 | 128.2 |
| Fa0/24 | 128.24 | 19 | FWD | 0  32769 000b.5f50.d900 | 128.24 |

本交换机为网络中的 STP 根网桥。

示例①的输出结果中，各字段的含义如下：

- Port ID Prio. Nbr：端口 ID 和优先级。
- Cost：端口成本。
- Sts：端口状态。

② 显示 STP 根网桥信息。

```
Switch#show spanning-tree vlan 1 root

                          Root  Hello  Max  Fwd
Vlan          Root ID     Cost  Time   Age  Dly  Root Port

VLAN0001    32769 000b.5f50.d900   0    2    20   15
```

③ 显示 STP 详细信息。

```
Switch#show spanning-tree vlan 1 detail

VLAN0001 is executing the ieee compatible Spanning Tree protocol
    Bridge Identifier has priority 32768, sysid 1, address 000b.5f50.d900
    Configured hello time 2, max age 20, forward delay 15
    We are the root of the spanning tree
    Topology change flag not set, detected flag not set
    Number of topology changes 1 last change occurred 00:11:50 ago
            from FastEthernet0/2
    Times:  hold 1, topology change 35, notification 2
            hello 2, max age 20, forward delay 15
    Timers: hello 1, topology change 0, notification 0, aging 300

Port 2 (FastEthernet0/2) of VLAN0001 is forwarding
    Port path cost 19, Port priority 128, Port Identifier 128.2.
    Designated root has priority 32769, address 000b.5f50.d900
    Designated bridge has priority 32769, address 000b.5f50.d900
    Designated port id is 128.2, designated path cost 0
```

```
    Timers: message age 0, forward delay 0, hold 0
    Number of transitions to forwarding state: 1
    BPDU: sent 740, received 1
Port 24 (FastEthernet0/24) of VLAN0001 is forwarding
    Port path cost 19, Port priority 128, Port Identifier 128.24.
    Designated root has priority 32769, address 000b.5f50.d900
    Designated bridge has priority 32769, address 000b.5f50.d900
    Designated port id is 128.24, designated path cost 0
    Timers: message age 0, forward delay 0, hold 0
    Number of transitions to forwarding state: 1
    BPDU: sent 740, received 1
```

# 12.2 动手做做

通过本节的学习,我们已经知道 STP 是如何工作的,根网桥的选举方法以及如何禁用、开启 STP 功能。下面我们通过一个实验来实现让交换机自动选取根网桥和生成 STP 拓扑,以及这样会出现什么问题,出现问题后如何通过命令来解决出现的问题、修正拓扑。

## 12.2.1 实验目的

通过本实验,读者可以掌握以下技能:

- 查看 STP 选举状态。
- 绘制 STP 拓扑图。
- 修改 STP 优先级。

## 12.2.2 实验规划

**1. 实验设备**

- Cisco Catalyst 2950 系列交换机 4 台。
- console 电缆 1 根以上。
- 交叉双绞线 5 根。

**2. 网络拓扑**

如图 12-1 所示,为了防止单点故障,网络中安装了冗余线路,但是也形成了环路,网络中使用了 4 台交换机,均未修改 STP 的优先级。SW1 的 MAC 地址为 000c.3378.5283,分别使用端口 F0/1、F0/2、F0/3 连接到交换机 SW3 的 F0/1 端口、SW4 的 F0/2 端口、SW2 的 F0/1 端口。SW2 的 MAC 地址为 000c.1625.2062,使用端口 F0/2 连接到交换机 SW4 的 F0/3 端口。交换机 SW3 的 MAC 地址为 000c.1209.1375,使用端口 F0/2 连接到交换机 SW4 的 F0/1 接口。SW4 的 MAC 地址为 000c.1737.8539。网络设计思想是以 SW1 为核心交换机,SW2、SW3、SW4 均为接入交换机,并要与核心交换机 SW1 直连。SW4 到 SW2 和 SW3 之间的直连线作为冗余。

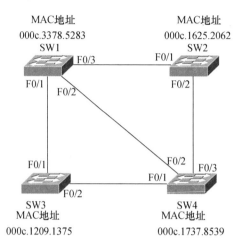

图 12-1　网络拓扑图

3. 实验最终目的

● 查看默认参数下各台交换机 STP 情况。

● 画出默认参数下网络的 STP 拓扑。

● 修改参数让 SW1 交换机成为根网桥。

● 画出修改完参数后的 STP 拓扑。

### 12.2.3　实验步骤

1. 默认参数下的网络 STP 结构

（1）查看交换机 SW1 的 STP 信息。

```
SW1 # show spanning-tree
VLAN001
   Spanning tree enabled protocol ieee
   Root ID    Priority    32768
              Address     000C.1209.1375
              Hello Time  2 sec   Max Age 20 sec   Forward Delay 15 sec

   Bridge ID  Priority    32768
              Address     000C.3378.5283
              Hello Time  2 sec   Max Age 20 sec   Forward Delay 15 sec
              Aging Time 300
Interface    Port ID                     Designated              Port ID
Name         Prio.Nbr        Cost Sts    Cost Bridge ID          Prio.Nbr
```

```
Fa0/1 32768.1 19 FWD 0    32768 000C.1209.1375 19.1
Fa0/2 32768.2 38 BLK 0    32768 000C.1209.1375 38.2
Fa0/3 32768.3 57 FWD 0    32768 000C.1209.1375 57.3
```

（2）查看交换机 SW2 的 STP 信息。

```
SW2# show spanning-tree
VLAN001
   Spanning tree enabled protocol ieee
   Root ID     Priority     32768
               Address      000C.1209.1375
               Hello Time   2 sec   Max Age 20 sec   Forward Delay 15 sec

   Bridge ID   Priority     32768
               Address      000C.1625.2062
               Hello Time   2 sec   Max Age 20 sec   Forward Delay 15 sec
               Aging Time   300
```

| Interface Name | Port ID Prio.Nbr | Cost Sts | Designated Cost Bridge ID | Port ID Prio.Nbr |
|---|---|---|---|---|
| Fa0/1 | 32768.1 | 38 BLK | 0  32768 000C.1209.1375 | 38.1 |
| Fa0/2 | 32768.2 | 38 FWD | 0  32768 000C.1209.1375 | 38.2 |

（3）查看交换机 SW3 的 STP 信息。

```
SW3# show spanning-tree
VLAN001
   Spanning tree enabled protocol ieee
   Root ID     Priority     32768
               Address      000C.1209.1375
               This bridge is the root
               Hello Time   2 sec   Max Age 20 sec   Forward Delay 15 sec

   Bridge ID   Priority     32768
               Address      000C.1209.1375
               Hello Time   2 sec   Max Age 20 sec   Forward Delay 15 sec
               Aging Time   300
```

| Interface Name | Port ID Prio.Nbr | Cost Sts | Designated Cost Bridge ID | Port ID Prio.Nbr |
|---|---|---|---|---|
| Fa0/1 | 32768.1 | 0 FWD | 0  32768 000C.1209.1375 | 0.1 |
| Fa0/2 | 32768.2 | 0 FWD | 0  32768 000C.1209.1375 | 0.2 |

（4）查看交换机 SW4 的 STP 信息。

```
SW4 # show spanning-tree
VLAN001
  Spanning tree enabled protocol ieee
  Root ID    Priority    32768
             Address     000C.1209.1375
             Hello Time  2 sec   Max Age 20 sec   Forward Delay 15 sec

  Bridge ID  Priority    32768
             Address     000C.1737.8539
             Hello Time  2 sec   Max Age 20 sec   Forward Delay 15 sec
             Aging Time  300

Interface   Port ID                        Designated               Port ID
Name        Prio.Nbr        Cost Sts   Cost Bridge ID               Prio.Nbr
------------------------------------------------------------------------------
Fa0/1       32768.1          19 FWD    0   32768 000C.1209.1375     19.1
Fa0/2       32768.2          38 FWD    0   32768 000C.1209.1375     38.2
Fa0/3       32768.3          57 FWD    0   32768 000C.1209.1375     57.3
```

通过观察各交换机的根 ID，我们会发现 SW3 是网络中的根交换机，默认参数下网络的 STP 结构如图 12-2 所示。

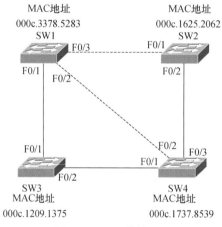

图 12-2   STP 结构图 1

**2. 重新配置网络 STP**

通过 STP 结构图我们发现默认参数生成的 STP 结构图和我们的设计初衷有很大的出入，主干路成为备份线路，备份线路成为主干路，这样一来网络会形成瓶颈。下面我们通过修改 SW1 成为根网桥来实现我们的设计初衷。

（1）修改 SW1 使其成为根交换机。

```
Sw1(config) # spanning-tree vlan 1 root primary
```

VLAN1 为当前默认的虚拟局域网。

（2）再次查看交换机 STP 信息。

```
Sw1 # show spanning-tree                    //查看 SW1 的 STP 信息
VLAN001
   Spanning tree enabled protocol ieee
   Root ID    Priority    24567
              Address     000C.3378.5283
              This bridge is the root
              Hello Time  2 sec  Max Age 20 sec  Forward Delay 15 sec

   Bridge ID  Priority    24567
              Address     000C.3378.5283
              Hello Time  2 sec  Max Age 20 sec  Forward Delay 15 sec
              Aging Time  300

Interface    Port ID                  Designated              Port ID
Name         Prio.Nbr       Cost Sts  Cost Bridge ID          Prio.Nbr
-----------------------------------------------------------------------------
Fa0/1        24567.1        38 FWD    0   24567 000C.3378.5283  38.1
Fa0/2        24567.2        38 FWD    0   24567 000C.3378.5283  38.2
Fa0/3        24567.3        38 FWD    0   24567 000C.3378.5283  38.3
SW2 # show spanning-tree                    //查看 SW2 的 STP 信息

VLAN001
   Spanning tree enabled protocol ieee
   Root ID    Priority    24567
              Address     000C.3378.5283
              Hello Time  2 sec  Max Age 20 sec  Forward Delay 15 sec

   Bridge ID  Priority    32768
              Address     000C.1625.2062
              Hello Time  2 sec  Max Age 20 sec  Forward Delay 15 sec
              Aging Time  300

Interface    Port ID                  Designated              Port ID
Name         Prio.Nbr       Cost Sts  Cost Bridge ID          Prio.Nbr
-----------------------------------------------------------------------------
Fa0/1        24567.1        19 FWD    0   24567 000C.3378.5283  19.1
Fa0/2        24567.2        38 FWD    0   24567 000C.3378.5283  38.2
SW3 # show spanning-tree                    //查看 SW3 的 STP 信息
```

```
VLAN001
  Spanning tree enabled protocol ieee
  Root ID    Priority    24567
             Address     000C.3378.5283
             Hello Time  2 sec  Max Age 20 sec  Forward Delay 15 sec

  Bridge ID  Priority    32768
             Address     000C.1209.1375
             Hello Time  2 sec  Max Age 20 sec  Forward Delay 15 sec
             Aging Time  300
```

| Interface Name | Port ID Prio.Nbr | Cost Sts | Designated Cost Bridge ID | Port ID Prio.Nbr |
|---|---|---|---|---|
| Fa0/1 | 24567.1 | 19 FWD | 0  24567 000C.3378.5283 | 19.1 |
| Fa0/2 | 24567.2 | 38 FWD | 0  24567 000C.3378.5283 | 38.2 |

```
SW4 # show spanning-tree        ///查看 SW4 的 STP 信息
VLAN001
  Spanning tree enabled protocol ieee
  Root ID    Priority    24567
             Address     000C.3378.5283
             Hello Time  2 sec  Max Age 20 sec  Forward Delay 15 sec

  Bridge ID  Priority    32768
             Address     000C.1737.8539
             Hello Time  2 sec  Max Age 20 sec  Forward Delay 15 sec
             Aging Time 300
```

| Interface Name | Port ID Prio.Nbr | Cost Sts | Designated Cost Bridge ID | Port ID Prio.Nbr |
|---|---|---|---|---|
| Fa0/1 | 24567.1 | 38 BLK | 0  24567 000C.3378.5283 | 38.1 |
| Fa0/2 | 24567.2 | 19 FWD | 0  24567 000C.3378.5283 | 19.2 |
| Fa0/3 | 24567.3 | 38 BLK | 0  24567 000C.3378.5283 | 38.3 |

　　修改后新的 STP 结构如图 12-3 所示，SW1 作为核心交换机，成为网络的根网桥，SW4 与 SW2、SW3 的直连线路作为冗余线路，符合我们的设计原则。

# 12.3　活学活用

　　在 12.2 的实验中，我们通过修改参数让核心交换机 SW1 成为 VLAN1 的根交换机。如果现在网络环境发生变化，我们想让 SW4 成为核心交换机并成为根网桥，请使用相应命令配置实现，并查看各交换机的 STP 信息。

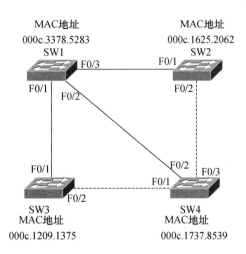

图 12-3　STP 结构图 2

## 12.4　动动脑筋

1. 网桥 ID 由哪几项组成？
_____
_____

2. STP 的端口状态有哪几种？
_____
_____

3. 使用哪条命令可以修改 STP 优先级？
_____
_____

4. 一个端口从阻塞状态进入转发状态需要多长时间？
_____
_____

5. 如果网络中存在环路并且没有启用 STP 功能会引发哪些问题？
_____
_____

## 12.5　学习小结

通过本章的学习，读者已经掌握了 STP 的原理，以及一些 STP 相关的配置命令。现将本章所涉及的主要命令总结如下（如表 12-2 所示），供读者查阅。

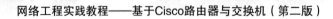

表 12-2　第 12 章命令汇总

| 命令 | 功　　能 |
| --- | --- |
| spanning-tree vlan {stp-list} | 启用 STP |
| spanning-tree vlan <vlan-id> priority <priority> | 设置 STP 优先级 |
| spanning-tree vlan <vlan-id> hello-time <seconds> | 设置 BPDU 发送时间间隔 |
| spanning-tree vlan <vlan-id> forward-time <seconds> | 设置 STP 转发延时 |
| spanning-tree vlan <vlan-id> max-age <seconds> | 设置 BPDU 老化时间 |
| spanning-tree [vlan vlan-id] cost <cost> | 配置端口路径成本 |
| spanning-tree [vlan vlan-id] port-priority <priority> | 配置端口优先级 |
| show spanning-tree | 显示全部 STP 信息 |
| show spanning-tree vlan <vlan-id> detail | 显示 VLAN STP 详细信息 |

# 第13章　路由器和交换机的维护管理

## 13.1　知识准备

### 13.1.1　路由器和交换机的维护管理概述

当我们将交换机和路由器部署到网络中以后,后续的维护工作就开始了,主要有以下几种情况:

- 通过远程 telnet 或 SSH 登录到路由器或交换机修改配置。
- 对路由器或交换机的 IOS 进行备份、升级、恢复。
- 对路由器或交换机配置文件进行备份。
- 定期修改路由器或交换机的 console 口密码和 VTY 登录密码。
- 对路由器或交换机的密码进行恢复。

SSH 的英文全称是 secure shell。通过使用 SSH,我们可以把所有传输的数据进行加密,这样"中间人"这种攻击方式就不可能实现了,而且也能够防止 DNS 和 IP 欺骗。还有一个额外的好处就是传输的数据是经过压缩的,所以可以加快传输的速度。SSH 有很多功能,它既可以代替 telnet,又可以为 FTP、POP 甚至 PPP 提供一个安全的"通道"。

### 13.1.2　路由器和交换机密码恢复

当网络中设备数量很多时,有些交换机或路由器可能很长时间不需要修改配置,等需要修改配置时,我们可能会忘记密码,此时就需要对路由器或交换机进行密码恢复。

1. 路由器的存储器

在介绍如何恢复密码升级备份 IOS 之前,我们需要先讲解一下 Cisco 路由器的存储器。

表 13-1 描述了 Cisco 路由器的主要存储器名称和作用。

表 13-1　Cisco 路由器的主要存储器

| 存储器名称 | 作用 |
| --- | --- |
| ROM | 只读存储器,用于启动和维护路由器。存储 POST 和 Bootstrap 程序,以及微型 IOS |
| RAM | 随即存储器,用于存储 ARP 缓存,路由表,running-config 等,重启后数据丢失 |
| FLASH | 主存,主要用于存储 Cisco IOS |
| NVRAM | 非易失性随机存储器,主要用于保存配置文件和配置寄存器值,重启后数据不丢失 |

2. 路由器的启动顺序

当路由器或交换机启动时,会按下列顺序进行硬件检测并加载所需的 IOS 软件和配置文件。

第一步:路由器找到硬件并且执行硬件检测程序 POST。

第二步:硬件工作正常后,执行系统启动程序 Bootstrap,查找装载 IOS 软件。

第三步:IOS 启动完毕后,在 NVRAM 中查找配置文件 startup-config 文件。

第四步:如果 NVRAM 中有 startup-config 文件,路由器将此文件复制到 RAM 中使用(文件名为 running-config);如果 NVRAM 中没有 startup-config 文件,路由器将发送广播信息查找 TFTP,如果还是没有找到配置文件,路由器将启动 setup mode 配置向导。

3. 路由器密码恢复步骤

第一步:路由器加电后马上按"Ctrl＋Break"组合键进入 ROM 模式。

在 ROM 模式下,路由器的命令行提示符为 rommon 1 ＞,并且随着行数的变化rommon 后面的数字也会相应变化。当 FLASH 中的 IOS 文件无效或丢失时,路由器将会进入 ROM 模式。

第二步:将配置寄存器的值修改为 0×2142。

默认情况下路由器的配置寄存器的值为 0×2102。路由器启动时会加载 NVRAM 中的配置文件 startup-config,我们可以通过将配置寄存器的值修改为 0×2142,使得路由器启动时忽略 NVRAM 中的配置文件,这样路由器启动后将不加载配置文件。

命令语法:rommon 1 ＞confreg　0×2142

第三步:重新启动路由器。

修改完配置寄存器后直接使用 reset 命令重启路由器。

命令语法:rommon 2 ＞ reset

第四步:进入特权模式(Router＞enable)。

第五步:将 startup-config 文件复制到 running-config。

使用命令 copy running-config startup-config,把 NVRAM 中保存的原配置文件复制到 RAM 中(即手工加载路由器配置文件),此时我们已经可以查看和修改路由器配置了。

命令语法:copy running-config startup-config

第六步:修改口令。

现在我们可以使用 show run 命令查看路由器的密码,如果原密码是使用 enable password 命令设置的,我们将可以直接看到密码原文;如果原密码是使用 enable secret 命令设置的,我们会看到一串经过加密的密文。

命令语法:Router(config)♯enable secret ＜password＞

其中 password 为要设置的密码。

第七步:将配置寄存器的值修改为 0×2102。

现在我们要将配置寄存器设置回默认值 0×2102,不然路由器下次重启时将会继续忽略 NVRAM 中的配置文件。

命令语法:Router(config)♯config-register 0×2102

第八步:保存路由器配置。

最后,使用 copy running-config startup-config 命令将修改过的配置文件进行保存。

### 13.1.3　交换机和路由器密码设置

通常交换机或路由器的密码设置有三种,分别是控制台口令(console),进入特权模式口令,远程登录口令。

1. 控制台口令设置

控制台口令就是我们通过使用配置线缆连接到设备的 console 口时使用的密码。

设置步骤如下。

(1) 进入控制台设置模式。

命令语法:line　console　0　(由于只有一个控制台端口,所以只能选择 0)

(2) 设置密码。

命令语法:password　＜password＞

(3) 启用登录。

命令语法:login

(4) 命令示例。

```
Router(config)♯line console 0          //进入控制台配置模式
Router(config-line)♯password cisco      //设置控制台口令
Router(config-line)♯login               //启用口令验证
Router(config-line)♯
```

2. 特权模式口令设置

出于安全考虑,路由器和交换机有两级命令来控制访问:用户模式和特权模式。通过设置特权模式口令,可设置进入特权模式进行再一次密码验证。

设置步骤如下。

(1) 进入特权配置模式。

命令语法:Switch＞enable

(2) 进入全局配置模式。

命令语法:Switch♯configure terminal

（3）设置进入特权配置模式口令。

命令语法：Switch(config)♯enable secret sxh123

## 3. 远程登录口令设置

远程登录口令是我们使用 telnet 命令登录到路由器时使用的口令。一般情况下，非企业版的 Cisco IOS 默认有 5 条 VTY 线路，从 0 到 4；企业版的 Cisco IOS 线路相对较多，一般有 16 条 VTY 线路（甚至更多），从 0 到 15。

设置步骤如下。

（1）进入 VTY 设置模式。

命令语法：line vty 0 4

（2）设置密码。

命令语法：password ＜password＞

（3）启用登录。

命令语法：login

启用口令验证，我们也可以使用 no login 命令，这样就允许直接建立 telnet 连接，不需要口令验证。

（4）命令示例。

```
Router(config)♯line  vty  0  4              //进入 VTY 配置模式
Router(config-line)♯password  cisco         //设置控制台口令
Router(config-line)♯login                   //启用口令验证
Router(config-line)♯
```

在配置控制台口令和远程登录口令时还有两个比较重要的命令需要了解，这两个命令分别是 exec-timeout 和 logging synchronous，接下来我们将学习一下这两个命令。

## 4. 设置 EXEC 会话超时时间

Cisco 2SO 支持两种 EXEC 命令模式：用户 EXEC 模式和特权 EXEC 模式。

（1）命令语法。

exec-timeout  ＜minutes＞  ＜seconds＞

（2）命令功能。

用来设置 EXEC 会话超时时间，默认超时时间为 10 分钟，EXEC 会话超时后，需要重新进行口令验证。当我们将 minutes 和 seconds 都设置为 0 时，EXEC 将永不超时。

（3）参数说明。

● minutes：会话超时分钟。

● seconds：会话超时秒数。

（4）命令示例。

```
Router(config-line)#exec-timeout  0  0
```

5．防止系统输出信息干扰

（1）命令语法。

logging synchronous

（2）命令功能。

我们在配置设备输入命令的时候有时会被控制台自动输出的信息干扰，这样一来输入的命令看上去会很乱，很容易出错，这时我们可以使用 logging synchronous 命令来解决这个问题。

（3）命令示例。

```
Router(config-line)#logging synchronous
```

### 13.1.4　使用 telnet 和主机名映射

1．使用 telnet

telnet 是虚拟终端协议，我们可以使用 telnet 来远程管理我们的网络设备，默认情况下在 Cisco 路由器上可以不必输入 telnet 命令，只需要输入目标设备的主机名或 IP 地址，就可以建立 telnet 连接，从而实现远程对设备进行管理。

（1）命令语法

telnet  host［port］

（2）命令功能。

在 EXEC 模式下，使用该命令登录支持 telnet 的主机。

（3）参数说明。

● host：主机名或者 IP 地址。

● port：端口号。

（4）命令示例。

```
Router1#telnet 192.168.1.2
```

2．查看 telnet 会话

用命令 show sessions 可以查看从本地建立的 telnet 会话，其输出显示已经建立 telnet 连接的会话列表。如果建立了多条会话，带星号"＊"的会话是最近使用过的会话，如果按回车键，将返回这个会话。

例如，在图 13-1 中，在 RA 上分别 telnet 到 RB 和 RC 上，在 RA 上查看 telnet 会话。

图 13-1　使用 telnet 会话拓扑图

```
RA# show sessions
Conn Host                    Address           Byte   Idle Conn Name
   1 192.168.1.2             192.168.1.2       0      0 192.168.1.2
*  2 192.168.2.2             192.168.2.2       0      0 192.168.2.2
```

上面的输出结果显示,当前会话为会话 2,如果在 RA 路由器上直接按回车键的话将返回会话 2,也就是 telnet 到路由器 RC 上,也可以在 RA 上直接输入会话编号并按两下回车键,即可返回相应会话。例如,在 RA 上输入 1,按两下回车键将返回会话 1,也就是 telnet 到路由器 RB 上。

可以使用命令 show users 显示本地设备上所有的活动的 telnet 会话。例如,在 RB 上查看当前活动会话,如下所示:

```
RB# show users
     Line      User      Host(s)       Idle          Location
  0 con 0                idle         00:03:28
* 66 vty 0               idle         00:00:00       192.168.1.1
```

以上输出结果中,con 表示通过 console 口建立的会话,vty 表示通过远程 telnet 建立的会话。

3. 挂起与恢复 telnet 会话

telnet 到远程设备后,可以暂时挂起会话而非断开会话,这时可以返回本地设备进行操作,操作完毕以后还可以再恢复先前挂起的会话。telnet 到远程设备后可以同时按住"Ctrl＋Shift＋6"组合键,释放后紧接着按下字母 X,挂起当前会话。恢复被挂起的会话有以下几种方式:

● 直接按回车键,恢复最近一次挂起的会话。

● 如果只有一个会话,可以使用 resume 命令恢复。

● 如果有多个会话,可以直接输入会话号码恢复指定会话(使用 show sessions 命令查看会话号)。

**4. 关闭 telnet 会话**

对于已经建立的 telnet 会话,我们可以使用命令 exit、logout、disconnect 或 clear line 等命令来关闭。

- 从远端设备结束会话可以使用 exit 或 logout 命令。
- 从本地设备结束会话可以使用 disconnect 〈number〉命令。
- 结束远程 telnet 到本地的会话可以使用 clear line 〈line number〉命令。

**5. 主机名映射到 IP 地址**

现在我们已经知道通过 telnet 可以非常方便地管理我们部署到网络中的设备,但是随着网络规模越来越大,网络中的设备越来越多,要记住每一台路由器和交换机的管理地址越来越困难,域名解析解决了这个问题。

(1)命令语法。

ip host 〈hostname〉 〈tcp-port-number〉〈ip-address〉

(2)命令功能。

全局配置模式下,在域名系统中定义静态主机名到 IP 地址的映射。如果想从域名系统中删除一个主机名时,可以使用 no ip host 〈hostname〉命令。

(3)参数说明。

- hostname:主机名。
- tcp-port-number:端口号,默认使用 TCP 23 端口(telnet)。
- ip-address:指定的 IP 地址,一个主机名最多可以同时指定 7 个 IP 地址。

(4)命令示例。

在图 13-1 所示的 RA 路由器上设置 RB 和 RC 的主机名映射,操作如下:

```
RA(config)#ip host RB 192.168.1.2
RA(config)#ip host RC 192.168.2.2   //在 RA 上创建 RB 和 RC 的主机名映射,
RA#ping RB                          //验证主机名称
Type escape sequence to abort.
Sending 5,100-byte ICMP Echos to 192.168.1.2,timeout is 2 seconds:
!!!!!
Success rate is 100 percent (5/5),round-trip min/avg/max = 196/226/244 ms
RA#ping RC
Type escape sequence to abort.
Sending 5,100-byte ICMP Echos to 192.168.2.2,timeout is 2 seconds:
!!!!!
Success rate is 100 percent (5/5),round-trip min/avg/max = 233/264/312 ms
```

# 13.2 动 手 做 做

### 13.2.1 实验 1：创建主机名映射和使用 telnet

通过本实验,让读者实际操作在路由器和交换机中创建主机名映射以及使用 telnet 的方式创建会话、挂起会话、恢复会话等操作。

1. 实验目的

通过本实验,读者可以掌握以下技能:

- 在路由器和交换机中创建主机名映射。
- 在路由器和交换机中创建 telnet 会话。
- 挂起、恢复、关闭 telnet 会话。
- 验证主机名映射配置。

2. 实验规划

(1) 实验设备。

- Cisco Catalyst 2950 系列交换机 2 台。
- Cisco 2811 路由器 2 台。
- console 电缆 1 根以上。
- 直连双绞线 2 根,串口线 1 根。

(2) 实验规划。

如图 13-2 所示,路由器 RA 通过 E0 口与交换机 SW1 的 F0/1 接口相连(F0/1 接口属于 VLAN1),RA 的 E0 接口 IP 地址为 10.1.1.2,SW1 的 VLAN1 IP 地址为 10.1.1.1,子网掩码 255.255.255.0;RA 通过 S0/0 口与路由器 RB 的 S0/0 口相连,RA 的 S0/0 接口 IP 地址为 10.1.2.1,RB 的 S0/0 接口 IP 地址为 10.1.2.2,子网掩码 255.255.255.0;路由器 RB 的 E0 接口和交换机 SW2 的 F0/1 接口相连(F0/1 接口属于 VLAN1),路由器 RB 的 E0 接口 IP 地址为 10.1.3.1,SW2 的 VLAN1 IP 地址为 10.1.3.2,子网掩码 255.255.255.0。使用静态路由使网络互通。

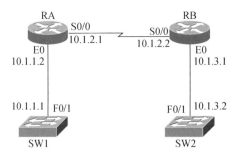

图 13-2 网络拓扑图

（3）实验要求。

● 在路由器 RA 上建立 RB、SW1、SW2 的主机名到 IP 地址的映射。

● 在路由器 RA 上使用 telnet 主机名的方式创建 RA 到 RB、SW1、SW2 的 telnet 会话。

● 在路由器 RB 上使用 clear line 命令关闭 RA 建立的 telnet 会话。

● 在交换机 SW1 上使用 telnet IP_address 的方式建立到 SW2 的会话。

● 在交换机 SW2 上使用 show users 命令查看本地的活动会话。

3. 实验步骤

（1）路由器 RA 的配置。

```
Router # >enable
Router # conf t
Enter configuration commands, one per line. End with CNTL/Z.
Router(config) # int e0
Router(config-if) # no sh
Router(config-if) # ip add 10.1.1.2 255.255.255.0
Router(config-if) # int s0
Router(config-if) # no sh
Router(config-if) # clock rate 64000
Router(config-if) # ip add 10.1.2.1 255.255.255.0
Router(config-if) # exit
Router(config) # ip route 10.1.3.0 255.255.255.0 10.1.2.2
Router(config) # hostname RA
RA(config) # enable secret cisco
RA(config) # ip host SW1 10.1.1.1
RA(config) # ip host RB 10.1.2.2
RA(config) # ip host SW2 10.1.3.2
RA(config) # exit
RA # copy ru st
Destination filename [startup-config]?
Building configuration...
[OK]
```

（2）路由器 RB 的配置。

```
Router>en
Router # conf t
Enter configuration commands, one per line. End with CNTL/Z.
Router(config) # host RB
RB(config) # int s0
RB(config-if) # no sh
RB(config-if) # clock rate 64000
RB(config-if) # ip add 10.1.2.2 255.255.255.0
```

```
RB(config-if)# int E0
RB(config-if)# ip add 10.1.3.1 255.255.255.0
RB(config-if)# no sh
RB(config-if)# exit
RB(config)# ip route 10.1.1.0 255.255.255.0 10.1.2.1
RB(config)# enable secret cisco
RB(config)# line vty 0 4
RB(config-line)# login
RB(config-line)# password cisco
RB(config-line)# exit
RB(config)# exit
```

（3）交换机 SW1 的配置。

```
Switch>en
Switch# conf t
Switch(config)# interface vlan 1
Switch(config-if)# ip add 10.1.1.1 255.255.255.0
Switch(config-if)# exit
Switch(config)# ip default-gateway 10.1.1.2
Switch(config)# host SW1
SW1(config)# enable secret cisco
SW1(config)# line vty 0 4
SW1(config-line)# password cisco
SW1(config-line)# login
SW1(config-line)# exit
SW1(config)#
```

（4）交换机 SW2 的配置。

```
Switch>en
Switch# conf t
Switch(config)# host SW2
SW2(config)# interface vlan 1
SW2(config-if)# ip add 10.1.3.2 255.255.255.0
SW2(config-if)# exit
SW2(config)# ip default-gateway 10.1.3.1
SW2(config)# enable secret cisco
SW2(config)# line vty 0 15
SW2(config-line)# pass cisco
SW2(config-line)# login
SW2(config-line)# exit
SW2(config)#
```

（5）验证配置。

在 RA 上查看主机名映射，并使用"ping 主机名"的方式检查连通性。

```
RA♯show hosts
Default domain is not set
Name/address lookup uses domain service
Name servers are 255.255.255.255

Host                  Flags        Age  Type  Address(es)
SW2                   (perm,OK)    0    IP    10.1.3.2
RB                    (perm,OK)    0    IP    10.1.2.2
SW1                   (perm,OK)    0    IP    10.1.1.1
RA♯ping RB

Type escape sequence to abort.
Sending 5, 100-byte ICMP Echos to 10.1.2.2, timeout is 2 seconds:
!!!!!
Success rate is 100 percent (5/5), round-trip min/avg/max = 28/34/48 ms
RA♯ping SW1

Type escape sequence to abort.
Sending 5, 100-byte ICMP Echos to 10.1.1.1, timeout is 2 seconds:
!!!!!
Success rate is 100 percent (5/5), round-trip min/avg/max = 24/42/64 ms
RA♯ping SW2

Type escape sequence to abort.
Sending 5, 100-byte ICMP Echos to 10.1.3.2, timeout is 2 seconds:
!!!!!
Success rate is 100 percent (5/5), round-trip min/avg/max = 28/45/76 ms
```

从路由器 RA 创建到 RB、SW1、SW2 的 telnet 会话并挂起。

```
RA♯telnet RB
Trying RB (10.1.2.2)... Open
User Access Verification
Password:                              //输入 telnet 口令
RB＞(使用快捷键挂起会话：同时按下"Ctrl+Shift+6"组合键,放开后再按 X 键)
RA♯telnet SW1
Trying SW1 (10.1.1.1)... Open
User Access Verification
Password:                              //输入 telnet 口令
SW1＞(使用快捷键挂起会话：同时按下"Ctrl+Shift+6"组合键,放开后再按 X 键)
RA♯telnet SW2
Trying SW2 (10.1.3.2)... Open
```

```
User Access Verification
Password:                                      //输入 telnet 口令
SW2>（使用快捷键挂起会话：同时按下"Ctrl + Shift + 6"组合键,放开后再按 X 键）
RA# show sessions
Conn Host                    Address              Byte   Idle Conn Name
  1 RB                       10.1.2.2             0      0 RB
  2 SW1                      10.1.1.1             0      0 SW1
* 3 SW2                      10.1.3.2             0      0 SW2
```

在路由器 RB 上使用 clear line 命令关闭 RA 建立的 telnet 会话。

```
RB# show user                                  //查看 RB 上的当前会话
     Line       User       Host(s)          Idle          Location
*   0 con 0                idle             00:00:00
   66 vty 0                idle             00:00:04   10.1.2.1
RB# clear line vty 0                           //关闭 RA 上 telnet 进来的会话
[confirm]
[OK]
RB# show user                                  //再次查看 RB 上的会话
     Line       User       Host(s)          Idle          Location
*   0 con 0                idle             00:00:00
```

### 13.2.2　实验 2：路由器和交换机密码恢复

1. 实验目的

通过本实验,读者可以掌握路由器和交换机密码恢复的实现方法。

2. 实验规划

(1) 实验设备。

- Cisco Catalyst 2950 系列交换机 1 台。
- Cisco 2811 路由器 1 台。
- 直连双绞线 1 根。
- 交叉双绞线 1 根。
- console 电缆 1 根以上。

(2) 实验规划。

如图 13-3 所示,将 PC 机的 COM 口和路由器的 console 口通过 console 电缆进行连接,然后再打开 PC 和路由器,进行密码恢复。

3. 实验步骤

(1) 路由器密码恢复。

下面是 Cisco 2800/3600 系列路由器密码恢复的实现步骤。

① Cisco 2800/3600 系列路由器的 console 口与路由器相连。

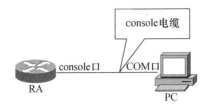

图 13-3　路由器密码恢复

② 运行控制台上带超级终端仿真软件(如超级终端)参数如下：

● 波特率：9600。

● 数据位：8。

● 奇偶校验：无。

● 停止位：1。

● 流量控制：无。

③ 路由器加电，在开机的前 60 秒之内，按住"Ctrl＋Break"组合键。这时系统会进入灾难恢复模式，其提示符为"Rommon＞"，然后运行如下命令。

```
Rommon＞confreg  0×2142        //修改寄存器的值为 0×2142
Rommon＞reset                  //重启路由器，重启后路由器不加载 NVRAM 中的配置文件
```

④ 系统会提示是否进入 SETUP 模式，请选择"NO"或按"Ctrl＋C"组合键，然后输入如下命令。

```
Router＞enable                              //进入特权模式
Router＃copy startup-config running-config  //把 NARAM 中的配置文件装载到 RAM 中
Router＃config terminal                     //进入全局配置模式
Router(config)＃enable secret cisco         //设置特权模式密码为 cisco
Router＃ Show version                       //查看配置寄存器的值
Router(config)＃config-register 0X2102      //还原寄存器的值为 0×2102
Router(config)＃exit                        //返回到特权模式
Router＃copy running-config startup-config
                                            //把修改过密码的配置文件备份到 NVRAM 里
```

下面是 Cisco 2500 系列路由器密码恢复的实现步骤。

① Cisco 2500 系列的路由器的 console 口与交换机相连。

② 路由器加电，在开机的前 60 秒之内，按住"Ctrl＋Break"组合键。这时系统会进入灾难恢复模式，其提示符为"Rommon＞"，然后输入如下命令。

```
Rommon＞o/r  0×2142        //修改寄存器的值为 0×2142
Rommon＞initialize         //初始化路由器，进入系统配置模式
```

③ 在系统显示的每个设置问题后输入 no，跳过初始设置过程，出现命令提示符后输入如下命令：

```
Router>enable                              //进入特权模式
Router#copy startup-config running-config  //把 NARAM 中的配置文件装载到 RAM 中,使得原
                                             来的配置还在
Router#config terminal                     //进入全局配置模式
Router(config)#                            //全局配置模式提示符
Router(config)#enable secret cisco         //设置特权模式密码为 cisco
Router(config)#show version                //查看配置寄存器的值
Router(config)#config-register 0X2102      //还原寄存器的值为 0×2102
Router(config)#exit                        //返回到特权模式
Router#copy running-config startup-config  //把修改过密码的配置文件备份到 NVRAM 里
```

（2）交换机密码恢复。

以 Catalyst 2950 交换机为例,此方法同样适用 Catalyst 3550、3750 等型号交换机。

交换机加电,马上按住交换机"Mode"按钮,等待交换机进入控制台模式。其提示符为
"switch:",在提示符下输入如下命令。

```
switch: flash_init                              //初始化 FLASH 文件系统
switch: dir flash:                              //命令显示 FLASH 中所保存的配置文件的名称
switch: rename flash:config.text flash:config.old //命令把原来的配置 config.text 文件改名
                                                   为 config.old
switch: reboot                                  //重新启动交换机
switch># enable                                 //进入特权执行模式
switch# rename flash:config.old flash:config.text //把配置文件名字修改回来
switch#copy flash:config.text running-config    //把配置文件从 FLASH 中装载到 RAM 中
Switch# config terminal                         //进入全局配置模式
Switch(config)# enable secret cisco             //设置特权模式密码为 cisco
Switch(config)# end                             //直接返回到特权模式
Switch# copy running-config startup-config      //备份配置文件到 NVRAM
```

### 13.2.3　实验 3：备份和升级 Cisco IOS

1. 实验目的

通过本实验,读者可以掌握以下技能:

- 升级备份交换机 IOS。
- 升级备份路由器 IOS。

2. 实验设备

- Cisco Catalyst 2950 系列交换机 1 台。
- Cisco 2621 路由器 1 台。
- 直连双绞线 1 根。
- 交叉双绞线 1 根。
- console 电缆 1 根以上。

3. 实验规划

如图 13-4 所示,路由器 RA 的 E0 接口使用交叉双绞线和 PC 网卡相连,console 口和 PC 的 COM 口通过专用配置线缆相连,RA 的 E0 口 IP 地址是 192.168.1.1,PC 的 IP 地址 是 192.168.1.2,子网掩码 255.255.255.0。

图 13-4　上传、下载路由器 IOS

4. 实验要求

本实验通过将 PC 和路由器或交换机直连的方式,利用 TFTP 工具实现对 IOS 的备份 和升级。

5. 实验步骤

(1) 通过 TFTP 上传、下载路由器 IOS。

① 连接好并配置路由器和 PC 后,RA 和 PC 可以相互 ping 通。

② 在 PC 上安装并设置好 Cisco TFTP server(主要是设置好 TFTP 根目录即可)。

③ 使用 show flash 或 Dir 命令查看 RA 的 FLASH 中的文件,操作如下:

```
RA#show flash
System flash directory:
File  Length  Name/status
9199788  c2600-is-mz.121-5.T10.bin
[9199852 bytes used, 7053076 available, 16252928 total]    16384K bytes of processor board
System flash (Read/Write)
```

④ 使用 copy flash tftp 命令将 IOS 文件上传到 TFTP server,操作如下:

```
RA#copy flash tftp
Source filename[c2600-is-mz.121-5.T10.bin]?
Address or name of remote host []? 192.168.1.2
Destination filename[c2600-is-mz.121-5.T10.bin]?
```

⑤ 使用 copy tftp flash 命令将 IOS 文件下载到 FLASH,操作如下:

```
RA#copy tftp flash
Address or name of remote host []? 192.168.1.2
Source filename []? c2600-is-mz.121-5.T10.bin
Destination filename [c2600-is-mz.121-5.T10.bin]?
% Warning:There is a file already existing with this name
Do you want to over write? [confirm]
```

```
Accessing tftp://192.168.1.2/ c2600-is-mz.121-5.T10.bin...

Erase flash: before copying? [confirm]

Erasing the flash filesystem will remove all files! Continue? [confirm]

Erasing device... eeeeeeeeeeeeeeeeeeeeeeeeeeeeeeee ... erased

Erase of flash: complete

Loading c2600-is-mz.121-5.T10.bin from 192.168.1.2 (via Ethernet0/0):!!!!!!!!!!!!!!!!!!!!!!!!
!!!!!!!!!!!!!!!!!!!!!!!!!!!!!!!!!!!!!!!!!!!!!!!!!!!!!!!!!!!!!!!!!!!!!!!!!!!!!!!!!!!!!!!!
[OK - 5849872/11699200 bytes]

Verifying checksum...   OK (0×D776)

5849872 bytes copied in 52.915 secs (112497 bytes/sec)
```

（2）通过 TFTP 上传下载、交换机 IOS。

如图 13-5 所示，switch 的 F0/1 接口使用交叉双绞线和 PC 网卡相连，console 口和 PC
的 COM 口通过专用配置线缆相连，switch 的 VLAN1 接口 IP 地址是 192.168.1.1，PC 的
IP 地址是 192.168.1.2，子网掩码 255.255.255.0。

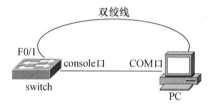

**图 13-5  上传、下载交换机 IOS**

① 交换机和 PC 配置好后二者可以相互 ping 通。

② 在 PC 上安装并设置好 Cisco TFTP server（主要是设置好 TFTP 根目录即可）。

③ 使用 show flash 命令查看交换机 FLASH 中的文件。

```
Switch# show flash
Directory of flash:/

2   -rwx    2664051   Mar 01 1993 00:03:20   2950-i6q4l2-mz.121-11.EA1.bin
3   -rwx         273   Jan 01 1970 00:02:06   env_vars
4   -rwx         584   Mar 01 1993 00:19:03   vlan.dat
7   drwx        704   Mar 01 1993 00:03:56   html
19  -rwx         109   Mar 01 1993 00:03:57   info
20  -rwx         109   Mar 01 1993 00:03:57   info.ver
21  -rwx           5   Mar 01 1993 00:41:41   private-config.text

7741440 bytes total (3780096 bytes free)
```

④ 使用 copy flash tftp 命令将 IOS 文件上传到 TFTP server。

```
Switch# copy flash tftp
Source filename [c2950-i6q4l2-mz.121-11.EA1.bin]?
```

```
Address or name of remote host []? 192.168.1.2
Destination filename [c2950-i6q4l2-mz.121-11.EA1.bin]?!!!!!!!!!!!!!!!!!!!!!!!!!!!!!!!!!!!!!
!!!!!!!!!!!!!!!!!!!!!!!!!!!!!!!!!!!!!!!!!!!!!!!!!!!!!!!!!!!!!!!!!!!!!!!!!!!!!!!!!!!!!!!!!!!!!!!!!!
!!!!!!!!!!!!!!!!!!!!!!!!!!!!!!!!!!!!!!!!!!!!!!!!!!!!!!!!!!!!!!!!!!!!!!!!!!!!!!!!!!!!!!!!!!!!!!!!!!
!!!!!!!!!!!!!!!!!!!!!!!!!!!!!!!!!!!!!!!!!!!!!!!!!!!!!!!!!!!!!!!!!!!!!!!!!!!!!!!!!!!!!!!!!!!!!!!!!!
!!!!!!!!!!!!!!!!!!!!!!!!!!!!!!!!!!!!!!!!!!!!!!!!!!!!!!!!!!!!!!!!!!!!!!!!!!!!!!!!!!!!!!!!!!!!!!!!!!
!!!!!!!!!!!!!!!!!!!!!!!!!!!!!!!!!!!!!!!!!!!!!!!!!!!!!!!!!!!!!!!!!!!!!!!!!!!!!!!!!!!!!!!!!!!!!!!!!!
!!!!!!!!!!!!!!!!!!!!!!!!!!!!!!!!!!!!!!!!!!!!!!!
2664051 bytes copied in 23.600 secs (115828 bytes/sec)
```

⑤ 使用 copy tftp flash 命令将 IOS 文件下载到交换机。

```
Switch# copy tftp flash
Address or name of remote host []? 192.168.1.2
Source filename []? c2950-i6q4l2-mz.121-11.EA1.bin
Destination filename [c2950-i6q4l2-mz.121-11.EA1.bin]?
Loading c2950-i6q4l2-mz.121-11.EA1.bin from 192.168.1.2 (via Vlan1):!!!!!!!!!!!!!!!!!!!!!!!!
!!!!!!!!!!!!!!!!!!!!!!!!!!!!!!!!!!!!!!!!!!!!!!!!!!!!!!!!!!!!!!!!!!!!!!!!!!!!!!!!!!!!!!!!!!!!!!!!!!!!
!!!!!!!!!!!!!!!!!!!!!!!!!!!!!!!!!!!!!!!!!!!!!!!!!!!!!!!!!!!!!!!!!!!!!!!!!!!!!!!!!!!!!!!!!!!!!!!!!!!!
!!!!!!!!!!!!!!!!!!!!!!!!!!!!!!!!!!!!!!!!!!!!!!!!!!!!!!!!!!!!!!!!!!!!!!!!!!!!!!!!!!!!!!!!!!!!!!!!!!!!
!!!!!!!!!!!!!!!!!!!!!!!!!!!!!!!!!!!!!!!!!!!!!!!!!!!!!!!!!!!!!!!!!!!!!!!!!!!!!!!!!!!!!!!!!!!!!!!!!!!!
!!!!!!!!!!!!!!!!!!!!!!!!!!!!!!!!!!!!!!!!!!!!!!!!!!!!!!!!!!!!!!!!!!!!!!!!!!!!!!!!!!!!!!!!!!!!!!!!!!!!
!!!!!!!!!!!!!!!!!!!!!!!!!!!!!!!!!!!!!!!!!!!!!!!!!!!!!
[OK - 2664051/5327872 bytes]
2664051 bytes copied in 71.384 secs (37521 bytes/sec)
```

## 13.3 活学活用

在 13.2.1 的实验中，请读者分别在路由器 RB，交换机 SW1 和交换机 SW2 中创建其他 3 台设备的主机名映射。

**小提示**

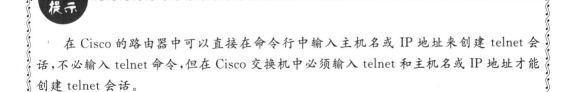

在 Cisco 的路由器中可以直接在命令行中输入主机名或 IP 地址来创建 telnet 会话，不必输入 telnet 命令，但在 Cisco 交换机中必须输入 telnet 和主机名或 IP 地址才能创建 telnet 会话。

# 13.4　动 动 脑 筋

1. 如何使用 TFTP 备份交换机或路由器的配置文件？

_____

2. 如果路由器 VTY 没有设置密码，可以 telnet 到这台路由器吗？

_____

3. 成功 telnet 到一台路由器后使用 enable 命令进入特权模式时提示"No password set"，这是什么原因造成的？

_____

4. 如何挂起 telnet 会话？

_____

5. 如何恢复 telnet 被挂起的会话？

_____

# 13.5　学 习 小 结

本章我们学习了如何对交换机和路由器的 IOS 备份和恢复，对交换机和路由器的口令恢复，还学习了一些 telnet 会话，主机名映射方面的小技巧，这些知识在我们的日常网络维护中都很重要，尤其是对设备 IOS 备份，配置文件备份。现将本章所涉及的主要命令总结如下（如表 13-2 所示），供读者查阅。

表 13-2　第 13 章命令汇总

| 命令 | 功能 |
| --- | --- |
| config-register ＜0×ABCD＞ | 修改寄存器的值 |
| copy flash tftp | 复制 FLASH 中的文件到 TFTP 服务器 |
| copy tftp flash | 复制 TFTP 中的文件到 FLASH |
| telnet host ［port］ | 创建 telnet 会话 |
| disconnect，或 exit，或 logout | 关闭本地创建的 telnet 会话 |
| clear line ＜line_number＞ | 关闭远程创建到本地的 telnet 会话 |
| ip host ｛hostname｝｛tcp-port-number｝｛ip-address｝ | 定义主机名到 IP 地址的映射 |
| no ip host ｛hostname｝ | 删除主机名到 IP 地址的映射 |
| show sessions | 查看从本地建立的 telnet 会话 |
| show users | 查看本地设备上所有活动的 telnet 会话 |

# 第14章　网络安全控制技术——ACL

## 14.1　知　识　准　备

### 14.1.1　ACL 概述

ACL 是 access control list(访问控制列表)的简称,实际上就是一种包过滤技术,通过把 ACL 应用到路由器接口的进(in)或出(out)方向来控制进出路由器该接口的数据包。ACL 就是一系列允许(permit)和拒绝(deny)条件的集合,通过 ACL 可以过滤掉流入或流出路由器的非法数据包,实现对网络的安全访问。ACL 不仅仅只是应用在网络安全方面,它还可以通过实现流量分类来辅助其他技术工作,例如网络地址转换(network address translation,NAT)、服务质量、策略路由、按需拨号路由等方面。

### 14.1.2　ACL 的工作过程

当路由器的接口接收到一个数据包时,首先会检查这个接口上应用的 ACL,自上而下匹配 ACL 中定义的各条语句,一次用一条语句来进行匹配,在满足第一个匹配条件后,就会根据该语句允许或拒绝处理这个数据包,如果一个数据包和 ACL 中的某一条语句相匹配,那么后面的语句将会被跳过,不再进行匹配检查。当数据包在跟当前语句不匹配时会进行下一语句匹配,如果所有的 ACL 语句检测完毕,没有相匹配的语句,则该数据包将被一个隐含的拒绝语句拒绝,所以就要求 ACL 中至少有一条定义为允许的语句,否则应用这样的 ACL 将阻止所有数据包通过。

定义好一个 ACL 后,可以重复应用到多个接口,但同一个接口一个方向只能应用一个 ACL。

### 14.1.3　ACL 分类

在 Cisco 的路由器中,根据过滤参数 ACL 主要分为两大类:标准 ACL 和扩展 ACL。另外,还有一种是基于命名的 ACL,它是创建标准 ACL 和扩展 ACL 的另一种方式。标准 ACL 只检查数据包的源 IP 地址,只根据源网络(子网或 IP)地址来决定允许还是拒绝数据包通过。扩展 ACL 根据数据包的源和目标 IP 地址进行检查,也可以检查特定的协议类型,端口号和其他参数,因此使用起来更灵活,功能更强大。在进行路由器配置时,标准 ACL 和扩展 ACL 的区别在 ACL 编号。标准 ACL 编号是 1～99 或 1300～1999，扩展 ACL 编号是 100～199 和 2000～2699。

### 14.1.4 标准 ACL 的基本配置

1. 创建标准 ACL

（1）命令语法。

access-list access-list-number〔permit | deny〕〔host/any〕source-address〔wildcard-mask〕

（2）命令功能。

定义一条标准 ACL 规则。

（3）参数说明。

- access-list-number：ACL 编号。
- permit | deny：对匹配上的数据包是允许还是拒绝。
- host/any：host 和 any 分别用于指定单个主机和所有主机。host 表示一种精确的匹配，其屏蔽码为 0.0.0.0，any 是源地址/目标地址 0.0.0.0/255.255.255.255 的简写。
- source-address：源 IP 地址（可以是子网地址，也可以是主机地址）。
- wildcardmask：通配符掩码。

（4）命令示例。

```
Router(config)#access-list 1 permit 192.168.34.0 0.0.0.255
                              //允许来自192.168.34.0的主机访问
```

我们可以使用具有同一个 ACL 编号的多个 access-list 语句，将这些语句组成一个逻辑序列或规则列表来实现一些复杂的访问控制，需要说明的是，不能在已经配置好的 ACL 中插入规则和删除 ACL 中的某一条规则，如果要插入或删除一条 ACL 规则，必须先删除掉该 ACL，然后重新配置。

2. 应用标准 ACL

（1）命令语法。

ip access-group〔access-list-name | access-list-number〕〔in | out〕

（2）命令功能。

将创建好的 ACL 应用到某一接口上。

（3）参数说明。

- access-list-name | access-list-number：IP 访问列表名字或号码。
- in | out：控制接口中流进或流出的数据包。

（4）命令示例。

```
Router(config)#interface f0/0
Router(config-if)#ip access-group 101 out
```

### 14.1.5　扩展 ACL 的基本配置

1. 创建扩展 ACL

（1）命令语法。

access-list access-list-number〔permit|deny〕protocol source-address source-wildcard〔operator port〕destination-address destination-wildcard〔operator port〕〔established〕〔log〕

（2）命令功能。

定义一条扩展 ACL 规则。

（3）参数说明。

- access-list-number：ACL 编号。
- permit|deny：对匹配上的数据包是允许还是拒绝。
- protocol：协议名称或协议号，可以是 IP、TCP、UDP、ICMP、EIGRP 等。
- source-address 和 destination-address：源地址和目标地址
- source-wildcard 和 destination-wildcard：源地址和目标地址通配符掩码。
- operator：比较源端口和目的端口，可以是 lt(小于)、gt(大于)、eq(等于)、neq(不等于)。
- port：TCP 或 UDP 端口号或名字。
- established：没有 established 的访问列表对权限的控制是双向的；有 established 的访问列表对有 ACK 的包允许通过，没有 ACK 的包不允许通过。
- log：将日志信息发往控制台。

（4）命令示例。

串行接口 0 连接路由器到 internet。IGMP 的 host-report 报文被禁止在任何内部主机与任何 internet 上外部主机之间传输。

```
Router(config)#access-list 102 deny igmp any any host-report
Router(coufig)#int s0
Router(config-if)#ip access-group 102 out
```

2. 应用扩展 ACL

应用扩展 ACL 的命令与应用标准 ACL 的命令相同。

### 14.1.6　基于命名的 ACL 的基本配置

1. 创建基于命名的 ACL

（1）命令语法。

ip access-list〔extended|standard〕〔access-list-number| access-list-name〕

（2）命令功能。

定义一条基于命名的 ACL 并进入 ACL 配置模式。

（3）参数说明。

- extended：定义扩展 ACL。
- standard：定义标准 ACL。
- access-list-number：ACL 编号。
- access-list-name：ACL 名称。

（4）命令示例。

定义标准 ACL，命名为 Internetfilter。

```
Route(config)# ip access-list standard Internetfilter
Router(config-std-macl)# permit 192.5.34.0.0.0.0.255
```

2. 应用基于命名的 ACL

应用基于命名的 ACL 的命令与应用标准 ACL 的命令相同。

### 14.1.7　通配符掩码

ACL 需要对 IP 地址进行匹配，那么对于一组、一定范围或单个的 IP 地址来说，就需要有一种方法来确定对 IP 地址的哪些位进行匹配检查。ACL 采用通配符掩码（也称反掩码）来确定哪些位需要匹配检查，哪些位可以忽略。

通配符掩码是 32 位长，用数字 0 和 1 来说明如何对待相应的 IP 地址位。

- 0 意味着需要匹配相应地址位的值。
- 1 意味着忽略相应地址位的值。

下面举例说明怎样使用通配符掩码。

（1）192.168.15.33　0.0.0.0 表示要精确匹配该 32 位 IP 地址。

配置 ACL 时也可以使用关键字 host 的简写方式。

（2）10.1.15.0　0.0.0.255 表示用通配符掩码指定一个地址范围，告诉路由器要精确匹配前三个 8 位位组，但第四个位组可以是任意值。

（3）0.0.0.0　255.255.255.255 表示用通配符掩码匹配任何一个 IP 地址。

用全 1 的通配符掩码表示忽略所有位，也可以使用关键字 Any 的简写方式。

### 14.1.8 验证 ACL 配置

（1）使用 show ip interface 命令检查接口是否应用了 ACL。

（2）使用 show access-lists 命令显示路由器上的所有 ACL，不管 ACL 是否应用到接口，如果指定 ACL 编号则只显示特定 ACL 内容。

（3）使用 show ip access-list［n］命令显示所有已定义的 IP 的 ACL 的内容及命中情况，参数 n 表示 ACL 编号。

# 14.2 动手做做

本节通过一个简单的 ACL 实验帮助读者理解 ACL 应用及配置。

### 14.2.1 实验目的

通过本实验，读者可以掌握以下技能：

- 标准 ACL 配置。
- 扩展 ACL 配置。
- 接口上应用 ACL。
- 验证 ACL。

### 14.2.2 实验规划

**1. 实验设备**

- Cisco 2600 系列路由器 1 台。
- PC 机 2 台。
- 服务器 1 台，安装有 FTP server 软件。
- 交叉双绞线 3 根。
- console 配置线缆 1 根。

**2. 网络拓扑**

如图 14-1 所示，server 与路由器 RA 的 E1/0 口直连，server 的 IP 地址为 10.1.12.2，RA 的 E1/0 接口 IP 地址为 10.1.12.1，子网掩码为 255.255.255.0；PC1 与 RA 的 E1/1 口直连，PC1 的 IP 地址为 192.168.1.2/24，RA 的 E1/1 口 IP 地址为 192.168.1.1，子网掩码为 255.255.255.0；PC2 与 RA 的 E1/2 接口相连，PC2 的 IP 地址为 192.168.2.2/24，RA 的 E1/2 口 IP 地址为 192.168.2.1，子网掩码为 255.255.255.0。

**3. 实验任务**

- 不允许 PC2 所在子网访问 server 子网上的 FTP 资源。
- 拒绝 PC1 访问 PC2。

图 14-1　网络拓扑图

### 14.2.3　实验步骤

1. 路由器 RA 配置

```
Router＞enable
Router＃configure terminal
Router(config)＃host   RA                            //修改主机名
RA(config)＃interface Ethernet1/0
RA(config-if)＃no shutdown
RA(config-if)＃ip address 10.1.12.1 255.255.255.0    //为 E1/0 接口配置 IP 地址并启用接口
RA(config-if)＃ interface Ethernet1/1
RA(config-if)＃no shutdown
RA(config-if)＃ip address 192.168.1.1 255.255.255.0
RA(config-if)＃ interface Ethernet 1/2
RA(config-if)＃no shutdown
RA(config-if)＃ip address 192.168.2.1 255.255.255.0
RA(config-if)＃exit
RA(config)＃access-list 1 deny host 192.168.1.2
RA(config)＃access-list 1 permit any              //创建标准 ACL1,规则 1 拒绝主机 192.
                                                  168.1.2,规则 2 允许其他的所有网段
                                                  访问
RA(config)＃ access-list 101 deny tcp 192.168.2.0 0.0.0.255 10.1.12.0 0.0.0.255 eq 20
RA(config)＃ access-list 101 deny tcp 192.168.2.0 0.0.0.255 10.1.12.0 0.0.0.255 eq 21
RA(config)＃access-list 101 permit ip any any
                                                  //创建扩展 ACL101,规则拒绝从子网
                                                  192.168.2.0/24 访问 10.1.12.0/24 的
                                                  端口 20(ftp-data)和端口 21(ftp),其
                                                  他数据包都允许到达
RA(config)＃ interface ethernet 1/0
RA(config-if)＃ip access-group 101 out            //在 E1/0 接口上应用 ACL101,流出方向
RA(config-if)＃interface ethernet 1/2
RA(config-if)＃ip access-group 1 out              //在 E1/2 接口上应用 ACL1,流出方向
RA(config-if)＃exit
RA(config)＃exit
RA＃copy   running-config startup-config           //保存配置
```

tcp20 端口也可以写成 ftp-data,tcp21 端口也可以写成 ftp;permit ip any any 非常重要,不然会阻止所有数据通过。

2. 验证配置

(1) 使用 show ip interface 命令检查接口是否应用了 ACL。

```
RA#show ip interface e1/0
Ethernet1/0 is up, line protocol is up
    Internet address is 10.1.12.1/24
    Broadcast address is 255.255.255.255
    Address determined by setup command
    MTU is 1500 bytes
    Helper address is not set
    Directed broadcast forwarding is disabled
    Outgoing access list is 101
    Inbound access list is not set
    Proxy ARP is enabled
    Security level is default
    Split horizon is enabled
    ICMP redirects are always sent
    ICMP unreachables are always sent
    ICMP mask replies are never sent
    IP fast switching is enabled
    IP fast switching on the same interface is disabled
    IP Flow switching is disabled
    IP Feature Fast switching turbo vector
    IP multicast fast switching is enabled
    IP multicast distributed fast switching is disabled
    IP route-cache flags are Fast
    Router Discovery is disabled
--More—
RA#show ip interface e1/2
Ethernet1/2 is up, line protocol is up
    Internet address is 192.168.2.1/24
    Broadcast address is 255.255.255.255
    Address determined by setup command
    MTU is 1500 bytes
```

```
    Helper address is not set
    Directed broadcast forwarding is disabled
    Outgoing access list is 1
    Inbound access list is not set
    Proxy ARP is enabled
    Security level is default
    Split horizon is enabled
    ICMP redirects are always sent
    ICMP unreachables are always sent
    ICMP mask replies are never sent
    IP fast switching is enabled
    IP fast switching on the same interface is disabled
    IP Flow switching is disabled
    IP Feature Fast switching turbo vector
    IP multicast fast switching is enabled
    IP multicast distributed fast switching is disabled
    IP route-cache flags are Fast
    Router Discovery is disabled
--More—
```

（2）使用 show access-lists 命令显示 ACL 的内容。

```
RA♯ show access-lists
Standard IP access list 1    deny    192.168.1.2    permit any
Extended IP access list 101
    deny tcp 192.168.2.0 0.0.0.255 10.1.12.0 0.0.0.255 eq ftp-data
    deny tcp 192.168.2.0 0.0.0.255 10.1.12.0 0.0.0.255 eq ftp
    permit ip any any
```

（3）在 PC1 上使用 ping 命令，测试是否可以 ping 通 server 和 PC2。

```
C:\>ping 192.168.2.2
Pinging 192.168.2.2 with 32 bytes of data:
Request timed out.
Request timed out.
Request timed out.
Request timed out.
```

ACL 规则生效，PC1 不能访问 PC2。

```
C:\>ping 10.1.12.2
Pinging 10.1.12.2 with 32 bytes of data:
Reply from 10.1.12.2: bytes = 32 time<1ms TTL = 128
Reply from 10.1.12.2: bytes = 32 time<1ms TTL = 128
```

```
Reply from 10.1.12.2: bytes = 32 time<1ms TTL = 128
Reply from 10.1.12.2: bytes = 32 time<1ms TTL = 128
```

PC1 可以正常 ping 通 server。

（4）在 PC1 和 PC2 上分别使用 FTP 命令，测试能否访问 server 上的 FTP 资源。

在 PC1 上输入 FTP 命令，操作如下：

```
C:\>ftp 10.1.12.2
Connected to 10.1.12.2.
220 Serv-U FTP Server v6.1 for WinSock ready...
User (10.1.12.2:(none)): user1
331 User name okay, need password.
Password:
230 User logged in, proceed.
ftp>
ftp> bye
221 Goodbye!
```

在 PC2 上输入 ftp 命令，操作如下：

```
C:\>ftp 10.1.12.2
> ftp: connect :未知错误号
ftp> bye
```

由上述测试可以验证：在 PC1 上可以成功访问 server 上的 FTP 资源，而在 PC2 上则不能。

# 14.3 活 学 活 用

1. 实验设备

- Cisco 2600 系列路由器 1 台。
- 普通交换机 1 台。
- PC 2 台。
- 服务器 1 台，安装有 FTP server 软件。
- 交叉双绞线 1 根。
- 直连双绞线 3 根。
- console 配置线缆 1 根。

2. 网络拓扑

如图 14-2 所示，server 连接到 router 的 E1/0 接口上，server 的 IP 地址为 10.1.1.15/24，router 的 E1/0 接口 IP 地址为 10.1.1.1，子网掩码 255.255.255.0；PC1 和 PC2 属于同

一子网,通过交换机 SW 和 router 的 E1/1 接口相连,PC1 的 IP 地址为 192.168.10.11/24,
PC2 的 IP 地址为 192.168.10.12/24,router 的 E1/1 接口的 IP 地址为 192.168.10.1,子网
掩码 255.255.255.0。请完成 router 的 ACL 配置,具体要求如下:

- 不允许 PC2 使用 telnet 登录到 server。
- 不允许 PC1 使用 FTP 访问 server 上的资源。

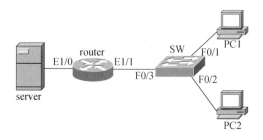

图 14-2　网络拓扑图

telnet 使用 TCP 协议,23 端口。

## 14.4　动动脑筋

1. ACL 分为哪几种,分别是什么?

_____

_____

2. 在路由器的同一个接口上可以同时应用几个 access-list?

_____

_____

3. 扩展 ACL 的编号范围是多少?

_____

_____

4. 通配符掩码中关键字 host 代表什么?

_____

_____

# 14.5 学 习 小 结

　　本章介绍了标准 ACL 和扩展 ACL 的相关技术。通过对本章的实验练习,读者对 ACL 技术的原理、配置方法有了深刻印象。ACL 是网络中常用的一种技术,应用的场合并不仅仅是访问控制,ACL 技术常常用于对数据进行分类,然后再结合其他技术进行处理。现将本章所涉及的主要命令总结如下(如表 14-1 所示),供读者查阅。

表 14-1　第 14 章命令汇总

| 命令 | 功能 |
| --- | --- |
| access-list access-list-number {permit\|deny} [host/any] source-address [wildcardmask] | 创建标准 ACL |
| access-list access-list-number {permit\|deny} protocol source-address source-wildcard [operator port] destination-address destination-wildcard [operator port] [established] [log] | 创建扩展 ACL |
| ip access-list {extended\|standard}{access-list- number\| access-list-name} | 创建基于名称的 ACL |
| ip access-group access-list-number | 在接口上应用 ACL |
| show access-lists | 查看 ACL 的内容 |
| show ip access-list [n] | 显示所有已定义的 IP 的 ACL 的内容及命中情况 |
| show ip interface | 查看接口配置信息 |

# 第15章 电话网络数字化——PPP，ISDN 和 DDR

## 15.1 知识准备

### 15.1.1 PPP 简介

PPP 是一种数据链路层协议，它是为在同等单元之间传输数据包这样的简单链路而设计的，这种链路提供全双工操作，并按照顺序传递数据包。PPP 为基于各种主机、网桥和路由器的简单连接提供一种共同的解决方案。

1. PPP 包括以下三个部分

- PPP 数据帧封装方法。

- 链路控制协议（link control protocol，LCP）：用于对封装格式选项的自动协商，建立和终止连接，探测链路错误和配置错误。

- 针对不同网络层协议的一种网络控制协议（network control protocol，NCP）：PPP 规定了针对每一种网络层协议都有相应的网络控制协议，并用它们来管理各个协议不同的需求。

2. PPP 数据帧封装

PPP 为串行链路上传输的数据包定义了一种封装方法，它基于 HDLC 标准。PPP 数据帧的格式如图 15-1 所示。

| 标志<br>7E | 地址<br>FF | 控制<br>03 | 协议 | 数据<br>（<1500 字节） | CRC |
|:---:|:---:|:---:|:---:|:---:|:---:|
| 1 | 1 | 1 | 2 | 2 | 1 |

图 15-1 PPP 数据帧的格式

PPP 帧以标志字符 01111110 开始和结束。地址字段长度为 1 个字节，内容为标准广播地址 11111111。控制字段为 00000011。协议字段长度为 2 个字节，其值代表其后的数据字段所属的网络层协议，如：0x0021 代表 IP 协议，0xC021 代表 LCP 数据，0x8021 代表 NCP数据等。数据字段包含协议字段中指定的协议的数据包，长度为 0～1500 字节。循环冗余校验（cyclic redundancy check，CRC）字段为整个帧的循环冗余校验码，用来检测传输中可能出现的数据错误。

即使使用所有的帧头字段，PPP 帧也只需要 8 个字节就可以形成封装。如果在低速链路上或者带宽需要付费的情况下，PPP 允许只使用最基本的字段，将帧头的开销压缩到 2 或 4 个字节的长度，这就是所谓的 PPP 帧头压缩。

3．PPP 会话的四个阶段

一次完整的 PPP 会话过程包括四个阶段：链路建立阶段、身份验证阶段、网络层协议阶段和链路终止阶段，如图 15-2 所示。

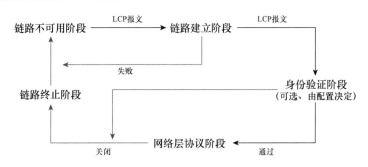

**图 15-2 PPP 会话过程**

链路不可用阶段，有时也称为物理层不可用阶段。PPP 链路都需从这个阶段开始和结束。当通信双方的两端检测到物理线路激活时（通常是检测到链路上有载波信号时），就会从当前这个阶段跃迁至下一个阶段（即链路建立阶段）。当然链路被断开后也同样会返回到这个阶段，在实际过程中这个阶段的时间是很短的。

（1）链路建立阶段。PPP 通信双方用链路控制协议交换配置信息，一旦配置信息交换成功，链路即宣告建立。配置信息通常都使用默认值，只有不依赖于网络控制协议的配置选项才在此时由链路控制协议配置。值得注意的是，在链路建立的过程中，任何非链路控制协议的包都会被没有任何通告地丢弃。

（2）身份验证阶段，某些文献中也称为链路认证阶段。多数情况下，链路两端的设备需要经过验证才进入网络层协议阶段，默认情况下链路两端的设备是不进行验证的。在该阶段支持口令验证协议和挑战握手身份认证协议两种验证方式，验证方式的选择依据在链路建立阶段双方进行协商的结果。然而，链路质量的检测也会在这个阶段同时发生，但协议规定不会让链路质量的检测无限制地延迟验证过程。在这个阶段仅支持链路控制协议、验证协议和质量检测数据报文，其他数据报文都会被丢弃。如果在这个阶段再次收到了 config-request 报文，则又会返回到链路建立阶段。

（3）网络层协议阶段。PPP 会话双方完成上述两个阶段的操作后，开始使用相应的网络层协议配置网络层协议，如 IP、IPX 等。

（4）链路终止阶段。链路控制协议用交换链路终止包的方法终止链路。引起链路终止的原因很多：载波丢失、验证失败、链路质量失败、空闲周期定时器期满或管理员关闭链路等。

4．PPP中的验证机制

验证过程在PPP中为可选项。在连接建立后进行连接者身份验证的目的是为了防止有人在未经授权的情况下成功连接，从而导致泄密。PPP支持两种验证协议：

（1）PAP，password authentication protocol（口令验证协议）的简称。PAP的原理是由发起连接的一端反复向验证端发送用户名/口令对，直到验证端响应以验证确认信息或者拒绝信息。

（2）CHAP，challenge handshake authentication protocol（挑战握手身份认证协议）的简称。CHAP用3次握手的方法周期性地检验对端的节点。其原理是：验证端向对端发送"挑战"信息，对端接到"挑战"信息后用指定的算法计算出应答信息然后发送给验证端，验证端比较应答信息是否正确，从而判断验证的过程是否成功。如果使用CHAP，验证端在连接的过程中每隔一段时间就会发出一个新的"挑战"信息，以确认对端连接是否经过授权。

这两种验证机制共同的特点就是简单，比较适合于在低速率链路中应用。但简单的协议通常都有其他方面的不足，最突出的便是安全性较差。一方面，口令验证协议的用户名/口令以明文传输，很容易被窃取；另一方面，如果一次验证没有通过，PAP并不能阻止对端不断地发送验证信息，因此容易遭到强制攻击。

CHAP的优点在于密钥不在网络中传输，不会被窃听。由于使用三次握手的方法，发起连接的一方如果没有收到"挑战"信息就不能进行验证，因此在某种程度上CHAP不容易被强制攻击。但是，CHAP中的密钥必须以明文形式存在，不允许被加密，安全性无法得到保障。密钥的保管和分发也是CHAP的一个难点，在大型网络中通常需要专门的服务器来管理密钥。

## 15.1.2　ISDN简介

ISDN是integrated service digital network（综合业务数字网）的简称，它由数字电话和数据传输服务两部分组成，一般由电话局提供这种服务。ISDN的基本速率接口（basic rate interface，BRI）服务提供2个B信道和1个D信道（2B+D）。BRI的B信道速率为64Kb/s，用于传输用户数据，D信道的速率为16Kb/s，主要传输控制信号。在北美和日本，ISDN的主群速率接口（primary rate interface，PRI）提供23个B信道和1个D信道，总速率可达1.544Mb/s，其中D信道速率为64Kb/s。而在欧洲、澳大利亚等国家，ISDN的PRI提供30个B信道和1个64Kb/s D信道，总速率可达2.048Mb/s。我国电话局提供的ISDN的PRI为30个B信道和1个D信道。

## 15.1.3　ISDN相关设备和接口

图15-3显示了连接客户站点到电话运营商中央办公室的ISDN服务的各种功能设备，以及将它们连接到网络服务的ITU-TSS定义的接口。符合ITU-TSS定义接口的设备保证与ISDN和从客户连接到ISDN的各种功能设备间的兼容性。

（1）TE（终端设备）——由利用ISDN传输信息的设备组成，如计算机、电话传真机或电视会议机等。终端设备分为两类：带内部ISDN接口的设备，称为TE1；无内部ISDN接口的设备，称为TE2。

（2）TA（终端适配器）——TA 将非 ISDN TE2 设备信号转变为 ISDN 兼容的格式。TA 通常是独立物理设备。

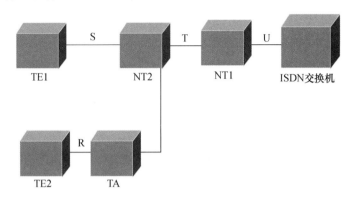

图 15-3　ISDN 相关设备和接口

（3）NT1（一类网络终端）——用于连接用户设备与局方设备。对于 PRI 访问，NT1 是一个 CSU/DSU（信息服务单元/数据服务单元）设备；对 BRI 访问，设备就用参考名 NT1 直呼。它提供与客户站点的至少四线连接和与网络的双线连接。

（4）NT2（二类网络终端）——用于连接用户终端设备与 NT1。在欧洲，NT2 由远程通信运营商拥有，是网络的一部分；在美洲，NT1 位于客户站点中。

（5）R、S、T、U 是 ISDN 组件之间的连接规范，被称为 1SDN 参考点。ISDN 参考点是 ISDN 中不同功能的分界点，以下是各参考点的含义以供参考。

- R：TE2 和 TA 之间连接的参考点，如 RS-232 串行接口。
- S：连接到 NT2 上的参考点，使不同类型的客户终端设备能够进行呼叫。
- T：其电子特征与 S 接口相同，为从 NT2 到 ISDN 网络或 NT1 的出站连接的参考点。
- U：NT1 到服务提供商提供的 ISDN 网络之间连接的参考点。

### 15.1.4　DDR 技术简介

DDR 是 dial on demand routing（按需拨号路由）的简称，是利用拨号链路实现网间互联的一种常用技术。DDR 提供了在电路交换网上的广域连接的会话控制。DDR 控制的按需拨号模块会检测网络对广域网的需求，当有报文要通过广域网发送时，DDR 会自动拨号，叫通对方。DDR 还会对空闲线路进行检测，当线路空闲时间超过规定时，DDR 会自动挂断空闲线路。这样，既不影响用户通信，又可以大大降低用户的通信费用。

DDR 比较适用于用户对速率要求不高，偶尔有数据传输或只是在特定时候传输数据，比如银行每晚传送报表等情况下。DDR 可以通过电话线快速建立 WAN 连接，并节约资金，因为线路的建立是以需求为基础的，而专线即使不用也要付费。

DDR 主要实现以下四个功能：

- 将数据包从被拨号的接口进行路由。
- 决定何种数据包可以触发拨号，即确定"感兴趣"包。
- 触发拨号。

- 决定什么时候终止连接。

### 15.1.5 常用配置命令

**1. 协商获得 IP 地址**

（1）命令语法。

ip address negotiated

（2）命令功能。

指定接口通过 PPP/IPCP 地址协商获得 IP 地址。

**2. 指定接口连接到内部网络或外部网络**

（1）命令语法。

ip nat［inside ｜ outside］

（2）命令功能。

在接口配置模式下,使用该命令可指定接口连接到内部网络或外部网络。

（3）参数说明。

- inside：（可选项）表明接口连接到内部网络。
- outside：（可选项）表明接口连接到外部网络。

**3. 封装 PPP**

（1）命令语法。

encapsulation ppp

（2）命令功能。

封装 PPP。

**4. 配置 PPP 验证方式**

（1）命令语法。

ppp authentication〈chap｜chap pap｜pap chap｜pap〉［callin］

（2）命令功能。

启动 PPP 验证,并指定 PPP 验证方式。

（3）参数说明。

- chap：采用 CHAP。
- pap：采用 PAP。
- chap pap：优先采用 CHAP,PAP 作为备份。
- pap chap：优先采用 PAP,CHAP 作为备份。
- callin：（可选项）设定之后,只有对方路由器（被验证方）通过拨号网络拨入时才发起 CHAP 验证,对于本端路由器拨出而建立 PPP 连接则不发起 CHAP 验证。

**5. 配置拨号接口的拨号访问组**

（1）命令语法。

dialer-group〈group-number〉

（2）命令功能。

将拨号程序接口分配给拨号程序组。

（3）参数说明。

● group-number：拨号组号码。

6. 指定用户感兴趣的数据包类型

（1）命令语法。

dialer-list {group-number} protocol {protocol-name} ［permit ｜ deny ｜ list ］{access-list-number}

（2）命令功能。

定义 DDR 拨号列表，以便按协议或通过协议和之前定义的访问列表的组合进行拨号。要删除拨号程序列表，请使用此命令的 no 形式。

（3）参数说明。

● group-number：拨号组号码。

● protocol-name：协议名称。

● access-list-number：访问列表号。

（4）命令示例。

```
router(config)#int bri0
router(config-if)#dialer-group 1
router(config)#dialer-list 1 protocol ip list 101
router(config)#access-list 101 permit ip 10.1.1.0 0.0.0.255 10.1.2.0 0.0.0.255
```

7. 指定拨号号码

（1）命令语法。

dialer string {dialer-string}

（2）命令功能。

指定拨号号码。

（3）参数说明。

● dialer-string：拨号号码。

8. 配置在验证路由器上登录的用户名和密码

（1）命令语法。

ppp pap sent-username {username} password {password}

（2）命令功能。

在 PPP、PAP 验证过程中，配置在验证路由器上登录的用户名和密码。

（3）参数说明。

● username：用户名。

● password：密码。

（4）命令示例。

```
RouterA(config-if)#ppp pap sent-username routerA password cisco
```

# 15.2 动手做做

## 15.2.1 实验目的

通过本实验,用户可以掌握以下技能:

- 配置 PPP 线路。
- 配置 ISDN。
- 配置 DDR。
- 相关查看命令。

## 15.2.2 实验设备

- 路由器 3 台。
- consol 电缆 2 根。
- 串行电缆 3 根。
- 1 台路由器模拟远程的 ISP。

## 15.2.3 配置 PPP

PPP 在很多领域中都有广泛的应用,典型的是远程 internet 的连接,其中使用较多的是路由器与路由器互联(如图 15-4 所示)。

**图 15-4 PPP 拓扑结构图**

两个路由器之间有两条链路,分别运行 PPP,其中一条链路使用 CHAP 验证,另一条采用 PAP 验证。

### 1. 路由器 PPP 封装配置

```
RouterA(config-if)# encapsulation ppp    //在 routerA 的 S0、S1 端口分别启动 PPP
RouterB(config-if)# encapsulation ppp    //在 routerB 的 S0、S1 端口分别启动 PPP
```

### 2. 配置 PPP 验证使用的用户名和密码

```
RouterA (config)# username routerB password cisco
                                 //为 routerB 设置一个用户名和口令
RouterB(config)# username routerA password cisco
                                 //为 routerA 设置一个用户名和口令
```

用户名是远程路由器的用户名，routerA 和 routerB 的密码必须相同。

3. 配置 PAP 验证

在 routerA、routerB 的 S1 端口分别配置：

```
RouterA(config-if)#ppp authentication pap
RouterB(config-if)#ppp authentication pap
```

在 Cisco IOS 11.1 或更高的版本中，如果路由器发送（或响应）PAP 消息（或请求），则必须在指定接口上使用 PAP。

● 单向验证：如果 routerA 向 routerB 发出验证请求，那么只在 routerA 上配置即可，routerB 不用额外配置。

```
RouterA(config-if)#ppp pap sent-username B password cisco
```

● 双向验证：routerA 和 routerB 双方要互相验证，那么 routerA 和 routerB 都要配置。

```
RouterA(config-if)#ppp pap sent-username routerB password cisco
RouterB(config-if)#ppp pap sent-username routerA password cisco
```

4. 配置 CHAP 验证

在 routerA 和 routerB 的 S0 端口上：

```
RouterA(config-if)#ppp authentication chap
RouterB(config-if)#ppp authentication chap
```

### 15.2.4  配置 ISDN

下面是介绍 ISDN 访问 3652 网的实例，拓扑结构如图 15-5 所示。

本地局域网地址为 10.0.0.0/24，属于保留地址，通过 NAT 地址翻译功能，局域网用户可以通过 ISDN 上 3562 网访问 internet。3562 的 ISDN 电话号码为 3562，用户为 abc，口令为 abc。

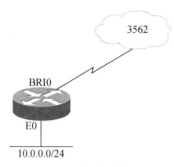

图 15-5　拓扑结构图

具体配置如下：

```
Router>enable
Router # configure terminal
Router(config) # hostname Cisco2503
Cisco2503 (config) # Isdn switch basic-net3        //配置交换类型,basic-net3 为欧洲、中国使用
Cisco2503 (config) # int e0
Cisco2503 (config-if) # ip address 10.0.0.1 255.255.255.0
Cisco2503 (config-if) # ip nat inside             //指定接口为 NAT 内部接口
Cisco2503 (config-if) # no shutdown
Cisco2503 (config-if) # int bri0
Cisco2503 (config-if) #  ip address negotiated     //配置自动获取 IP 地址
Cisco2503 (config-if) #  ip nat outside           //指定接口为 NAT 外部接口
Cisco2503 (config-if) #  encapsulation ppp        //封装 PPP
Cisco2503 (config-if) #  ppp authentication pap   //配置 PAP 验证
Cisco2503 (config-if) #  ppp multilink            //配置多链路
Cisco2503 (config-if) #  dialer-group 1           //配置 DDR
Cisco2503 (config-if) #  dialer hold-queue 10     //配置保持包的数量
Cisco2503 (config-if) #  dialer string 3562       //配置拨的号码
Cisco2503 (config-if) #  dialer idle-timeout 120  //配置空闲挂断时间
Cisco2503 (config-if) #  ppp pap sent-username abc password abc
                                                  //配置 PAP 验证的用户名和密码都是 abc
Cisco2503 (config-if) #  no shutdown              //打开该接口
Cisco2503 (config-if) #  exit
Cisco2503 (config) # ip route 0.0.0.0 0.0.0.0 bri0     //配置默认路由为经由 BRI0 端口
Cisco2503 (config) # dialer-list 1 protocol ip permit //配置按需拨号列表
Cisco2503 (config) # access-list 2 permit any        //设定访问列表 2,允许所有协议
Cisco2503 (config) # ip nat inside source list 2 interface bri0 overload
                                                  //设定符合访问列表 2 的所有源
                                                  //地址被翻译为 BRI0 所拥有的地址
Cisco2503 # exit
Cisco2503 # write
```

### 15.2.5 配置 DDR

1. 实验规划

本实验的网络拓扑图如图 15-6 所示，路由器 R1 和 R2 分别连接一条 ISDN BRI 线路。为达到配置 DDR 的目的，在 R1 和 R2 上分别创建一个环回接口（L0）。

各路由器 BRI 接口、L0 接口的 IP 地址和所连接线路的 ISDN 号码见图 15-6 中的标注。

实验要求配置 R1 和 R2，实现从 10.1.1.0/24 网段到 10.1.2.0/24 网段的连通，同时提供拨号连接的安全性，并使用相应命令实现 R1 和 R2 之间的 128 的连接带宽。

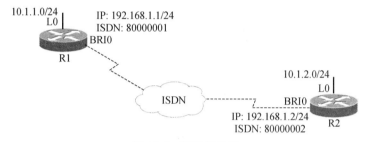

**图 15-6 网络拓扑图**

2. 实验配置

实验中综合使用了 DDR、PPP 验证和 PPP Multilink 技术，下面来看是如何配置的。

（1）路由器 R1 的配置。

```
Router>en
Router#config t
Router(config)#hostname R1
R1(config)# no ip domain-lookup
R1(config)# isdn switch-type basic-net3                //配置 ISDN 交换机类型
R1(config)# interface Loopback0
R1(config-if)# ip address 10.1.1.1 255.255.255.0
R1(config-if)# interface BRI0
R1(config-if)# ip address 192.168.1.1 255.255.255.0
R1(config-if)#encapsulation ppp                        //封装 PPP
R1(config-if)#dialer idle-timeout 300                  //配置连接超时为 300
R1(config-if)#dialer map ip 192.168.1.2 name R2 broadcast 80000002
                                                       //配置拨号映射
R1(config-if)#dialer load-threshold 128                //配置负载均衡
R1(config-if)#dialer-group 1                           //配置按需拨号
R1(config-if)#no cdp enable                            //关闭 CDP 协议
R1(config-if)#ppp multilink                            //在 PPP 上启用多链路
R1(config-if)#exit
R1(config)# ip route 10.1.2.0 255.255.255.0 192.168.1.2  //配置默认路由
R1(config)#dialer-list 1 protocol ip permit
```

（2）路由器 R2 的配置。

```
Router＞en
Router＃config t
Router(config)＃hostname R2
R2(config)＃no ip domain-lookup                                    //封装 PPP
R2(config)＃isdn switch-type basic-net3                            //配置 ISDN 交换机类型
R2(config)＃interface Loopback0
R2(config-if)＃ip address 10.1.2.1 255.255.255.0
R2(config-if)＃interface BRI0
R2(config-if)＃ip address 192.168.1.1 255.255.255.0
R2(config-if)＃encapsulation ppp
R2(config-if)＃dialer idle-timeout 300                             //配置连接超时为 300
R2(config-if)＃dialer map ip 192.168.1.1 name R1 broadcast 80000001  //配置拨号映射
R2(config-if)＃dialer load-threshold 128                          //配置负载均衡
R2(config-if)＃dialer-group 1                                     //配置按需拨号
R2(config-if)＃no cdp enable                                      //关闭 CDP 协议
R2(config-if)＃ppp multilink                                      //在 PPP 上启用多链路
R2(config-if)＃exit
R2(config)＃ip route 10.1.1.0 255.255.255.0 192.168.1.1
R2(config)＃dialer-list 1 protocol ip permit
```

（3）监测配置结果。

① 验证 PPP 验证。

```
R1＃debug ppp authentication
PPP authentication debugging is on
```

② 测试 R1 到 10.1.2.0 网段的连通性。

```
R1＃ping 10.1.2.1
Type escape sequence to abort.
Sending 5,100-byte IGMP Echos to 10.1.2.1, timeout is 2 seconds:
03:17:15: %LINK-3-UPDOWN: Interface BRI0:1, changed state to up
03:17:15: BR0:1 PPP: Treating connection as a callout
03:17:15: %ISDN-6-CONNECT: Interface BRI0:1 is now connected to 80000002
03:17:17: CHAP: O CHALLENGE id 5 len 23 from "R1"
03:17:17: CHAP: I CHALLENGE id 2 len 23 from "R2"
03:17:17: CHAP: O RESPONSE id 2 len 23 from "R1"
03:17:17: CHAP: I SUCCESS id 2 len 4
03:17:17: CHAP: I RESPONSE id 2 len 23 from "R2"
03:17:17: CHAP: O SUCCESS id 2 len 4.!!!
Success rate is 60 percent(3/5), round-trip min/avg/max = 36/37/40 ms
03:17:18: %LINK-5-UPDOWN: Line protocol on Interface BRI0:1, changed state to up
```

③ 测试 R1 到 BRI0 端口的连通性。

```
R1♯ping 192.168.1.2
Type escape sequence to abort.
Sending 5,100-byte IGMP Echos to 192.168.1.2, timeout is 2 seconds：
!!!!!
Success rate is 100 percent(5/5), round-trip min/avg/max = 36/36/40 ms
```

④ 显示拨号端口的静态映射配置。

```
R1♯show dialer map
Static dialer map ip 192.168.1.2 name R2 (80000002) on BR0
```

⑤ 打开 ISDN 链路层调试功能。

```
R1♯debug isdn q921
ISDN Q921 packets debugging is on
03:22:38: ISDN BR0: RX <- RRp sapi = 0  tei = 66 nr = 0
03:22:38: ISDN BR0: RX <- RRp sapi = 0  tei = 66 nr = 0
03:22:38: ISDN BR0: RX <- RRp sapi = 0  tei = 70 nr = 0
03:22:38: ISDN BR0: RX <- RRp sapi = 0  tei = 70 nr = 0
03:22:48: ISDN BR0: RX <- RRp sapi = 0  tei = 66 nr = 0
03:22:48: ISDN BR0: RX <- RRp sapi = 0  tei = 66 nr = 0
03:22:48: ISDN BR0: RX <- RRp sapi = 0  tei = 66 nr = 0
03:22:48: ISDN BR0: RX <- RRp sapi = 0  tei = 66 nr = 0
03:22:48: ISDN BR0: RX <- RRp sapi = 0  tei = 70 nr = 0
03:22:48: ISDN BR0: RX <- RRp sapi = 0  tei = 70 nr = 0
```

⑥ 打开 ISDN 网络层调试功能。

```
R1♯debug isdn q931
ISDN Q931 packets debugging is on
03:24:33: ISDN BR0: TX -> SETUP pd = 8 callref = 0x04
03:24:33:        Bearer Capability i = 0x8890
03:24:33:        Channel ID i = 0x89
03:24:33: ISDN BR0: TX -> SETUP_ACK pd = 8 callref = 0x84
03:24:33:        Channel ID i = 0x89
03:24:33: ISDN BR0: RX <- CALL_PROC pd = 8 callref = 0x84
03:24:33: ISDN BR0: RX <- SETUP pd = 8 callref = 0x01
03:24:33: % LINK-3-UPDOWN: Interface BRI0:1, changed state to up
03:24:33: % ISDN-6-CONNECT: Interface BRI0:2 is now connected to 80000002
03:24:34: ISDN BR0: RX <- RELEASE pd = 8 callref = 0x01
03:24:34:        Cause i = 0x829A - Non-selcted user clearing
03:24:34: ISDN BR0: TX -> RELEASE_COMP  pd = 8 callref = 0x81
03:24:34: % ISDN-6-CONNECT: Interface BRI0:1 is now connected to 80000002
03:24:34: ISDN BR0: RX <- RELEASE_COMP pd = 8 callref = 0x01.!!!
```

⑦ 测试 R2 到 10.1.1.0 网段的连通性。

```
R2#ping 10.1.1.1
Type escape sequence to abort.
Sending 5,100-byte ICMP Echos to 10.1.1.1, timeout is 2 seconds：
!!!!!
Success rate is 100 percent(5/5), round-trip min/avg/max = 40/14/412 ms
```

# 15.3　活 学 活 用

网络拓扑图如图 15-7 所示，请完成 routerA 和 routerB 的路由配置，实现小刘和小赵互通。要求路由器 routerA、routerB 利用 PPP 和 DDR 技术在 ISDN 网中完成 BRI 业务传输，同时提供了拨号连接的安全性。

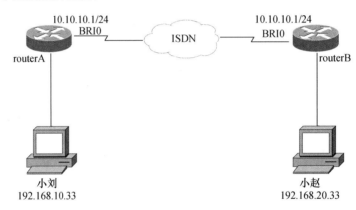

图 15-7　网络拓扑图

# 15.4　动 动 脑 筋

1. ISDN 网络特点是什么？

2. 为了进行按需拨号，首先必须保证什么条件？

3. 两条 ISDN 数据通道，如何实现数据的负载均衡？

4. PPP 的 CHAP 验证为什么比 PAP 验证安全？

_____

_____

5. 什么情况下使用按需拨号？

_____

_____

# 15.5 学 习 小 结

通过本章的学习，读者对 PPP、ISDN 和 DDR 等相关技术有了初步的认识。通过对本章的实验进行练习，读者能够实现常用的拨号网络的配置。现将本章所涉及的主要命令总结如下（如表 15-1 所示），供读者查阅。

表 15-1　第 15 章命令汇总

| 命令 | 功能 |
| --- | --- |
| isdn switch-type {switch-type} | 配置 ISDN 交换机的类型 |
| encapsulation ppp | 封装 PPP |
| dialer string {string} | 指定拨号号码 |
| dialer-group {group-number} | 配置拨号接口的拨号访问组 |
| dialer-list {group-number} protocol {protocol-name} [permit \| deny \| list] {access-list-number} | 指定用户感兴趣的数据包类型 |
| show dialer map | 显示拨号端口的静态映射配置 |
| ppp pap sent-username {username} password {password} | 配置在验证路由器上登录的用户名和密码 |
| dialer idle-timeout {seconds} | 设定拨号器空闲时间，单位为秒 |
| dialer map next-hop address [name hostname] [broadcast] dialer-string | 配置拨号映射表 |
| ppp authentication {chap\|chap pap\|pap chap\| pap} [callin] | 配置 PPP 验证方式 |
| ppp multilink | 在 PPP 上启用多链路 |
| debug ppp authentication | 验证 PPP 验证 |
| dialer load -threshold n | 设置流量控制门限值，n=1~255 |

# 第 16 章　受欢迎的广域网协议——帧中继

## 16.1　知 识 准 备

### 16.1.1　帧中继概述

帧中继(frame relay)是一种局域网互联 WAN 协议,它在 OSI 参考模型的物理层和数据链路层工作,为跨越多个交换机和路由器的用户设备间信息传输提供了快速有效的方法。帧中继是一种数据包交换技术,与 X.25 类似,它可以使终端动态共享网络介质和可用带宽。帧中继采用以下两种数据包技术:(1)可变长数据包;(2)统计多元技术。它不能确保数据的完整性,所以当出现网络拥塞现象时就会丢弃数据包。但在实际应用中,它仍然具有可靠的数据传输性能。

帧中继通过虚电路(virtual circuit,VC)将数据传输到其目的地,帧中继的虚电路是源点到目的点的逻辑链路,它提供终端设备之间的双向通信路径,并由数据链路连接标识(data link connection identifier,DLCI)唯一标识。帧中继采用复用技术,将多条虚电路复用为单一物理电路以实现跨网络传输,这种技术可以降低连接终端的设备和网络的复杂性。虚电路能够通过任意数量的位于帧中继数据包转换网络上的中间交换机。

帧中继网络提供的业务有两种:永久虚电路(permanent virtual circuit,PVC)和交换虚电路(switch virtual circuit,SVC)。永久虚电路由网络管理器建立,用来提供专用点对点连接;交换虚电路建立在呼叫到呼叫(call-by-call)的基础上,它采用与建立 ISDN 相同的信令。

### 16.1.2　相关术语

1. 虚电路

两个 DTE 设备(如路由器)之间的逻辑链路称为虚电路,帧中继用虚电路来提供端点之间的连接。由服务提供商预先设置的虚电路称为永久虚电路;另一种是交换虚电路,交换虚电路是动态设置的虚电路。

2. 帧中继封装类型

在 Cisco 路由器上,第二层封装默认为 Cisco 专有的 HDLC 协议。要配置帧中继,则必须改为帧中继封装。帧中继有两种封装类型：Cisco 和 IETF,Cisco 为默认的封装类型。

### 3. DLCI

帧中继使用 DLCI 来标识一条 VC,相当于一个二层地址。DLCI 的取值为 $0\sim1023$(某些值具有特殊意义),一般由服务提供商提供(一般为 $16\sim1007$)。DLCI 一般只具有本地意义,即它在必须直连的两台设备之间那条链路上具有唯一值,不同物理链路上的 DLCI 值可以相同,而连接两台远端路由器的一条 PVC 两端的 DLCI 可以不同。某些特殊情况下,比如使用了本地管理接口(local management interface,LMI)的某些特性时,DLCI 可以被赋予全局意义用于全局寻址。

### 4. LMI

LMI 是用户设备和帧中继交换机之间的信令标准,它负责管理设备之间的连接,维护设备之间的连接状态。

它传输下列有关信息:

- keepalives(保持激活):用以验证数据正在流动。
- status of virtual circuit(虚电路状态):定期报告 PVC 的存在和加入/删除情况。
- multicasting(组播):允许发送者发送一个单帧,但能够通过网络传递给多个接受者。
- global addressing(全局寻址):赋予 DLCI 全局意义。

路由器从服务提供商的帧中继交换机的帧封装接口上接受 LMI 信息,并将虚电路状态更新为下列三种状态之一。

- active state(活动状态):连接活跃,路由器可以交换数据。
- inactive state(非活动状态):本地路由器到 FR 交换机是可工作的,但远程路由器到 FR 交换机的连接不能工作。
- deleted state(删除状态):没有从帧中继交换机收到 LMI。

### 5. 帧中继映射

作为第二层的协议,帧中继协议必须有一个与第三层协议之间建立关联的手段,我们才能用它来实现网络层的通信,帧中继映射即具有这样的功能,它在网络层地址和 DLCI 之间进行映射。映射表通过静态或逆向 ARP 生成。

### 6. 逆向 ARP(inverse address resolution protocol,IARP)

IARP 用于完成第三层协议地址向 DLCI 的映射,类似 Ethernet 的 RARP,根据 DLCI 请求对应的远端路由器 IP。

IARP 用于自动生成帧中继映射表。路由器在每条 VC 上发送 IARP 查询,交换机根据已有的交换表传送到所有对端路由器,目的路由器响应查询包,返回其 IP。

需要注意的是,使用子接口时,IARP 会失效。解决方法有两个:用 frame-relay map 命令手动配置映射表,在子接口中显式地指定 DLCI(指定后能用 IARP 自动生成 map)。

### 7. 帧中继的子接口

由于帧中继是一个非广播多路访问网络,一条物理链路上存在多条 VC 时,如果启用了水平分割，则会导致不同 VC 之间的路由信息无法相互传递；而如果关闭水平分割，则可能导致路由环路问题。采用子接口是很好的解决方案。

子接口为逻辑创建的模拟物理接口的实体，它的功能与物理接口没有什么区别，因此我们可以在一个物理端口上建立多个逻辑接口。这样，每一个接口在功能上等价于一个物理接口，因此可以打破水平分割的原理限制。

子接口有两种模式：点对点(point-to-point)和多点(multipoint)模式。子接口没有默认值，在配置时必须指明模式。

● 点对点模式：一个单独子接口建立一条 PVC，这条 PVC 连接到远端路由器的一个子接口或物理端口，每个子接口可以有自己独立的 DLCI。

● 多点模式：一个单独子接口可建立多条 PVC，不过加入的接口都应该处于同一子网。这种情况下，每个子接口与不划分子接口直接采用物理接口的情况相似，但其好处在于可以提高物理链路的利用率，还可以简化 NBMA 拓扑下的 OSPF 配置。

### 16.1.3　相关命令

**1. 启用 frame relay 封装**

（1）命令语法。

[no] encapsulation frame-relay [ietf|cisco]

（2）命令功能。

在接口配置模式下，使用该命令启用 frame relay 封装；使用该命令的 no 形式，则禁用帧中继封装。

（3）参数说明。

● ietf：（可选）IETF 帧中继封装。

● cisco：（可选）Cisco 专有帧封装。

（4）命令示例。

```
R1(config)#interface s0
R1(config-if)# encapsulation frame-relay
```

**2. 设置 frame relay DLCI 编号**

（1）命令语法。

frame-relay interface-dlci {dlci} [ietf|cisco] [broadcast]

（2）命令功能。

在接口配置模式下，使用该命令分配 DLCI 到路由器指定帧中继接口；使用该命令的 no 形式，则为移除 DLCI。

（3）参数说明。

● dlci：DLCI 号码。

● ietf：（可选）IETF 帧中继封装。

● cisco：（可选）Cisco 专有帧封装。

● broadcast：（可选）允许在帧中继网络上传输路由广播信息。

（4）命令示例。

```
R1(config)#interface s0
R1(config-if)#frame-relay interface-dlci 100
```

3. 配置帧中继 LMI 类型

（1）命令语法。

frame-relay lmi-type {ansi | cisco | q933a}

（2）命令功能。

在接口配置模式下，使用该命令选择 LMI 类型；使用该命令的 no 形式，则返回默认 LMI 类型。

（3）参数说明。

● ansi：ANSI 标准定义。

● cisco：Cisco 定义（非标准）。

● q933a：ITU-T Q.933 定义。

（4）命令示例。

```
R1(config)#interface s0
R1(config-if)#encapsulation frame-relay
R1(config-if)#frame-relay lmi-type ansi
```

4. 配置帧中继动态地址映射

（1）命令语法。

[no] frame-relay inverse-arp [protocol] dlci

（2）命令功能。

动态地址映射使用帧中继的逆向 ARP 实现，默认逆向 ARP 是打开的，如果逆向 ARP 被禁用，在接口配置模式下，使用该命令重启逆向 ARP；使用该命令的 no 形式，则禁用逆向 ARP。

（3）参数说明。

● protocol：（可选项）协议，取 appletalk、decnet、ip 和 ipx 之一。

● dlci：（可选项）DLCI 号码。

（4）命令示例。

```
R1(config)#interface s0
R1(config-if)#frame-relay inverse-arp ipx 100
```

5. 配置帧中继静态地址映射

（1）命令语法。

frame-relay map protocol protocol-address {dlci} [broadcast] [ietf|cisco]

（2）命令功能。

在接口配置模式下，使用该命令定义目的协议地址和 DLCI 之间的映射。使用该命令的 no 形式，则为删除该映射项。

（3）参数说明。

- protocol：协议，取 appletalk、decnet、dlsw、ip、ipx、llc2 和 rsrb 之一。
- protocol-address：协议地址。
- dlci：DLCI 号码。
- broadcast：（可选项）转发广播。
- ietf：（可选项）IETF 帧中继封装。
- cisco：（可选项）Cisco 帧中继封装。

（4）命令示例。

```
R1(config)♯interface s0
R1(config-if)♯ frame-relay map ip 172.16.123.1 100 broadcast
                              //映射目的 IP 地址 172.16.123.1 到 DLCI 100
```

6. 配置帧中继子接口

（1）命令语法。

interface serial number. subinterface-number {multipoint|point-to-point}

（2）命令功能。

在全局配置模式下，使用该命令配置帧中继子接口。

（3）参数说明。

- number：物理接口号。
- subinterface-number：虚拟子接口号。
- multipoint：多点类型。
- point-to-point：点对点类型。

7. 启用帧中继交换

（1）命令语法。

[no] frame-relay switching

（2）命令功能。

在全局配置模式下，使用该命令开启路由器的帧中继交换机功能；使用该命令的 no 形式，则关闭该功能。

8. 配置帧中继终端类型

（1）命令语法。

frame-relay intf-type { dte | dce | nni }

（2）命令功能。

在接口配置模式下，使用该命令，设置帧中继的终端类型，默认终端类型为 DTE。

（3）参数说明。

- dte：（可选项）路由器的功能是连接到帧中继网络。
- dce：（可选项）路由器的功能是连接到路由器的交换机。
- nni：（可选项）路由器的功能是连接到支持网络节点接口（network to network interface，NNI）的交换机。

9. 配置帧中继交换表

(1) 命令语法。

［no］frame-relay route〈in-dlci〉interface〈out-interface-type out-interface-number〉
〈out-dlci〉

(2) 命令功能。

在接口配置模式下,使用该命令为 PVC 交换指定静态路由;使用该命令的 no 形式,则
移除静态路由。

(3) 参数说明。

● in-dlci:接口上接收包所在的 DLCI 号码。

● interface out-interface-type out-interface-number:发送包接口类型和号码。

● out-dlci:接口上发送包所在的 DLCI 号码。

10. 显示 LMI 统计信息

(1) 命令语法。

show frame-relay lmi［type number］

(2) 命令功能。

在用户模式或特权模式下,使用该命令显示 LMI 统计信息。

(3) 参数说明。

● type:(可选项)接口类型,必须是 serial。

● number:(可选项)接口号码。

11. 显示当前帧中继映射项

(1) 命令语法。

show frame-relay map［interface type number］［dlci］

(2) 命令功能。

在特权模式下,使用该命令显示当前帧中继映射项和关于连接的信息。

(3) 参数说明。

● interface type number:(可选项)接口类型和号码。

● dlci:(可选项)DLCI 号码。

12. 显示帧中继 PVC 统计信息

(1) 命令语法。

show frame-relay pvc［［interface interface］［dlci］［64-bit］|summary［all］］

(2) 命令功能。

在特权模式下,使用该命令显示关于 PVC 的统计信息。

(3) 参数说明。

● interface interface:(可选项)接口类型和号码。

● dlci:(可选项)DLCI 号码。

● 64-bit:(可选项)64 位计数器。

● summary:(可选项)所有 PVC 摘要。

- all：(可选项)每个接口所有 PVC 摘要。

13．显示帧中继路由信息

(1) 命令语法。

show frame-relay route

(2) 命令功能。

在特权模式下,使用该命令显示所有配置的帧中继路由和它们的状态。

（1）若使 Cisco 路由器与其他厂家路由设备相连,则使用 IETF 规定的帧中继封装格式；(2)从 Cisco IOS 版本 11.2 开始,软件支持 LMI"自动协商","自动协商"使接口能确定交换机支持的 LMI 类型,用户可以不明确配置 LMI 接口类型。

# 16.2  动 手 做 做

## 16.2.1  实验目的

通过本实验,读者可以掌握以下技能:

- 配置点对点帧中继子接口。
- 配置多点帧中继子接口。
- 配置帧中继交换机。
- 查看帧中继配置信息。

## 16.2.2  实验规划

1．实验设备

- 路由器 3 台
- consol 电缆 2 根
- 串行电缆 3 根
- 1 台模拟帧中继交换机的路由器。

2．网络拓扑

本实验的网络拓扑图如图 16-1 所示,3 台路由器 R1、R2 和 R3 通过一台路由器模拟的帧中继交换机连接。R1、R2、R3 分别配置一个 loopback 接口用来表示本地网络。

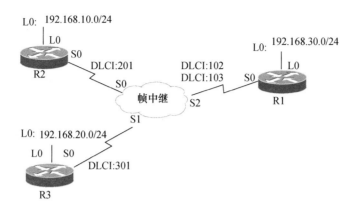

图 16-1 网络拓扑图

### 16.2.3 实验步骤

**1. 配置帧中继点对点型的子接口**

（1）IP 地址分配情况。

R1 通过 PVC102 连接到 R2 路由器，用来连接 R2 的子接口的 IP 为 192.168.40.1/30。R1 通过 PVC103 和 R3 路由器建立连接，用来连接 R3 的子接口的 IP 为 192.168.40.5/30。R2 上配置一个 loopback 接口用来表示本地网络，R2 通过 PVC201 连接到 R1，用来连接 R1 的接口的 IP 为 192.168.40.2/30。R3 上配置一个 loopback 接口用来表示本地网络，R3 通过 PVC301 连接到 R1，用来连接 R1 的接口的 IP 为 192.168.40.6/30。

（2）路由器 R1 的配置。

```
Router>enable
Router # configure terminal
Router(config) # hostname R1
R1(config) # interface s0
R1(config-if) # encapsulation frame-relay                        //配置帧中继封装
R1(config-if) # no frame-relay inverse-arp                       //关闭逆向 ARP 解析
R1(config-if) # exit
R1(config) # int serial 0.102 point to point                     //指定子接口类型为点对点
R1(config-subif) # ip address 192.168.40.1 255.255.255.252       //配置 IP 地址
R1(config-subif) # frame-relay interface-dlci 102                //配置虚电路号
R1(config-subif) # interface serial 0.103 point-to-point         //指定子接口类型
R1(config-subif) # ip address 192.168.40.5 255.255.255.252       //配置 IP 地址
R1(config-subif) # frame-relay interface-dlci 103                //配置虚电路号
R1(config-subif) # int lo0                                       //配置 loopback 接口代表本地网络
R1(config-if) # ip address 192.168.30.0 255.255.255.0            //配置 IP 地址
R1(config-if) # no shutdown
R1(config-if) # exit
```

（3）路由器 R2 的配置。

```
Router>enable
Router #configure terminal
Router(config) # hostname R2
R2(config) # interface s0
R2(config-if) # encapsulation frame-relay          //配置接口封装帧中继
R2(config-if) # no frame-relay inverse-arp          //禁用逆向 ARP
R2(config-if) #  ip address 192.168.40.2 255.255.255.252     //配置 IP 地址
R2(config-if) #  frame-relay map ip 192.168.40.1 201 broadcast   //配置静态地址映射
R2(config-if) # frame-relay interface-dlci 201        //配置本地的虚电路号
R2(config-if) # int lo0
R2(config-if) # ip add 192.168.10.0 255.255.255.0
R2(config-if) # no shutdown
R1(config-if) # exit
```

（4）路由器 R3 的配置。

```
Router>enable
Router #configure terminal
Router(config) # hostname R2
R3(config) # interface s0
R3(config-if) #  encapsulation frame-relay          //封装帧中继
R3(config-if) # no no frame-relay inverse-arp         //禁用逆向 ARP
R3(config-if) #  ip address 192.168.40.6 255.255.255.252     //配置 IP 地址
R3(config-if) # frame-relay map ip 192.168.40.5 301 broadcast   //配置静态地址映射
R3(config-if) # frame-relay interface-dlci 301        //配置本地的虚电路号
R3(config-if) # int lo0
R3(config-if) # ip add 192.168.30.0 255.255.255.0
R3(config-if) # no shutdown
R1(config-if) # exit
```

2. 配置帧中继多点型的子接口

（1）IP 地址分配情况。

首先将 R1、R2 和 R3 的 S0 接口放置到同一个网段，这里使用 192.168.40.0/24 网段，其中 R1 的 S0 接口使用 192.168.40.1/24，R2 的 S0 接口使用 192.168.40.2/24，R3 的 S0 接口使用 192.168.40.3/24。其他路由器 IP 地址设置不变。

（2）路由器 R1 的配置。

```
Router>enable
Router #configure terminal
Router(config) # hostname R1
R1(config) # interface s0
R1(config-if) # no ip address
```

```
R1(config-if)# encapsulation frame-relay              //封装帧中继
R1(config-if)# no frame-relay inverse-arp             //禁用逆向 ARP
R1(config-if)# int s0.2 multipoint                    //配置多点子接口
R1(config-subif)# ip address 192.168.40.1 255.255.255.0   //配置 IP 地址
R1(config-subif)# bandwidth 64                        //配置本地接口带宽
R1(config-subif)# frame-relay map ip 192.168.40.2 102 broadcast   //配置到 R2 的映射
R1(config-subif)# frame-relay map ip 192.168.40.3 103 broadcast   //配置到 R3 的映射
R1(config-subif)# int lo0
R1(config-if)# ip address 192.168.30.0 255.255.255.0
R1(config-if)# no shutdown
```

> **小提示**
>
> 对 R1 路由器进行帧中继多点子接口配置,需要注意以下几点:(1)在物理接口下只配置帧中继封装,不配置 IP 地址和宽带属性;(2)可以任意定义子接口号,如实验中的 S0.2;(3)在定义子接口号时指定类型,即多点连接方式;(4)在多点子接口中定义 IP 地址、带宽和静态地址映射;(5)在多点子接口配置模式下,该子接口可以连接多台路由器。

(3)路由器 R2 的配置。

```
Router>enable
Router # configure terminal
Router(config)# hostname R2
R2(config)# interface s0
R2(config-if)# encapsulation frame-relay              //封装帧中继
R2(config-if)# no frame-relay inverse-arp             //禁用逆向 ARP
R2(config-if)# ip address 192.168.40.2 255.255.255.0  //配置 IP 地址
R2(config-if)# frame-relay map ip 192.168.40.1 201 broadcast   //配置到 R1 的映射
R2(config-if)# frame-relay interface-dlci 201         //配置本地的虚电路号
R2(config-if)# int lo0
R2(config-if)# ip add 192.168.10.0 255.255.255.0
R2(config-if)# no shutdown
```

(4)路由器 R3 的配置。

```
Router>enable
Router # configure terminal
Router(config)# hostname R3
R3(config)# interface s0
R3(config-if)# encapsulation frame-relay              //封装帧中继
R3(config-if)# no frame-relay inverse-arp             //禁用逆向 ARP
```

```
R3(config-if)# ip address 192.168.40.3 255.255.255.0         //配置 IP 地址
R3(config-if)# frame-relay map ip 192.168.40.1 301 broadcast  //配置到 R1 的映射
R3(config-if)# frame-relay interface-dlci 301                 //配置本地的虚电路号
R3(config-if)# int lo0
R3(config-if)# ip add 192.168.30.0 255.255.255.0
R3(config-if)# no shutdown
```

### 3. 配置帧中继交换机

```
Router>en
Router# config t
Router(config)# hostname FR_Switch
FR-Switch(config)# frame-relay switching              //设置本路由器为帧中继交换机模式
FR-Switch(config)# int s2
FR-Switch(config-if)# no ip address
FR-Switch(config-if)# encapsulation frame-relay       //封装帧中继
FR-Switch(config-if)# clockrate 64000                 //配置时钟频率
FR-Switch(config-if)# frame-relay lmi-type cisco      //配置 LMI 类型
FR-Switch(config-if)# frame-relay intf-type dce       //配置帧中继交换类型为DCE
FR-Switch(config-if)# frame-relay route 102 interface Serial0 201   //配置交换条目
FR-Switch(config-if)# frame-relay route 103 interface Serial1 301   //配置交换条目
FR-Switch(config-if)# int s0
FR-Switch(config-if)# no ip address
FR-Switch(config-if)# encapsulation frame-relay       //封装帧中继
FR-Switch(config-if)# clockrate 64000                 //配置时钟频率
FR-Switch(config-if)# frame-relay lmi-type cisco      //配置 LMI 类型
FR-Switch(config-if)# frame-relay intf-type dce       //指定 DCE
FR-Switch(config-if)# frame-relay route 201 interface Serial2 102   //配置路由
FR-Switch(config-if)# int s1
FR-Switch(config-if)# no ip address
FR-Switch(config-if)# encapsulation frame-relay       //封装帧中继
FR-Switch(config-if)# clockrate 64000                 //配置时钟频率
FR-Switch(config-if)# frame-relay lmi-type cisco      //配置 LMI 类型
FR-Switch(config-if)# frame-relay intf-type dce       //指定 DCE
FR-Switch(config-if)# frame-relay route 301 interface Serial2 103   //配置交换条目
FR-Switch(config-if)# exit
```

### 4. 结果验证

可以使用下面的命令对帧中继配置进行验证：

● show frame-relay lmi （显示本地的 LMI 配置）。

● show frame-relay map （显示当前的帧中继映射表）。

● show frame-relay pvc （显示本地的 PVC 状态）。

- show frame-relay route （显示帧中继路由表）。
- show interfaces serial （显示串口的状态）。

# 16.3 活 学 活 用

　　网络拓扑图如图 16-2 所示，3 台路由器 R1、R2 和 R3 通过一台路由器模拟的帧中继交换机连接。R1 通过 PVC102 连接到 R2 路由器，用来连接 R2 的子接口的 IP 为 192.168.40.1/30，R1 通过 PVC103 和 R3 路由器建立连接，用来连接 R3 的子接口的 IP 为 192.168.40.5/30。R2 上配置一个 loopback 接口用来表示本地网络，R2 通过 PVC201 连接到 R1，用来连接 R1 的接口的 IP 为 192.168.40.2/30，R2 通过 PVC203 连接到 R3，用来连接 R3 的接口的 IP 为 192.168.40.3/30。R3 上配置一个 loopback 接口用来表示本地网络，R3 通过 PVC301 连接到 R1，用来连接 R1 的接口的 IP 为 192.168.40.6/30，R3 通过 PVC302 连接到 R2，用来连接 R2 的接口的 IP 为 192.168.40.4/30。请完成 R1、R2 和 R3 的配置，实现路由器两两互通。

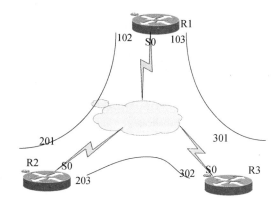

图 16-2　网络拓扑图

# 16.4 动 动 脑 筋

1. 帧中继位于 OSI 参考模型中的哪一层？

_____

_____

2. 我们有专线连接，为什么还要使用帧中继？

_____

_____

3. 帧中继映射的作用是什么?

_____

_____

4. 帧中继网络的使用场景有哪些?

_____

_____

5. 点对点子接口配置帧中继和多点配置帧中继各有什么优缺点?

_____

_____

# 16.5  学 习 小 结

通过本章的学习,读者对帧中继概念、相关术语、工作原理和帧中继的配置等相关技术有了一定的认识。通过对本章的实验进行深入细致的练习,相信读者能够举一反三,掌握配置帧中继的技术和处理帧中继的各种常见问题。现将本章所涉及的主要命令总结如下(如表 16-1 所示),供读者查阅。

表 16-1　第 16 章命令汇总

| 命　　令 | 功　　能 |
|---|---|
| ［no］encapsulation frame-relay［ietf│cisco］ | 禁止或启用 frame relay 封装 |
| frame-relay interface-dlci〈dlci〉［ietf│cisco］［broadcast］ | 设置 frame relay DLCI 编号 |
| frame-relay lmi-type {ansi │ cisco │ q933a} | 配置帧中继 LMI 类型 |
| ［no］frame-relay inverse-arp［protocol］dlci | 启动或禁用帧中继动态地址映射 |
| frame-relay map protocol protocol-address〈dlci〉［broad-cast］［ietf│cisco］ | 配置帧中继静态地址映射 |
| interface serial number. subinterface-number {multipoint │ point-to-point} | 配置帧中继子接口 |
| frame-relay intf-type { dte │ dce │ nni } | 配置帧中继终端类型 |
| ［no］ frame-relay route〈in-dlci〉interface〈out-interface-type out-interface-number〉〈out-dlci〉 | 移除或配置帧中继交换表 |
| ［no］frame-relay switching | 关闭或启用帧中继交换 |
| show frame-relay lmi［type number］ | 显示 LMI 统计信息 |
| show frame-relay map［interface type number］［dlci］ | 显示当前帧中继映射项 |
| show frame-relay pvc［［interface interface］［dlci］［64-bit］│summary［all］］ | 显示帧中继 PVC 统计信息 |
| show frame-relay route | 显示帧中继路由信息 |

# 第 17 章　互联网地址管家——NAT 和 DHCP

## 17.1　知 识 准 备

### 17.1.1　NAT 概述

　　NAT 属于接入广域网技术,是一种将私有(保留)地址转化为合法 IP 地址的转换技术,它被广泛应用于各种类型的 internet 接入方式和各种类型的网络中。

　　借助于 NAT,私有(保留)地址的内部网络通过路由器发送数据包时,私有地址被转换成合法的 IP 地址,一个局域网只需使用少量 IP 地址(甚至是 1 个)即可实现私有地址网络内所有计算机与 internet 的通信需求。

　　使用 NAT 有很多优点,同时也有缺点。

　　1. 优点

- 节约合法的注册地址。
- 减少重复地址出现。
- 增加连接互联网的灵活性。
- 增加了内部网络的安全性。

　　2. 缺点

- 网络性能降低。
- 某些应用无法在应用 NAT 的网络中运行。
- 无法进行端到端的 IP 跟踪。
- 隧道更加复杂。

### 17.1.2　NAT 命令

　　NAT 命令的相关术语如表 17-1 所示。

表 17-1　NAT 命令的相关术语

| 术　语 | 含　义 |
|---|---|
| 内部全局地址(inside global address) | 转换之后的内部主机的名字 |

续表

| 术　语 | 含　义 |
|---|---|
| 内部本地地址（inside local address） | 转换之前内部地址的名字 |
| 外部全局地址（outside global address） | 转化之后外部主机的名字 |
| 外部本地地址（outside local address） | 转换之前外部主机的名字 |

### 17.1.3　NAT 类型

1. 动态 NAT（dynamic NAT）

动态 NAT 是指使用公有地址池，并以先到先得的原则分配这些地址。当具有私有 IP 地址的主机请求访问 internet 时，动态 NAT 从地址池中选择一个未被其他主机占用的 IP 地址。这就是到目前为止所介绍的映射。

2. 静态 NAT（static NAT）

静态 NAT 是将本地地址与全局地址一对一映射，这些映射保持不变。静态 NAT 对于必须具有一致的地址、可从 internet 访问的 Web 服务器或主机特别有用。这些内部主机可能是企业服务器或网络设备。

3. 端口地址转换（port address translation，PAT）

端口地址转换又称 NAT 过载，这是最流行的 NAT 配置类型。PAT 实际上也是动态 NAT 的一种形式，它映射多个未注册的 IP 地址到单独的一个注册的 IP 地址，即多对一。通过 PAT 可以实现多个用户仅通过一个真实的全球 IP 地址连接到 internet。

### 17.1.4　NAT 工作过程

现在我们开始了解 NAT 的整个工作过程。

如图 17-1 描述的是 NAT 的基本转换过程，在图中主机 192.168.1.1 发送了一个数据

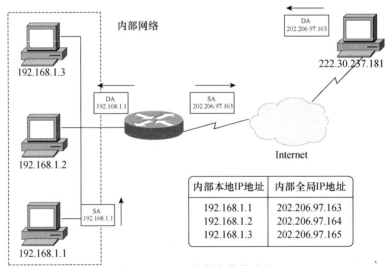

图 17-1　NAT 的基本转换过程

包到配置了NAT的路由器,路由器识别出这是一个内部本地 IP 地址,而目标 IP 是外部网络,所以内部本地 IP 地址将被转换为内部全局 IP 地址,并把结果记录到 NAT 表中。

然后这个数据包就用转换后的新的源地址发送到外部接口,当外部主机返回到目标主机后,NAT 路由器就用 NAT 表将内部全局 IP 地址转换成内部本地 IP 地址。

图 17-2 展现了 PAT 的简单过程。从图中我们可以看出,在表中除了 IP 地址外还有端口号,不同主机不同进程所对应的端口号不同,而这些端口号就是路由器用来区分返回的流量送回哪台主机的哪个进程。

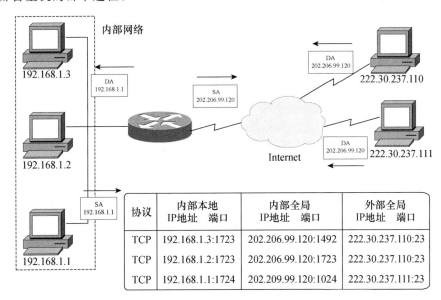

| 协议 | 内部本地<br>IP地址 端口 | 内部全局<br>IP地址 端口 | 外部全局<br>IP地址 端口 |
|---|---|---|---|
| TCP | 192.168.1.3:1723 | 202.206.99.120:1492 | 222.30.237.110:23 |
| TCP | 192.168.1.2:1723 | 202.206.99.120:1723 | 222.30.237.110:23 |
| TCP | 192.168.1.1:1724 | 202.209.99.120:1024 | 222.30.237.111:23 |

**图 17-2  PAT 的简单过程**

### 17.1.5  NAT 的基本配置

1. 静态 NAT 的配置

配置静态 NAT,首先需要定义要转换的地址,然后在适当的接口上配置 NAT。从指定 IP 地址到达内部接口的数据包需经过转换,外部接口收到以指定 IP 地址为目的地的数据包也需经过转换。

(1) 配置内部源地址 NAT 静态转换。

① 命令语法。

● 静态 NAT。

ip nat inside source static {local-ip global-ip}

no ip nat inside source static{local-ip global- ip}

● 端口静态 NAT。

ip nat inside source static {top | udp {local-ip local-port global-ip global-port | inter-face global-port}}

no ip nat inside source static {top | udp {local-ip local-port global-ip global-port |interface global-port}}

- 网络静态 NAT。

ip nat inside source static network {local-network global- network mask}

no ip nat inside source static network {local-network global- network mask}

② 命令功能。

在全局配置模式下，使用 ip nat inside source static 命令启动内部源地址的 NAT 静态转换；使用该命令的 no 形式，则移除静态转换。

③ 参数说明。

- local-ip：内部网络主机本地 IP 地址。
- global-ip：内部主机全局 IP 地址。
- tcp：传输控制协议。
- udp：用户数据报协议。
- local-port：本地 TCP/UDP 端口号。
- global-port：全局 TCP/UDP 端口号。
- local-network：本地子网转换。
- global-network：全局子网转换。
- mask：子网转换使用的 IP 网络掩码。

（2）配置接口类型。

① 命令语法。

[no] ip nat [inside|outside]

② 命令功能。

在接口配置模式下，用该命令指定接口连接到内部网络还是外部网络，使用该命令的 no 形式可使接口不再应用 NAT。

③ 参数说明。

- inside：（可选项）接口连接到内部网络。
- outside：（可选项）接口连接到外部网络。

（3）命令示例。

① 配置静态 NAT 映射。

```
Router(config)# ip nat inside source static 192. 168.1.1 202.96.1.3
Router(config)# ip nat inside source static 192. 168 1.2 202.96.1.4
```

② 配置 NAT 内部接口。

```
Router(config)# interface fastethernet 0/1
Router(config-if)# ip nat inside
```

③ 配置 NAT 外部接口。

```
Router(config-if)# interface serial 1/0
Router(config-if)# ip nat outside
```

2. 动态 NAT 的配置

动态 NAT 的配置与静态 NAT 虽然不同,但也有一些相似点。与静态 NAT 相似,在配置动态 NAT 时也需要将各接口标识为内部或外部接口。不过,动态 NAT 不是创建到单一 IP 地址的静态映射,而是使用内部全局地址池。

(1) 定义 NAT 的 IP 地址池。

① 命令语法。

[no] ip nat pool name start-ip end-ip {netmask netmask| prefix-length prefix-length}

② 命令功能。

在全局配置模式下,用该命令定义 NAT 的 IP 地址池;使用该命令的 no 形式,则从池中移除一个或多个地址。

③ 参数说明。

● name:地址池名。

● start-ip:地址池中起始 IP 地址。

● end-ip:地址池中结束 IP 地址。

● netmask netmask:地址池所属网络的网络掩码。

● prefix-length prefix-length:地址池所属网络的网络掩码前缀长度。

(2) 定义标准 ACL。

① 命令语法。

access-list access-list-number {deny|permit} source [source-wildcard]

no access-list access-list-number

② 命令功能。

在全局配置模式下,用该命令定义标准 ACL 以允许地址被转化;使用该命令的 no 形式,则移除标准访问列表。

③ 参数说明。

● access-list-number:确定这个入口属于哪个 ACL。它是从 1 到 99 的数字。

● permit | deny:表明这个入口是允许还是禁止从特定地址来的信息流量。

● source:确定源 IP 地址。

● source-wildcard:通配符掩码,确定地址中的哪些比特是用来进行匹配的。如果某个比特是 1,表明地址中该位比特不用管,如果是 0 的话,表明地址中该位比特将被用来进行匹配。

(3) 启用内部源地址的 NAT。

① 命令语法。

[no] ip nat inside source list {access-list-number| access-list-name} {interface type number| pool name} [overload]

② 命令功能。

在全局配置模式下,用该命令定义启用内部源地址转换的动态 NAT;使用该命令的 no 形式,则移除地址池动态关联。

③ 参数说明。
- access-list-number：标准 IP 访问控制列表的编号。
- access-list-name：标准 IP 访问控制列表的名称。
- interface type：全局地址的接口类型。
- interface number：全局地址的接口编号。
- pool name：全局 IP 地址动态分配的地址池的名称。
- overload：（可选项)多个本地地址使用一个全局地址。

（4）命令示例。

① 配置动态 NAT 转换的地址池。

```
Router(config)# ip nat pool NAT 202.96.1.3 202.96.1.100 netmask 255.255.255.0
```

② 配置动态 NAT 映射。

```
Router(config)# ip nat inside source list 1 pool NAT
```

③ 允许动态 NAT 转换的内部地址范围。

```
Router(config)# access-list 1 permit 192.168.1.0 0.0.0.255
Router(config)# interface fastethernet 0/1
Router(config-if)# ip nat inside
Router(config-if)# interface serial 1/0
Router(config-if)# ip nat outside
```

### 3. PAT 的配置

PAT 普遍应用于接入设备中，它可以将中小型的网络隐藏在一个合法的 IP 地址后面。PAT 与动态地址 NAT 不同，它将内部连接映射到外部网络中的一个单独的 IP 地址上，同时在该地址上加上一个由 NAT 设备选定的 TCP 端口号。也就是采用端口多路复用技术，或改变外出数据的源端口的技术将多个内部 IP 地址映射到同一个外部地址。配置 PAT 的过程同配置 NAT 基本一致，只差关键字 overload，overload 命令允许进行 PAT。

（1）配置动态 NAT 转换的地址池。

```
Router(config)# ip nat pool NAT 202.96.1.3 202.961.1.100 netmask 255. 255, 255. 0
```

（2）配置 PAT。

```
Router(config)# ip nat inside source list 1 pool NAT overload
```

（3）配置允许动态 NAT 转换的内部地址范围。

```
Router(config)# access-list 1 permit 192.168.1.0 0.0.0.255
Router(config)# interface fastethernet 0/1
Router(config-if)# ip nat inside
Router(config-if)# interface serial 1/0
Router(config-if)# ip nat outside
```

### 17.1.6　监视和维护NAT

**1. 显示活动的NAT转换**

(1) 命令语法。

show ip nat translations [protocol][ verbose]

(2) 命令功能。

在用户模式或特权模式下,使用该命令显示活动的NAT转换。

(3) 参数说明。

● protocol:(可选项)显示协议项目,协议参数关键字如下。

① esp:ESP项目。

② icmp:ICMP项目。

③ pptp:PPTP项目。

④ tcp:TCP项目。

⑤ udp:UDP项目。

● verbose:(可选项)显示每个转换表项目的额外信息。

**2. 显示NAT地址转换的包信息**

(1) 命令语法。

debug ip nat

(2) 命令功能。

该命令用于验证NAT配置。其显示结果包括发送端地址、转换和目的地址。

(3) 命令示例。

```
Router#debug ip nat
IP NAT debugging is on
Router#
*Sep  6 15:23:30.647: NAT*: s=192.168.20.56->202.206.99.176, d=202.206.100.36 [36]
*Sep  6 15:23:30.647: NAT*: s=202.206.100.36, d=202.206.99.176->192.168.20.56 [36]
<Output omitted>
```

解读调试输出时,注意下列符号和值的含义。

● *:NAT旁边的星号表示转换发生在快速交换路径。会话中的第一个数据包始终是过程交换,因而较慢。如果缓存条目存在,则其余数据包经过快速交换路径。

● s=:指源IP地址。

● d=:指目的IP地址。

● a.b.c.d->w.x.y.z:表示源地址a.b.c.d被转换为w.x.y.z。

● [××××]:中括号中的值表示IP标识号。此信息可能对调试有用,因为它与协议分析器的其他数据包跟踪相关联。

**3. 清除动态NAT转换**

(1) 命令语法。

clear ip nat translation { * |inside global-ip global-port local-ip local-port} | [outside

local-ip global-ip〕〔esp|top|udp〕

（2）命令功能。

在特权模式下，使用该命令从转换表中清除动态 NAT 转换。

（3）命令参数。

- ＊：清除所有动态转换。
- inside：（可选项）清除含有指定 global-ip 和 local-ip 地址的内部转换。
- global-ip：（可选项）全局 IP 地址。
- global-port：（可选项）全局端口。
- local-ip：（可选项）本地 IP 地址。
- outside：（可选项）清除含有指定 global-ip 和 local-ip 地址的外部转换。
- esp：（可选项）从转换表清除 ESP 项目。
- tcp：（可选项）从转换表清除 TCP 项目。
- udp：（可选项）从转换表清除 UDP 项目。

### 17.1.7　DHCP 基础

DHCP 是联网的计算机从中央服务器获取其 TCP/IP 配置的一种方法。使用 DHCP 后，当 PC 移动或网络变化时，网络管理员不再需要重新配置 PC 或更改网络配置，从而节省大量的时间和费用。

DHCP 是 BOOTP（bootstrap protocol）的扩展，基于 C/S 模式，它提供了一种动态指定 IP 地址和配置参数的机制，主要用于大型网络环境和配置比较困难的地方。DHCP 服务器自动为客户机指定 IP 地址，指定的配置参数中有些和 IP 协议并不相关，但这没有关系，它的配置参数使得网络上的计算机通信变得方便且容易实现。DHCP 使得 IP 地址可以租用，对于拥有许多台计算机的大型网络来说，每台计算机拥有一个 IP 地址有时候是不必要的。利用 DHCP，网络地址的租期从 1 分钟到 100 年不定，当租期到了的时候，服务器可以把这个 IP 地址分配给别的机器使用，客户也可以请求使用自己喜欢的网络地址及相应的配置参数。

### 17.1.8　DHCP 的工作过程

1. 发现（discover）

客户端启动后广播 DHCP discover 消息。DHCP discover 消息找到网络上的 DHCP 服务器。但是此时的主机在启动时不具备有效的 IP 信息，因此它使用第二层和第三层广播地址与服务器通信。

2. 提供（offer）

当 DHCP 服务器收到 DHCP discover 消息时，它会找到一个可供租用的 IP 地址，创建一个包含请求方主机 MAC 地址和所出租的 IP 地址的 ARP 条目，并使用 DHCP offer 消息提供报文。

3. 请求（request）

客户端收到来自服务器的 DHCP offer 时，它回送一条 DHCP request 消息，此消息提供错误检查，确保地址分配仍然有效。

### 4. 确认（ACK）

收到 DHCP request 消息后,服务器检验租用信息,为客户端租用创建新的 ARP 条目,并用单播 DHCP ACK 消息予以回复,客户端收到 DHCP ACK 消息后,记录下配置信息,并为所分配的地址执行 APR 查找。

#### 17.1.9　DHCP 基本配置命令

要配置 Cisco IOS DHCP 服务器功能,首先应配置数据库代理或禁用冲突日志,然后配置 DHCP 服务器不能分配的 IP 地址(排除地址)和能分配给请求客户的 IP 地址(可用 IP 地址池)。

1. 配置数据库代理

（1）命令语法。

ip dhcp database url ［timeout seconds｜write-delay seconds｜write-delay seconds timeout seconds］

no ip dhcp database url

（2）命令功能。

在全局模式下,使用该命令配置数据库代理和数据库代理参数;使用该命令的 no 形式,则清除数据库代理。

（3）参数说明。

● url：保存自动绑定的远端文件,文件格式如下。

tftp：//host/filename

ftp：//user：password@host/filename

rep：//user@host/filename

flash：//filename

disk0：//filename

● timeout seconds：（可选项)在终止数据库传送前,DHCP 服务器等待的时间,单位为秒,默认 300s。

● write-delay seconds：（可选项)DHCP 服务器多久发送数据库更新,默认等待 300s。

2. 排除 IP 地址

DHCP 服务器假设在 DHCP 地址池子网的所有 IP 地址都可以分配给 DHCP 客户。必须指定 DHCP 服务器不应该分配给客户的 IP 地址。

（1）命令语法。

［no］ip dhcp excluded-address low-address ［high-address］

（2）命令功能。

在全局配置模式下,使用该命令指定 DHCP 服务器不应该分配给客户的 IP 地址;使用该命令的 no 形式,则移除指定的 IP 地址。

（3）参数说明。

● low-address：排除的 IP 地址或者排除地址范围内的起始 IP 地址。

● high-address：（可选项)排除地址范围内的最后 IP 地址。

3. 配置 DHCP 地址池

可以使用一个象征性的字符串或一个整数配置 DHCP 地址池的名称。配置 DHCP 地址池时，应先进入 DHCP 池配置模式，提示符为（config-dhcp）♯，在该模式下可以配置 DHCP 地址池参数（例如 IP 子网号和默认路由列表）。配置 DHCP 地址池所使用的命令如下。

（1）配置 DHCP 地址池名称。当然，首先应进入 DHCP 池配置模式。

① 命令语法。

[no] ip dhcp pool name

② 命令功能。

在全局配置模式下，使用该命令配置 DHCP 地址池名称；使用该命令的 no 形式，则移除地址池。

③ 参数说明。

● name：地址池名称。

（2）配置 DHCP 地址池子网和掩码。

① 命令语法。

[no] network network-number [{mask|/prefix-length}]

② 命令功能。

在全局配置模式下，使用该命令为新创建的 DHCP 地址池配置子网和掩码；使用该命令的 no 形式，则移除子网号和掩码。

③ 参数说明。

● network-number：网络号。

● mask：（可选项）掩码。

● /prefix-length：（可选项）前缀长度。

（3）为客户配置域名。

① 命令语法。

domain-name domain

no domain-name

② 命令功能。

在 DHCP 池模式下，使用该命令为客户配置域名；使用该命令的 no 形式，则移除域名。

③ 参数说明。

● domain：域名

（4）为客户配置域名服务器。

① 命令语法。

dns-server address [address2…address8]

no dns-server

② 命令功能。

在 DHCP 池模式下，使用该命令为 DHCP 客户配置 DNS 服务器；使用该命令的 no 形式，则移除 DNS 服务器列表。

③ 参数说明。

● address：DNS 服务器 IP 地址。

● address2… address8：(可选项)最多可跟 8 个 DNS 服务器 IP 地址。

(5) 为客户配置 NetBIOS WINS 服务器。

WINS 是 Windows internet name service 的简称，即 Windows 网络名称服务。它提供一个分布式数据库，能在路由网络的环境中动态地对 IP 地址和 NetBIOS 名的映射进行注册与查询。WINS 用来登记 NetBIOS 计算机名，并在需要时将它解析成为 IP 地址。WINS 数据库是动态更新的。

① 命令语法。

netbios-name-server address [address2…address8]

no netbios-name-server

② 命令功能。

在 DHCP 池模式下，使用该命令为微软 DHCP 客户配置 NetBIOS WINS 服务器；使用该命令的 no 形式，则移除 NetBIOS 名字服务器列表。

③ 参数说明。

● address：NetBIOS WINS 名字服务器 IP 地址。

● address2…address8：(可选项)最多可跟 8 个 WINS 服务器地址。

(6) 为客户配置 NetBIOS 节点类型。

对微软 DHCP 用户，NetBIOS 节点类型可设置为 broadcast，peer-to-peer，mixed 或 hybrid 之一。

① 命令语法。

netbios-node-type type

no netbios-node-type

② 命令功能。

在 DHCP 池模式下，使用该命令为微软 DHCP 客户配置 NetBIOS 节点类型；使用该命令的 no 形式，则移除 NetBIOS 节点类型。

③ 参数说明。

● type：即 NetBIOS 节点类型，其有效类型有 b-node(广播)、p-node(点对点)、m-node(混合)、h-node(混合)，一般推荐 h-node。

(7) 为客户配置默认路由器。

在 DHCP 客户启动后，客户开始发送包到它的默认路由器。默认路由器的 IP 地址应该和客户在同一个子网。

① 命令语法。

default-router address [address2...address8]

no default-router

② 命令功能。

在 DHCP 池模式下，使用该命令为 DHCP 客户配置默认路由器；使用该命令的 no 形式，则移除默认路由器列表。

③ 参数说明。

● address：路由器 IP 地址。

- address2...address8：（可选项）最多跟 8 个路由器地址。

（8）配置地址租期。

默认情况下,每个 DHCP 服务器分配的 IP 地址都有 1 天的租期(该地址有效的时间)。

① 命令语法。

lease { days [hours [minutes]] | infinite}

no lease

② 命令功能。

在 DHCP 池模式下,使用该命令改变一个 IP 地址的租期;使用该命令的 no 形式,则恢复为默认值。

③ 参数说明。

- days：租期的天数。
- minutes：（可选项）租期的分钟数。
- hours：（可选项）租期的小时数。
- infinite：租期是无限制的。

4. 命令示例

```
Router(config)# ip dhcp database ftp://user:password@172.16.4.253/router-dhcp write- delay 120
Router(config)# ip dhcp excluded- address 172.16.1.100 172.16.1.103
Router(config)# ip dhcp excluded-address 172.16.2.100 172.16.2.103
Router(config)# ip dhcp pool 0
Router(config-dhcp)# network 172.16.0.0/16
Router(config-dhcp)# domain-name cisco.com
Router(config- dhcp)# dns-server 172.16.1.102 172.16.2.102
Router(config-dhcp)# netbios-name-server 172.16.1.103 172.16.2.103
Router(config-dhcp)# netbios- node-type h-node
Router(config-dhcp)#exit
Router(config)# ip dhcp pool 1
Router(config-dhcp)# network 172.161.0/24
Router(config-dhcp)# default-router 172.16.1.100 172.16.1.101
Router(config-dhcp)# lease 30
Router(config)# ip dhcp pool 2
Router(config-dhcp)#network 172.16.2.0/24
Router(config-dhcp)#default-router 172.16.2.100 172.16.2.101
Router(config-dhcp)# lease 30
```

# 17.2 动手做做

本节主要是通过配置动态 NAT、PAT 和 DHCP 的实验使读者熟悉 NAT、DHCP 的配置过程并掌握相关命令。

### 17.2.1　实验目的

通过本实验,读者可以掌握以下技能:

- 动态 NAT 的配置。
- PAT 的配置。
- DHCP 的配置。
- NAT 表的查看、删除。

### 17.2.2　实验规划

1. 实验设备

- 路由器 3 台。
- 交换机 2 台。
- PC 2 台。
- server 1 台。
- consol 电缆 2 根。
- 直连双绞线 4 根。
- 交叉双绞线 1 根。
- 串行电缆 2 根。

2. 网络拓扑

网络拓扑及各设备 IP 地址分配如图 17-3 所示。

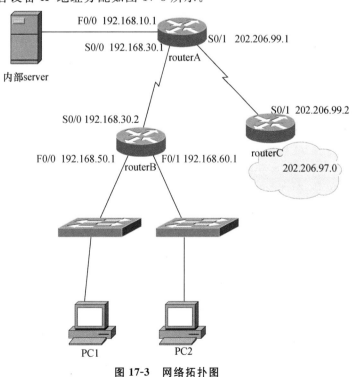

图 17-3　网络拓扑图

### 17.2.3 实验步骤

**1. 配置 routerA 的端口 IP、DCE 以及默认路由**

```
Router>en
Router#config t
Router(config)#hostname RouterA
RouterA(config)#interface FastEthernet0/0
RouterA(config-if)#ip add 192.168.10.1 255.255.255.0
RouterA(config-if)#no shut
RouterA(config-if)#int s0/0
RouterA(config-if)#ip add 192.168.30.1 255.255.255.0
RouterA(config-if)#no shut
RouterA(config-if)#int s0/1
RouterA(config-if)# ip add 202.206.99.1 255.255.255.0
RouterA(config-if)#clock rate 64000
RouterA(config-if)#no shut
RouterA(config-if)#exit
RouterA(config)#ip route 0.0.0.0 0.0.0.0 202.206.99.2
RouterA(config)#router ospf 1
RouterA(config-router)network 192.168.30.0 0.0.0.255 area 0
RouterA(config-router)network 192.168.10.0 0.0.0.255 area 0
RouterA(config-router)#default-information originate
RouterA(config-router)#exit
```

**2. 配置 routerB 的端口 IP、DCE 以及动态路由 OSPF**

```
Router>en
Router#config t
Router(config)#hostname RouterB
RouterB(config)#int f0/0
RouterB(config-if)#ip add 192.168.50.1 255.255.255.0
RouterB(config-if)#no shut
RouterB(config-if)#int f0/1
RouterB(config-if)#ip add 192.168.60.1 255.255.255.0
RouterB(config-if)#no shut
RouterB(config-if)#int s0/0
RouterB(config-if)#ip add 192.168.30.2 255.255.255.0
RouterB(config-if)#clock rate 64000
RouterB(config-if)#no shut
RouterB(config-if)#exit
RouterB(config)#router ospf 1
```

```
RouterB(config-router)♯net 192.168.50.0 0.0.0.255 area 0
RouterB(config-router)♯net 192.168.60.0 0.0.0.255 area 0
RouterB(config-router)♯net 192.168.30.0 0.0.0.255 area 0
RouterB(config-router)♯exit
```

3. 配置 routerC 的端口 IP 以及静态路由

```
Router>en
Router♯config t
Router(config)♯hostname routerC
RouterC(config)♯int s0/1
RouterC(config-if)♯ ♯ip add 202.206.99.2 255.255.255.0
RouterC(config-if)♯no shut
RouterC(config-if)♯exit
RouterC(config)♯ip route 202.206.97.0 255.255.255.0 serial 0/1
```

4. 配置服务器的 IP 地址

略。

5. routerB 的 DHCP 的配置

```
RouterB(config)♯ip dhcp pool new1
RouterB(dhcp-config)♯network 192.168.50.0 255.255.255.0
RouterB(dhcp-config)♯default-router 192.168.50.1
RouterB(dhcp-config)♯ip dhcp pool new2
RouterB(dhcp-config)♯network 192.168.60.0 255.255.255.0
RouterB(dhcp-config)♯default-router 192.168.60.1
```

6. routerA 静态、动态 NAT 的配置

```
RouterA(config)♯ip nat inside source static 192.168.10.2 202.206.97.2
RouterA(config-if)♯int f0/0
RouterA(config-if)♯ip nat inside
RouterA(config)♯ip nat pool newpool 202.206.97.120 202.206.97.124 netmask 255.255.255.0
                                          //创建地址池
RouterA(config)♯ip access-list extended nat          //建立扩展命名 ACL
RouterA(config-ext-nacl)♯permit ip 192.168.50.0 0.0.0.255 any
RouterA(config-ext-nacl)♯permit ip 192.168.60.0 0.0.0.255 any
RouterA(config)♯ip nat inside source list nat pool newpool overload
                                          //建立地址池与 ACL 映射关系
RouterA(config)♯int s0/0
RouterA(config-if)♯ip nat inside
RouterA(config-if)♯int s0/1
RouterA(config-if)♯ip nat outside
RouterA(config-if)♯exit
```

7. 结果验证

（1）将 PC 的 IP 地址设为 DHCP，检查 PC 是否能自动获得 IP 地址，若不能获得，请检查，也可在路由器上是用 show ip dhcp binding 命令检测。

① 在 PC 上检测：

```
PC>ipconfig
IP Address.....................：192.168.60.2
Subnet Mask....................：255.255.255.0
Default Gateway................：192.168.60.1
```

② 在路由器上检测：

```
RouterB#sho ip dhcp binding
IP address        Hardware addressLease expiration      Type
192.168.50.2      0001.C92D.0014 --                      Automatic
192.168.60.2      00D0.FF76.B5BC --                      Automatic
```

（2）检测 NAT 的配置，并查看 NAT 表。

① 在 PC 上 ping routerC 的 S0/1。

```
PC>ping 202.206.99.2

Pinging 202.206.99.2 with 32 bytes of data：

Reply from 202.206.99.2：bytes = 32 time = 29ms TTL = 253
Reply from 202.206.99.2：bytes = 32 time = 19ms TTL = 253
Reply from 202.206.99.2：bytes = 32 time = 14ms TTL = 253
Reply from 202.206.99.2：bytes = 32 time = 16ms TTL = 253
Ping statistics for 202.206.99.2：
    Packets：Sent = 4, Received = 4, Lost = 0 (0% loss),
Approximate round trip times in milli-seconds：
    Minimum = 14ms, Maximum = 29ms, Average = 19ms
```

② 查看 routerA 的 NAT 表。

```
RouterA#show ip nat translations
Pro    Inside global         Inside local        Outside local       Outside global
icmp   202.206.97.120：1     192.168.50.2：1     202.206.99.2：1     202.206.99.2：1
icmp   202.206.97.120：2     192.168.50.2：2     202.206.99.2：2     202.206.99.2：2
icmp   202.206.97.120：3     192.168.50.2：3     202.206.99.2：3     202.206.99.2：3
icmp   202.206.97.120：4     192.168.50.2：4     202.206.99.2：4     202.206.99.2：4
icmp   202.206.97.120：5     192.168.60.2：5     202.206.99.2：5     202.206.99.2：5
icmp   202.206.97.120：6     192.168.60.2：6     202.206.99.2：6     202.206.99.2：6
icmp   202.206.97.120：7     192.168.60.2：7     202.206.99.2：7     202.206.99.2：7
icmp   202.206.97.120：8     192.168.60.2：8     202.206.99.2：8     202.206.99.2：8
---    202.206.97.2          192.168.10.2        ---                 ---
```

# 17.3  活学活用

倘若在17.2的实验中你只有一个公网IP,那该怎么办? 答案是端口多路转换(PAT),那么请将上一节实验中的NAT删除,再实现端口多路转换(PAT)。

在实验的过程中,你需要做:

(1) 删除NAT地址池和映射语句。

使用以下命令删除NAT地址池和到NAT ACL的映射:

no ip nat pool [poolname]

no ip nat inside source list [listname] pool [poolname]

如果显示以下消息:

%Pool MY-NAT-POOL in use,cannot destroy

则用命令清除NAT转换:♯clear ip nat translation ＊

(2) 使用命令。

ip nat inside source list [listname] [portnumber] overload

(3) 注意overload的使用。

# 17.4  动动脑筋

1. 试叙述动态NAT、静态NAT和NAT过载的不同。

_____

_____

2. 试叙述NAT术语。

_____

_____

3. 试叙述使用NAT的优缺点。

_____

_____

4. DHCP的四个过程指什么?

_____

_____

5. DHCP 的功能是什么？

_____

_____

6. 请列举配置 DHCP 所需的命令并阐明其含义。

_____

_____

# 17.5  学 习 小 结

通过本章的学习，读者了解了 DHCP 的特点和优点、DHCP 的运作，知道如何配置、检验 DHCP 和排查 DHCP 故障，并且了解了 NAT 的优点和缺点、NAT 和 NAT 过载的主要功能与运作，知道如何配置 NAT 和 NAT 过载以节省网络的 IP 地址空间，配置端口转发，以及检验 NAT 配置和排查 NAT 故障。现将本章所涉及的主要命令总结如下（如表 17-2 所示），供读者查阅。

表 17-2  第 17 章命令汇总

| 命  令 | 功  能 |
| --- | --- |
| ip nat inside source static ⟨local-ip global-ip⟩ | 配置内部源地址 NAT 静态转换 |
| ip nat [inside\|outside] | 指定接口对 NAT 是流量来源或者目的 |
| ip nat pool name start-ip end-ip ⟨netmask netmask\| prefix-length prefix-length⟩ | 定义 NAT 的 IP 地址池 |
| access-list access-list-number ⟨deny\|permit⟩ source [source-wildcard] | 定义标准 ACL |
| ip nat inside source list ⟨access-list-number \| access-list-name⟩ ⟨interface type number\|pool name⟩ [overload] | 启用内部源地址的 NAT |
| show ip nat translations [protocol][ verbose] | 显示活动的 NAT 转换 |
| debug ip nat | 显示 NAT 地址转换的包信息 |
| clear ip nat translation ⟨ * \|inside global-ip global-port local-ip local-port⟩ \| [outside local-ip global-ip] [esp\|top\|udp] | 清除动态 NAT 转换 |
| ip dhcp database url [timeout seconds\| write-delay seconds\| write-delay seconds timeout seconds] | 配置数据库代理 |
| ip dhcp excluded-address low-address [high-address] | 排除 IP 地址 |
| ip dhcp pool name | 配置 DHCP 地址池名称，进入 DHCP 池配置模式 |
| network network- number [⟨mask⟩/prefix-length⟩] | 配置 DHCP 地址池子网和掩码 |

续表

| 命　令 | 功　能 |
|---|---|
| domain-name domain | 为客户配置域名 |
| dns-server address［address2…address8］ | 为客户配置域名服务器 |
| netbios-name-server address［address2…address8］ | 为客户配置 NetBIOS Windows internet 命名服务器 |
| netbios-node-type type | 为客户配置 NetBIOS 节点类型 |
| default-router address［address2...address8］ | 为客户配置默认路由器 |
| lease｛ days［hours［minutes］］| infinite｝ | 配置地址租期 |

# 第 18 章　项目实战——校园网络工程实践

## 18.1　项 目 概 述

本章以典型的高校校园网为实例,进行网络规划、设计,并给出校园网络关键设备的配置步骤、配置命令以及诊断命令和方法。通过本章的学习,相信读者能够系统地掌握中小型园区网络的设计、实施以及维护方法。

## 18.2　项 目 任 务

- 网络设备的基本配置。
- 配置 VLAN。
- 配置端口聚合。
- 配置 HSRP。
- 配置 OSPF 协议。
- 配置 NAT。
- 配置 DHCP。
- 配置 ACL。

**小提示**

HSRP 是 hot standby router protocol(热备份路由器协议)的简称,是 Cisco 的专业协议。HSRP 把多台路由器组成一个"热备份组",形成一个虚拟路由器。这个组内只有一个路由器是 active(活动)的,并由它来转发数据包,如果活动路由器发生了故障,备份路由器将成为活动路由器。

# 18.3　项目实施

## 18.3.1　高校校园网需求分析

**1. 随时随地接入的需求**

高校师生对于网络接入有着强烈的需求。原因有二：一方面，随着近年来国家对高等教育的大力发展和支持，高校在校生人数普遍呈现上升趋势；另一方面，由于国家经济实力的增强，技术的发展带来各种硬件设备成本的降低，导致电脑的普及率也越来越高。

**2. 主干网络高性能、高稳定可靠性的需求**

首先是高性能的需求。高校校园网用户数量在不断增加，并且随着网络应用技术的不断发展，高校校园网应用也愈发复杂，例如 FTP、VOD 点播等大数据量的访问，又如 P2P 应用产生的巨大网络流量，如何进行高速的网络传输，对网络设备的性能提出了很高的要求。在实际中，有很多高校使用的主干设备依然是集中式表查询和集中式转发模式。很多时候，用户抱怨网络很慢，而设备性能不够是其中一个很重要的原因。

其次是高稳定可靠性的需求。一方面，未来的社会是信息的社会，当前随着师生员工的工作、科研、学习、生活、娱乐越来越离不开网络（例如，无纸化办公、网络教学、视频会议、VOD 点播和网上购物等业务的开展），网络的稳定可靠性就显得愈发重要——网络断开几小时也无所谓的历史已经过去了。另一方面，在应用丰富的同时，网络环境也变得异常恶劣。近两年，网络攻击事件呈指数级上升而所需要的攻击知识却越来越弱化，各种攻击工具在网络上可以随手拈来，这也对网络设备在网络攻击或者病毒泛滥情况下的稳定可靠性提出了挑战。目前，在高校使用的设备中还存在大量早期采购的设备，这些设备在启用了安全规则情况下性能急剧下降——在受到网络攻击或病毒泛滥的时候，CPU 利用率居高不下，设备稳定性降低，很可能死机/宕机。

**3. 出口区域对性能和功能的需求**

对于出口，主要有两个方面的需求。一方面，需要进行多出口的策略部署，并且需要解决多出口部署下的性能问题。具体来说，NAT 就是上网速度慢的一个重要原因，另外，设备启用策略路由时，造成设备性能的下降，也影响整个出口的效能和稳定性。究其根本，设备的性能是一个很大的原因（对于 NAT 支持的优劣，有两个很重要的依据，那就是"并发会话数"和"新建会话数"）。另一方面，国家现在对于网络出口设备有了新的要求，就是要记录用户信息、用户上网记录、地址转换记录、设备状态记录等。一旦不符合日志要求，极可能面临整顿或者关闭网络的危机。

**4. 强烈的网络安全的需求**

第一，高校面临着严峻的网络安全形势。越来越多的报道表明，高校校园网已逐渐成为黑客的聚集地。这一方面是由于网络病毒、黑客工具的泛滥，以及用户安全意识的淡薄；另一方面，高校学生——这群精力充沛的年轻一族对新鲜事物有着强烈的好奇心，他们有着探索的高智商和冲劲,却缺乏全面思考的责任感。有关数字显示,目前校园网遭受的恶意攻击,90%来自高校网络内部,如何保障校园网络的安全成为高校校园网络建设时不得不考虑的问题。

第二,网络安全一定是全方位的安全。首先,网络出口、数据中心、服务器等重点区域要做到安全过滤;其次,不管是接入设备,还是主干设备,设备本身都需要具备强大的安全防护能力,并且安全策略部署不能影响网络的性能,不能造成网络单点故障;最后,要充分考虑全局统一的安全部署,包括准入控制,对网络安全事件进行深度探测,对现有安全设备有机的联动,对安全事件触发源的准确定位和根据身份进行的隔离、修复等措施,对网络形成一个由内至外的整体安全构架。所以,在对出口等重点区域进行安全部署的同时,要更加全面地考虑安全问题,让整个网络从设备级的安全上升一个台阶,摆脱仅仅局部加强某个单点的安全强度的方式。

### 18.3.2　典型的校园网拓扑结构

根据高校校园网的典型需求,我们设计了一个简化的高校校园网,技术要求如下：

* 网络设备的基本配置。
* 配置 VLAN。
* 配置端口聚合。
* 配置 HSRP。
* 配置 OSPF 协议。
* 配置 NAT。
* 配置 DHCP。
* 配置 ACL。

根据校园网的技术需求,我们设计了一个典型的校园网拓扑结构,如图 18-1 所示。

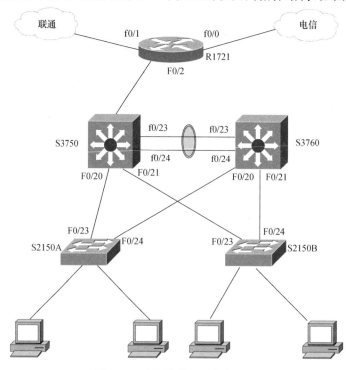

图 18-1　典型的校园网拓扑结构

### 18.3.3 校园网的 VLAN 和 IP 地址规划

(1) 根据拓扑结构,我们进行 VLAN 的划分和 IP 地址的分配,如表 18-1 所示。

表 18-1 校园网的 VLAN 和 IP 地址规划

| 部门 | VLAN 编号 | 网络号码与子网掩码 | 默认网关 |
|---|---|---|---|
| 教学楼 | 10 | 172.16.10.0/24 | 172.16.10.254 |
| 办公楼 | 20 | 172.16.20.0/24 | 172.16.20.254 |
| 实验楼 | 30 | 172.16.30.0/24 | 172.16.30.254 |
| 图书馆 | 40 | 172.16.40.0/24 | 172.16.40.254 |
| 管理 VLAN | 100 | 172.16.100.0/24 | 172.16.100.254 |

(2) 交换机管理地址和设备接口地址如表 18-2、表 18-3 所示。

表 18-2 交换机管理地址

| 设备名称 | IP 地址/子网掩码 |
|---|---|
| S2150A | 172.16.100.1 /24 |
| S2150B | 172.16.100.2 /24 |
| S3750 | 172.16.100.3 /24 |
| S3760 | 172.16.100.4 /24 |

表 18-3 设备接口地址

| 设备名称 | 接口 | IP 地址/子网掩码 |
|---|---|---|
| S3750 | F0/15 | 192.168.100.1/30 |
| R1721 | F0/2 | 192.168.100.2/30 |
| R1721 | F0/0 | 211.71.232.20/24 |
| R1721 | F0/1 | 202.168.3.25/24 |

### 18.3.4 网络设备的基本配置

为了方便项目的进行,我们首先对所有的设备进行基本的网络配置,包括配置设备名称、特权模式密码、用户模式密码、远程登录密码、用户访问超时、键盘同步等。

1. 实验目的

通过本实验,读者可以掌握以下技能:

● 在用户模式、特权模式和配置之间切换。

● 查看各种模式下的命令的区别。

● 熟悉上下文关联帮助的使用。

● 查看 IOS 版本信息。

● 查看路由器各基本组件信息。

2. 实验步骤（以设备 S2150A 为例）

```
switch>enable                              //从用户模式进入特权模式
switch#config t                            //从特权模式进入全局配置模式
switch(config)#hostname S2150A             //设置交换机的名字
S2150A(config)#enable secret cisco         //设置交换机的特权模式密码
S2150A(config)#line con 0                  //进入交换机的用户 console 接口
S2150A(config-line)#login                  //要求用户进行密码验证
S2150A(config-line)#password cisco         //设置 console 端口的密码
S2150A(config-line)#logging syn            //使终端的屏幕输出与键盘输入同步
S2150A(config-line)#exec-time 0 0          //设置 console 接口永不关闭
S2150A(config)#line vty 0 15               //进入交换机的 telnet 接口
S2150A(config-line)#login                  //设置 telnet 接口要求用户密码验证
S2150A(config-line)#password cisco         //设置 telnet 接口的密码
（其他设备与 S2150A 类似，略…）
```

### 18.3.5 VLAN 和 VLAN 之间的路由配置

VLAN 是在一个物理网络上划分出来的逻辑网络。这个网络对应 OSI 参考模型的第二层。VLAN 的划分不受网络端口的实际物理位置的限制。VLAN 有着和普通物理网络同样的属性，除了没有物理位置的限制，它和普通局域网一样。第二层的单播、广播和组播帧在一个 VLAN 内转发、扩散，而不会直接进入其他的 VLAN。所以，如果一个端口所连接的主机想要同和它不在同一个 VLAN 的主机通信，则必须通过一个路由器或者三层交换机。

1. 实验目的

通过本实验，读者可以掌握以下技能：

- 创建 VLAN。
- 命名 VLAN。
- 配置端口并加入特定 VLAN。
- 配置 trunk 端口。
- 实现 VLAN 之间的路由。

2. 实现步骤

（1）配置设备 S2150A。

```
S2150A (config)#vlan 10                              //创建 VLAN10
S2150A (config-vlan)#name vlan10                     //将 VLAN10 命令为 VLAN10
S2150A (config)#interface range fastEthernet 0/1-5   //进入交换机接口 1-5
S2150A (config-if-range)#switchport access vlan 10   //将接口 1-5 设置属于 VLAN10
S2150A (config)#vlan 20                              //创建 VLAN20
S2150A (config-vlan)#name vlan20                     //命名 VLAN20
S2150A (config)#interface range fastEthernet 0/6-10  //进入交换机接口 6-10
```

```
S2150A (config-if-range)♯switchport access vlan 20        //将接口 6-10 设置属于 VLAN20
S2150A (config)♯vlan 30                                     //创建 VLAN30
S2150A (config-vlan)♯name vlan30                            //将 VLAN30 命名为 VLAN30
S2150A (config)♯interface range fastEthernet 0/11-15       //进入交换机接口 11-15
S2150A (config-if-range)♯switchport access vlan 30         //将接口 11-15 设置属于 VLAN30
S2150A (config)♯vlan 40                                     //创建 VLAN40
S2150A (config-vlan)♯name vlan40                            //将 VLAN40 命名为 VLAN40
S2150A (config)♯interface range fastEthernet 0/16-20       //进入交换机接口 16-20
S2150A (config-if-range)♯switchport access vlan 40         //将接口 16-20 设置属于 VLAN40
S2150A (config)♯interface range fastEthernet 0/23-24       //进入交换机接口 23-24
S2150A (config-if)♯switchport mode trunk                    //设置接口 23-24 为 trunk 接口
S2150A (config)♯vlan 100                                    //创建 VLAN100
S2150A (config-vlan)♯name vlan100                           //将 VLAN100 命名为 VLAN100
S2150A (config)♯int vlan 100                                //进入 VLAN100 的接口配置模式
S2150A (config-if)♯ip address 172.16.100.1 255.255.255.0   //设置该接口的 IP 地址
S2150A (config-if)♯no shutdown                              //启动该接口
```

（2）配置设备 S2150B。

配置 S2150B 同配置 S2150A 类似，只是 VLAN 的编号和 IP 地址不同，此处略。

（3）配置设备 S3750。

```
S3750(config)♯vlan 10                                       //创建 VLAN10
S3750(config-vlan)♯vlan name VLAN10                         //将 VLAN10 命名为 VLAN10
S3750(config)♯vlan 20                                       //创建 VLAN20
S3750(config-vlan)♯vlan name VLAN20                         //将 VLAN20 命名为 VLAN20
S3750(config)♯vlan 30                                       //创建 VLAN30
S3750(config-vlan)♯vlan name VLAN30                         //将 VLAN30 命名为 VLAN30
S3750(config)♯vlan 40                                       //创建 VLAN40
S3750(config-vlan)♯vlan name VLAN40                         //将 VLAN40 命名为 VLAN40
S3750(config)♯vlan 100                                      //创建 VLAN100
S3750(config-vlan)♯vlan name VLAN100                        //将 VLAN100 命名为 VLAN100
S3750(config)♯int vlan 10                                   //进入 VLAN10 接口
S3750(config-if)♯ip address 172.16.10.254 255.255.255.0    //为 VLAN10 配置 IP 地址
S3750(config-if)♯no shutdown                                //启动该接口
S3750(config)♯int vlan 20                                   //进入 VLAN20 接口
S3750(config-if)♯ip address 172.16.20.254 255.255.255.0    //为 VLAN20 配置 IP 地址
S3750(config-if)♯no shutdown                                //启动该接口
S3750(config)♯int vlan 30                                   //进入 VLAN30 接口
S3750(config-if)♯ip address 172.16.30.254 255.255.255.0    //为 VLAN30 配置 IP 地址
S3750(config-if)♯no shutdown                                //启动该接口
S3750(config)♯int vlan 40                                   //进入 VLAN40 接口
S3750(config-if)♯ip address 172.16.40.254 255.255.255.0    //为 VLAN40 配置 IP 地址
```

```
S3750(config-if)# no shutdown                              //启动该接口
S3750(config)# int vlan 100                                //进入管理 VLAN 接口
S3750(config-if)# ip address 172.16.100.3 255.255.255.0    //为该 VLAN 配置 IP 地址
S3750(config-if)# no shutdown                              //启动该接口
S3750(config-if)int range f0/20-21                         //进入交换机接口 20-21
S3750(config-if-range)# switchport mode trunk              //设置接口为 trunk 接口
S3750(config-if-range)# exit
S3750(config)# interface range fastEthernet 0/23-24
S3750(config-if-range)# switchport access vlan 100
S3750(config-if-range)# exit
```

（4）配置设备 S3760。

配置 S3760 同配置 S3750 类似，只是 VLAN 的编号和 IP 地址不同，此处略。

### 18.3.6　配置端口聚合和冗余备份

我们可以把多个物理连接捆绑在一起，形成一个简单的逻辑连接，这种逻辑连接我们称之为一个聚合端口（aggregate port）。端口聚合是链路带宽扩展的一个重要途径。此外，当中的一条成员链路断开时，系统会将该链路的流量分配到聚合端口其他有效链路上去。聚合端口可以根据源 MAC 地址/目的 MAC 地址或源 IP 地址/目标 IP 地址来进行流量平衡，在实际应用中，用得比较多的是根据目的 MAC 地址进行流量平衡。

1. 实验目的

通过本实验，读者可以掌握以下技能：

- 同时配置交换机的多个端口。
- 配置交换机的端口聚合。
- 配置聚合端口的负载均衡。

2. 实验步骤

（1）配置 S3750。

```
S3750(config)# interface range fastEthernet 0/23-24    //进入该交换机 23-24 端口接口
S3750 (config-if-range)# port-group 1                  //进行端口绑定
S3750 (config)# aggregatePort load-balance dst-mac      //选择基于目的 MAC 的负载均衡方式
```

（2）配置 S3760。

```
S3760(config)# interface range fastEthernet 0/23-24    //进入该交换机 23-24 端口接口
S3760 (config-if-range)# port-group 1                  //进行端口绑定
S3760 (config)# aggregatePort load-balance dst-mac      //选择基于目的 MAC 的负载均衡方式
```

（3）实验验证。

当将两台三层交换机之间的一条链路断开时，网络依然可以通信。

### 18.3.7　配置 HSRP

**1. 实验目的**

通过本实验,读者可以掌握以下技能:

● 配置 HSRP。

● 配置虚拟 IP 地址。

**2. 实验步骤**

(1) 配置 S3750。

```
S3750(config)#vlan 10                                //进入 VLAN10 接口
S3750(config-vlan)#standby 1 ip 172.16.10.254        //启动 HSRP 功能,并设置虚拟 IP 地址
S3750(config-vlan)#standby 1 priority 254            //设置该接口的 HSRP 优先级
S3750(config)#vlan 20                                //进入 VLAN20 接口
S3750(config-vlan)#standby 2 ip 172.16.20.254        //启动 HSRP 功能,并设置虚拟 IP 地址
S3750(config-vlan)#standby 2 priority 254            //设置该接口的 HSRP 优先级
S3750(config)#vlan 30                                //进入 VLAN30 接口
S3750(config-vlan)#standby 3 ip 172.16.30.254        //启动 HSRP 功能,并设置虚拟 IP 地址
S3750(config-vlan)#standby 3 priority 120            //设置该接口的 HSRP 优先级
S3750(config)#vlan 40                                //进入 VLAN40 接口
S3750(config-vlan)#standby 4 ip 172.16.40.254        //启动 HSRP 功能,并设置虚拟 IP 地址
S3750(config-vlan)#standby 4 priority 120            //设置该接口的 HSRP 优先级
```

(2) 配置 S3760。

```
S3760(config)#vlan 10                                //进入 VLAN10 接口
S3760(config-vlan)#standby 1 ip 172.16.10.254        //启动 HSRP 功能,并设置虚拟 IP 地址
S3760(config-vlan)#standby 1 priority 120            //设置该接口的 HSRP 优先级
S3760(config)#vlan 20                                //进入 VLAN20 接口
S3760(config-vlan)#standby 1 ip 172.16.20.254        //启动 HSRP 功能,并设置虚拟 IP 地址
S3760(config-vlan)#standby 1 priority 120            //设置该接口的 HSRP 优先级
S3760(config)#vlan 30                                //进入 VLAN30 接口
S3760(config-vlan)#standby 2 ip 172.16.30.254        //启动 HSRP 功能,并设置虚拟 IP 地址
S3760(config-vlan)#standby 2 priority 120            //设置该接口的 HSRP 优先级
S3760(config)#vlan 40                                //进入 VLAN40 接口
S3760(config-vlan)#standby 4 ip 172.16.40.254        //启动 HSRP 功能,并设置虚拟 IP 地址
S3760(config-vlan)#standby 4 priority 254            //设置该接口的 HSRP 优先级
```

(3) 验证配置。

默认情况下,交换机 S2150A VLAN10 上的计算机是通过 S3750 访问外部网络的。如果切断 S2150A 和 S3750 之间的连接,VLAN10 上的计算机自动通过 S3760 访问外部网络。

### 18.3.8 配置 OSPF 协议

**1. 实验目的**

通过本实验，读者可以掌握以下技能：

- 配置单区域 OSPF 协议。
- 配置参与 OSPF 进程的接口。
- 配置 OSPF 度量值。
- 配置 OSPF 协议接口 IP。
- 验证 OSPF 协议。

**2. 实验步骤**

（1）配置 S3750。

```
S3750(config)# router ospf 10                              //启动 OSPF 协议
S3750(config-router)# network 172.16.10.0 0.0.0.255 area 0
S3750(config-router)# network 172.16.20.0 0.0.0.255 area 0
S3750(config-router)# network 172.16.30.0 0.0.0.255 area 0
S3750(config-router)# network 172.16.40.0 0.0.0.255 area 0
S3750(config-router)# network 172.16.100.0 0.0.0.255 area 0
S3750(config-router)# network 192.168.100.1 0.0.0.3 area 0

                                                           //以上命令将相应接口加入到
                                                           OSPF 区域

S3750(config-router)# exit
S3750(config)# int f0/15                                   //进入 f0/15 端口
S3750(config)# no switchport                               //设置该端口为属于三层接口
S3750(config-if)# ip address 192.168.100.1 255.255.255.252 //为该接口配置 IP 地址
S3750(config-if)# no shutdown                              //启动该端口
S3750(config)# int vlan 30
S3750(config-vlan)# ip ospf cost 65535

                                                           //提高 S3750 上 VLAN30 的 OSPF
                                                           度量值，让 VLAN30 的数据包由
                                                           S3760 交换机传输

S3750(config)# int vlan 40
S3750(config-vlan)# ip ospf cost 65535

                                                           //提高 S3750 上 VLAN40 的 OSPF
                                                           度量值，让 VLAN40 的数据包由
                                                           S3760 交换机传输
```

（2）配置 S3760。

```
S3760(config)# router ospf 30                    //启动 OSPF 协议
S3760(config-router)# network 172.16.10.0 0.0.0.255 area 0
S3760(config-router)# network 172.16.20.0 0.0.0.255 area 0
```

```
S3760(config-router)# network 172.16.30.0 0.0.0.255 area 0
S3760(config-router)# network 172.16.40.0 0.0.0.255 area 0
S3760(config-router)# network 172.16.100.0 0.0.0.255 area 0
                                        //以上命令将相应接口加入 OSPF 区域
S3760(config)# int vlan 10
S3760(config-vlan)# ip ospf cost 65535
                                        //提高 S3760 上 VLAN10 的 OSPF 度量值,
                                        让 VLAN10 的数据包由 S3750 交换机传输
S3760(config)# int vlan 20
S3760(config-vlan)# ip ospf cost 65535
                                        //提高 S3760 上 VLAN20 的 OSPF 度量值,
                                        让 VLAN20 的数据包由 S3750 交换机传输
```

（3）配置 R1721。

```
S1721(config)# router ospf 20                    //启动 OSPF 协议
S1721(config-router)# network 192.168.100.2 0.0.0.3 area 0    //设置参与 OSPF 进程的接口
```

（4）验证。

使用 traceroute 命令跟踪路由的过程中，VLAN10 和 VLAN20 的数据包应该通过 S3750 路由器传输到外网，VLAN30 和 VLAN40 的数据包应该通过 S3760 路由器传输到外网。

### 18.3.9  配置 NAT

当前的 internet 面临的两大问题是可用 IP 地址的短缺和路由表的不断增大，这使得众多用户的接入出现困难。使用 NAT 技术可以使一个机构内的所有用户通过有限的（或 1 个）合法 IP 地址访问 internet，从而节省了 internet 的合法 IP 地址；另一方面，通过地址转换，可以隐藏内网上主机的真实 IP 地址，从而提高网络的安全性。

1. 实验目的

通过本实验，读者可以掌握以下技能：

● 配置动态 NAT。
● 配置地址转换池。
● 配置 ACL。
● 配置 PAT。
● 验证 NAT 协议。

2. 实验步骤

（1）配置 R1721。

```
R1721(config)# ip nat pool liantong 211.71.232.20 211.71.232.20 netmask 255.255.255.0
                                        //定义联通转换地址池
R1721(config)# ip nat pool dianxin 202.168.3.25 202.168.3.25 netmask 255.255.255.0
                                        //定义电信转换地址池
```

```
R1721(config)#access-list 1 permit 172.16.10.0   0.0.0.255
R1721(config)#access-list 1 permit 172.16.20.0   0.0.0.255
R1721(config)#access-list 2 permit 172.16.30.0   0.0.0.255
R1721(config)#access-list 2 permit 172.16.40.0   0.0.0.255
                                    //以上命令定义访问控制列表 1 和 2
R1721(config)# ip nat inside source list 1 pool liantong overload
                                    //将 VLAN10、VLAN20 内的 IP 转换为联通的公网 IP
R1721(config)# ip nat inside source list 2 pool dianxin overload
                                    //将 VLAN10、VLAN20 内的 IP 转换为电信的公网 IP
R1721 (config)# int f0/2
R1721 (config-if)# ip nat inside          //配置 f0/2 为内部访问接口
R1721 (config)# int f0/1
R1721 (config-if)# ip nat outside         //配置 f0/1 为外部访问接口
R1721 (config)# int f0/0
R1721 (config-if)# ip nat outside         //配置 f0/0 为外部访问接口
```

（2）验证。

在 R1721 路由器上，使用 show ip nat translations 命令可以查看 NAT 的映射表，可以发现 VLAN10 和 VLAN20 中的 IP 被转换为联通 IP 地址池中的 IP；VLAN30 和 VLAN40 中的 IP 被转换为电信 IP 地址池中的 IP。

### 18.3.10  配置 DHCP

DHCP 服务是一种自动为客户分配 IP 地址的服务，通常校园网的 DHCP 服务器都设置在三层交换机之上，在保证客户请求不受影响的情况下，节省了单独架设 DHCP 服务器的开支，本案例把 S3750 配置为 DHCP 服务器，把 S3760 配置为 DHCP 中继代理，用来中继来自 VLAN30、VLAN40 的 DHCP 请求。

1. 实验目的

通过本实验，读者可以掌握以下技能：
- 启动 DHCP 服务器。
- 配置动态分配 IP 池。
- 为客户动态分配网关。
- 配置 DHCP 中继代理。
- 从分配池中排除特殊的 IP 不进行分配。
- 验证 DHCP。

2. 实验步骤

（1）配置 S3750

```
S3750(config)# service dhcp                    //启动 DHCP 服务
S3750(config)# ip dhcp pool VLAN10
```

```
S3750(config)#network 172.16.10.0 255.255.255.0          //为 VLAN10 设置动态分配 IP 池
S3750(config)#default-router 172.16.10.254               //为 VLAN10 设置网关
S3750(config)#dns-server 211.71.232.5                    //为客户机配置 DNS
S3750(config)#ip dhcp pool VLAN20
S3750(config)#network 172.16.10.0 255.255.255.0          //为 VLAN20 设置动态分配 IP 池
S3750(config)#default-router 172.16.20.254               //为 VLAN20 设置网关
S3750(config)#dns-server 211.71.232.5                    //为客户机配置 DNS
S3750(config)#ip dhcp pool VLAN30
S3750(config)#network 172.16.30.0 255.255.255.0          //为 VLAN30 设置动态分配 IP 池
S3750(config)#default-router 172.16.30.254               //为 VLAN30 设置网关
S3750(config)#dns-server 211.71.232.5                    //为客户机配置 DNS
S3750(config)#ip dhcp pool VLAN40
S3750(config)#network 172.16.40.0 255.255.255.0          //为 VLAN40 设置动态分配 IP 池
S3750(config)#default-router 172.16.40.254               //为 VLAN40 设置网关
S3750(config)#dns-server 211.71.232.5                    //为客户机配置 DNS
S3750(config)#ip dhcp excluded-address 172.16.10.252
S3750(config)#ip dhcp excluded-address 172.16.10.253
S3750(config)#ip dhcp excluded-address 172.16.10.254
S3750(config)#ip dhcp excluded-address 172.16.20.252
S3750(config)#ip dhcp excluded-address 172.16.20.253
S3750(config)#ip dhcp excluded-address 172.16.20.254
S3750(config)#ip dhcp excluded-address 172.16.30.252
S3750(config)#ip dhcp excluded-address 172.16.30.253
S3750(config)#ip dhcp excluded-address 172.16.30.254
S3750(config)#ip dhcp excluded-address 172.16.40.252
S3750(config)#ip dhcp excluded-address 172.16.40.253
S3750(config)#ip dhcp excluded-address 172.16.40.254
                                                         //以上命令为排除特定 IP 不用
                                                         来进行动态分配
S3750(config)#ip dhcp snooping                           //启动 DHCP 反 ARP 欺骗功能
```

（2）配置 S3760。

```
S3760(config)# service dhcp
S3760(config)# int vlan 20
S3760(config-if)ip helper-address 192.168.100.3          //配置 DHCP 中继代理
```

（3）验证。

从 VLAN10、VLAN20、VLAN30 和 VLAN40 中分别找一台计算机，设置计算机"自动获取 IP 地址"，然后，在命令提示符下，使用命令 ipconfig /all 来查看是否自动获取 IP 地址，获取的 IP 地址是否合法。

### 18.3.11  配置 ACL

ACL 是应用在路由器接口的指令列表。这些指令列表告诉路由器可以接收哪些数据包，需要拒绝哪些数据包。至于是接收还是拒绝数据包，可以根据类似于源地址、目的地址、端口号等的特定指示条件来决定。下面我们通过 ACL 实现常见的病毒控制和 VLAN10 与 VLAN20 之间的访问限制。

**1. 实验目的**

通过本实验，读者可以掌握以下技能：

- 配置标准 ACL。
- 配置扩展 ACL。
- 配置命名的标准 ACL。
- 配置命名的扩展 ACL。
- 在接口上应用 ACL。
- 验证 ACL。

**2. 实验步骤**

（1）配置 S3750。

```
S3750 (config) # ip access-list standard denyxs          //创建一个标准的 ACL 名称为 DENYXS
S3750 (config-std-nacl) # deny 172.16.10.0 0.0.0.255      //禁止 172.16.10.0 这个网段
S3750 (config-std-nacl) # permit any                     //允许其他流量
S3750 (config) # int vlan 20
S3750 (config-if) # ip access-group denyxs out
                                                         //在 VLAN20 这个网段启动 DENYXS,禁止
                                                         VLAN10 访问 VLAN20
```

（2）配置 S3760。

```
S3760 (config) # ip access-list standard denyxs          //创建一个标准的 ACL 名称为 DENYXS
S3760 (config-std-nacl) # deny 172.16.10.0 0.0.0.255      //禁止 172.16.10.0 这个网段
S3760 (config-std-nacl) # permit any                     //允许其他流量
S3760 (config) # int vlan 20
S3760 (config-if) # ip access-group denyxs out
                                                         //在 VLAN20 这个网段启动 DENYXS,禁止
                                                         VLAN10 访问 VLAN20
```

（3）配置 R1721：在出口路由器上启用 ACL,防止冲击波、震荡波。

```
R1721(config) # access-list 100 deny tcp any any eq 135   //冲击波、震荡波常用攻击端口
R1721 (config) # access-list 100 deny tcp any any eq 136  //冲击波、震荡波常用攻击端口
R1721 (config) # access-list 100 deny tcp any any eq 137  //冲击波、震荡波常用攻击端口
R1721 (config) # access-list 100 deny tcp any any eq 138  //冲击波、震荡波常用攻击端口
R1721 (config) # access-list 100 deny tcp any any eq 139  //冲击波、震荡波常用攻击端口
```

```
R1721 (config)#access-list 100 deny tcp any any eq 445    //冲击波、震荡波常用攻击端口
R1721 (config)#access-list 100 deny udp any any eq 135    //冲击波、震荡波常用攻击端口
R1721 (config)#access-list 100 deny udp any any eq 136    //冲击波、震荡波常用攻击端口
R1721 (config)#access-list 100 deny udp any any eq 137    //冲击波、震荡波常用攻击端口
R1721 (config)#access-list 100 deny udp any any eq 138    //冲击波、震荡波常用攻击端口
R1721 (config)#access-list 100 deny udp any any eq 139    //冲击波、震荡波常用攻击端口
R1721 (config)#access-list 100 deny udp any any eq 445    //冲击波、震荡波常用攻击端口
R1721 (config)#access-list 100 permit ip any any
```

（4）应用 ACL。

```
R1721 (config)#interface s0/1
R1721 (config-if)#ip access-group 100 in
R1721 (config)#interface s0/0
R1721 (config-if)#ip access-group 100 in
```

（5）验证。

使用 ping 命令验证 ACL。

## 18.4  学 习 小 结

通过本章的学习，读者应该能够更加深刻地理解前面章节学到的网络设备配置技术和这些技术之间的相互作用。通过本章的综合训练，读者能够综合运行前面所学知识，进行常规园区网、企业网、校园网的规划、设计和配置。

# 附录 A　Boson NetSim 简介

## A.1　Boson NetSim 概览

Boson NetSim 是 Boson 公司推出的一款 Cisco 路由器、交换机模拟软件。它的出现给那些正在准备 CCNA、CCNP 考试然而却苦于没有实验设备、实验环境的备考者提供了练习教材上所学命令的环境和工具。

Boson NetSim 是目前市面上优秀的网络模拟软件之一。Boson NetSim 基于 Windows 运行环境，支持 2600 系列、2800 系列和 3600 系列路由器和 Cisco Catalyst 1900 系列、2900 系列、3500 系列交换机等。Boson NetSim 支持的路由协议包括 RIP、IGRP、EIGRP、OSPF 协议和 BGP 等，支持的局域网/广域网协议包括 PPP\CHAP、ISDN 和帧中继等。

获得 Cisco 认证是很多网络技术学习者的目标，Boson NetSim 软件不仅包括 SWITCH (642-813)，TSHOOT (642-832) 和 ROUTE (642-902) 认证题目，还包括 ICND1 (100-101)，ICND2 (200-101) 和 CCNA (200-120) 认证题目。

我们可以使用软件提供的实验学习网络操作技能，这些实验都是依据 Cisco 认证考试进行设计的，我们也可以利用软件提供的网络设计器工具设计和规划自己需要的网络，在此基础上进行练习。在 Boson NetSim 软件中不需要访问任何外部的路由器或交换机就可以对这些设备进行配置。Boson NetSim 软件支持很多 IOS 命令，但不是对所有的 IOS 命令都支持。

总之，Boson NetSim 操作灵活并且功能强大。在某些情况下，我们可以利用它来创建一个模拟的企业网络的拓扑结构，并在不需要真实设备的情况下进行模拟设置。

Boson NetSim 有不同的系列和版本，这里我们以 Boson NetSim for CCNP V10 为例，从入门开始讲解，一步步地帮助大家掌握其所有功能。

## A.2　快速入门

1. 系统要求

● 支持操作系统：Windows 10，Windows 8，Windows 7，Windows Vista，WindowsXP。

● .net 框架：微软 .NET Framework 版本 4。

- 处理器：1 GHz 奔腾处理器或等效（最小），3 GHz 以上的奔腾处理器或等效（推荐）。
- 内存：512 兆字节（最低），2 GB 以上（推荐）。
- 硬盘：高达 100MB 的可用空间。
- 分辨率：1024×768，256 色（最低）；1024×768,32 位真彩色（推荐）。
- 可用的互联网连接。

2．产品激活

下载 Boson NetSim 软件需要拥有一个 Boson 账号，账号在 Boson 官网上免费注册即可获得。

在 Windows 操作系统安装好 Boson NetSim 软件后，在开始菜单选择 Boson Software →Boson NetSim 10.0→Boson NetSim，打开 Boson NetSim 软件；如果你是某一 Cisco 认证培训机构的学员，可以在开始菜单选择 Boson Software→Boson NetSim 10.0→Boson NetSim LS Client 打开 NetSim 软件。第一次打开 NetSim 软件时，软件会弹出"NetSim Activation Wizard"对话框（如图 A-1 所示）。我们可以选择 demo 版本或者 full 版本。

demo 版本中只有少数实验和命令可用。如果想获得更多的实验和命令，我们必须激活一个 full 版本的 Boson NetSim。

图 A-1　"NetSim Activation Wizard"对话框

3．开始一个实验

开始一个预装的 Boson NetSim 的实验，应按照以下步骤操作。

（1）在软件左边导航面板中，单击"Labs"。

（2）在"Standard"选项卡上，双击想要打开的实验。

（3）加载完实验后，单击"Lab Instructions"选项卡并阅读实验室说明。

（4）从"Consoles"部分的设备下拉菜单中，选择需要配置的设备，以便完成实验。

（5）完成实验室后，单击工具栏上的"Grade Lab icon"图标，以确保成功地完成了该实验。

（6）在"File"菜单中选择"Save"，保存配置。

## A.3　Home 面板

我们可以通过单击导航窗格上的"Home"打开 Home 面板。这个面板有很多组件，我们可以从这个面板访问很多功能。打开 Boson NetSim 软件之后，我们可以通过单击最近加载拓扑或最近实验名称打开这些文件，也可以单击"Labs""Network Designer"或者"Lab Compiler"来打开相应的面板。Home 面板包含三个区域，左边的区域是 Saved Files，右上的区域是Welcome，右下的区域是 News（如图 A-2 所示）。

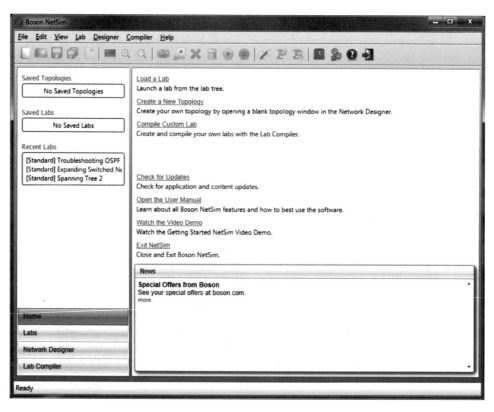

图 A-2　Home 面板

1. Saved Files 区域

在这一区域中，我们可以快速加载保存的拓扑、保存的实验或最近的实验。

2. Welcome 区域

这是最大的一个区域，在这个区域中，我们可以加载一个实验、创建一个新的拓扑或者编译一个订制的实验等。

3．News 区域

这一区域显示由 Boson 网站提供的软件更新和价格优惠等信息，在这里我们可以查看最新的新闻和信息，也可以单击"more"进入 Boson 网站查看更多信息。

# A.4　Labs 面板

我们可以通过单击导航窗格上的"Labs"打开 Labs 面板。Labs 面板包括三个子窗口：Lab Navigation、Lab Instructions / NetMap 和 Consoles（如图 A-3 所示）。我们可以单击并拖动各个部分之间的拆分器调整这些子窗口的大小。

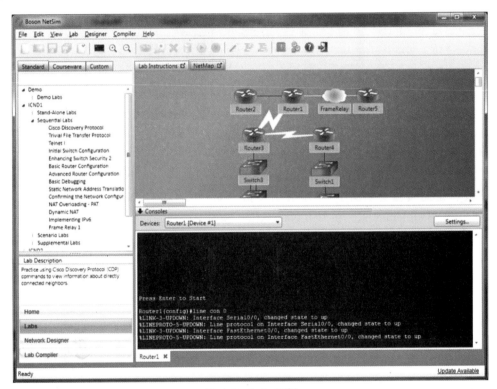

图 A-3　Labs 面板

## A.4.1　Lab Navigation

1．Standard

此选项卡上有三个主要部分：Search Labs、Available Labs，和 Lab Description。

（1）Search Labs。我们可以使用 Search Labs 来搜索实验描述中的特定术语，可以搜索所有可用的实验。例如，我们想学习有关 NAT 方面的技能，就可以在搜索框中键入 NAT 并按 Enter 键，就会在 ICND1 Stand-Alone Labs、Sequential Labs 和 Scenario Labs 等分类中找到与 NAT 相关的实验（如图 A-4 所示）。

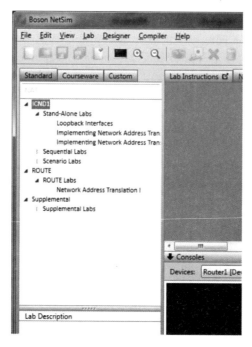

图 A-4　Search Labs

（2）Available Labs。在 Boson NetSim 10.0 中，有超过 200 个的实验供用户练习，这些实验都在特定的实验类别当中，实验类别包括 demo、ICND1、ICND2、ROUTE、SWITCH、TSHOOT 和 Supplemental。在 Lab Navigation 选项卡中找到我们想要做的实验后，双击实验名称或者依次选择 Lab ＞ Load Lab 即可打开实验。

（3）Lab Description。Lab Description 部分的信息包含当前实验的简要描述。单击实验名称后在该部分可以查看实验的摘要信息。

2. Courseware

该选项卡用于显示我们在 Boson 网站购买的课件，此选项卡内容的显示方式与 Standard 选项卡相同。

3. Custom

该选项卡里面的实验是由用户自己或者教师创建的实验。此选项卡内容的显示方式与 Standard 选项卡相同。

### A.4.2　Lab Instructions／NetMap

1. Lab Instructions

在加载实验之前，Lab Instructions 部分是空白的。在加载实验之后，实验指导就会出现在这里，我们可以通过字体控制工具调节字体的大小，可以通过拖动滚动条浏览整个实验指导，也可以在该选项卡当中的搜索框输入关键词进行搜索，在搜索的时候可以设置匹配条

件，比如"全文匹配""大小写匹配"等。我们可以通过单击 Lab > Launch External Viewer
或者 Lab Instructions 选项卡上的图标 ⬀ 打开外部浏览器来查看实验指导（如图 A-5 所示）。

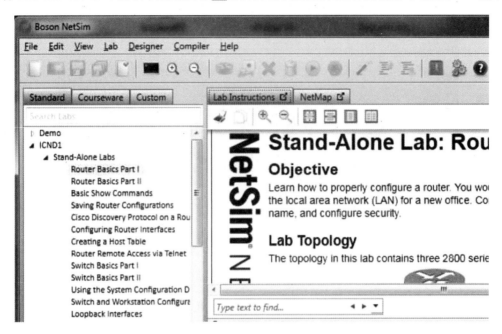

图 A-5 　Lab Instructions

2．NetMap

我们可以在这个选项卡上查看当前加载的实验拓扑结构。要配置某一设备，就用右键
单击该设备并选择"Configure in Simulator"，设备将在 Consoles 窗口被打开。如果看不到
拓扑中的所有设备，我们可以启动外部 NetMap 查看器 ⬀ 在单独的窗口中查看 NetMap。我
们可以使用在快速启动工具栏当中的"缩放控制"来调整 NetMap 当中设备的大小。

NetMap 当中的拓扑是在模拟器中运行的只读视图。如果希望编辑自定义拓扑，则可
以通过在网络设计器中访问它来实现。

A.4.3　Consoles

从 Standard 选项卡或 Custom 选项卡打开实验之后，我们可以查看 Consoles 并开始执
行实验步骤。该区域包含 Consoles 窗口、Devices 下拉菜单、Settings 按钮。

1．Consoles 窗口

在 Consoles 窗口中，我们可以修改设备并执行实验步骤。实验中的设备可以从该部分
顶部的 Devices 下拉菜单中选择。选择一个设备后，开始在该设备上执行实验步骤（如图
A-6 所示）。

图 A-6  Consoles 窗口

2. Settings 按钮

Consoles 窗口顶部的 Settings 按钮允许用户自定义 Consoles 窗口的外观。用户可以选择字体、大小和权重，也可以更改前景和背景颜色（如图 A-7 所示）。

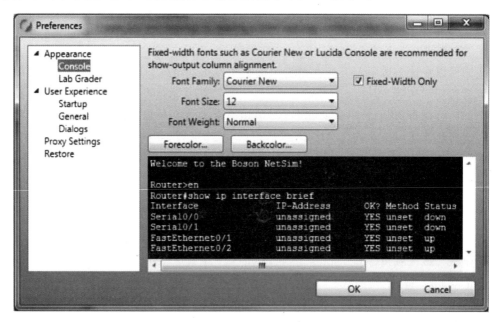

图 A-7  自定义 Consoles 窗口外观

3. SDM（Security Device Manager）按钮

SDM 是 Cisco 公司提供的全新图形化路由器管理工具，SDM 只在某些 NetSim 标准实验当中可用。

# A.5　Network Designer 面板

我们可以通过单击导航窗格中的"Network Designer"来打开 Network Designer 面板。Network Designer 包含三个部分：Recent Devices、Available Devices 和设计面板（Net-Map），NetMap 视图位于窗口右下方，是网络拓扑图的编辑区域（如图 A-8 所示）。Recent Devices 部分显示五个最近添加到 NetMap 的设备。Available Devices 部分显示所有的可添加到 NetMap 的设备，我们可以用软件提供的路由器、交换机、PC 等设备创建一个自定义的网络拓扑，可以在 Recent Devices 或者 Available Devices 部分单击并拖动设备到 NetMap 中。在Network Designer 面板中，我们可以通过添加、修改和删除设备和连接来修改现有的网络拓扑；我们保存并加载一个网络拓扑后，网络拓扑会出现在只读 NetMap 中。

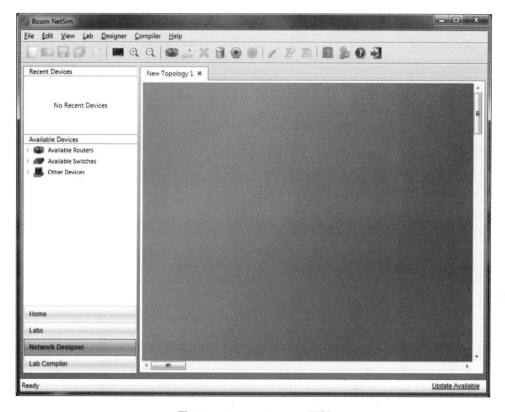

图 A-8　Network Designer 面板

## A.5.1　创建网络拓扑

Boson NetSim 软件提供了超过 100 个设备，我们可以利用这些设备创建自己的网络拓扑图。但是，我们也应注意：较大的拓扑结构可能会导致计算机的处理能力不足。网络拓扑文件的扩展名是 .bsn。

要创建新的模拟网络拓扑,可按以下步骤操作:

（1）单击导航窗格上的 Network Designer。

通过双击选项卡上的当前名称并修改它,可以重命名一个新拓扑选项卡。

（2）向拓扑中添加设备,包括路由器、交换机、工作站和 IP 电话。

（3）给添加到拓扑图中的设备添加连接,包括串口线缆、快速以太网线缆、帧中继连接等。

### A.5.2　添加设备

1. 添加路由器

（1）单击工具栏上的添加新设备图标 。

（2）在 Add Device 窗口选择一个路由器。默认情况下,可用设备的菜单是折叠起来的,我们可以通过单击每个类别旁边的箭头来展开这些菜单(如图 A-9 所示)。

（3）选择附加组件的数量(如果有的话)和每个附件的连接类型(如果可用)。

（4）为路由器设置名称。我们可以使用设备默认名称或在文本框中键入名称,也可以在 NetMap 中通过单击设备名称为设备重命名。

（5）单击"Create Router"按钮。

（6）向拓扑图中添加其他所需设备。

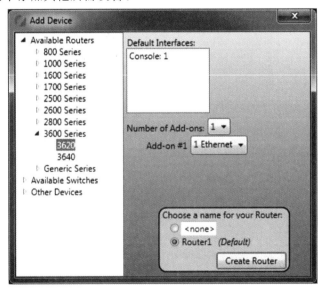

图 A-9　添加路由器

2．添加交换机

（1）单击工具栏上的添加新设备图标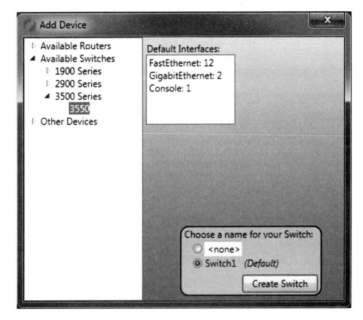。

（2）在 Add Device 窗口选择一个交换机。默认情况下，可用设备的菜单是折叠起来的，我们可以通过单击每个类别旁边的箭头来展开这些菜单（如图 A-10 所示）。

（3）为交换机设置名称。我们可以使用设备默认名称或在文本框中键入名称，也可以在 NetMap 中通过单击设备名称为设备重命名。

（5）单击"Create Switch"按钮。

（6）向拓扑图中添加其他所需设备。

图 A-10　添加交换机

3．添加工作站

（1）单击工具栏上的添加新设备图标。

（2）在 Add Device 窗口左侧的"Other Devices"中选择一个工作站。默认情况下，可用设备的菜单是折叠起来的，我们可以通过单击每个类别旁边的箭头来展开这些菜单（如图 A-11 所示）。

（3）添加 WinPC 设备后，还可以选择 PC 选项，这些选项包括 TFTP Server、AAA Server 和 VPN Client 等。

（4）为工作站设置名称。我们可以使用设备默认名称或在文本框中键入名称，也可以在 NetMap 中通过右键单击设备名称为设备重命名。

（5）单击"Create PC"按钮。

（6）向拓扑图中添加其他所需设备。

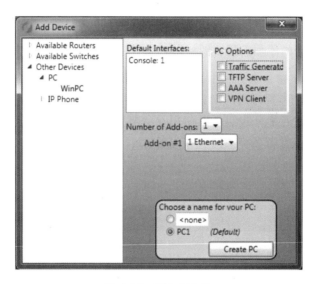

图 A-11　添加工作站

4．添加 IP 电话

（1）单击工具栏上的添加新设备图标 。

（2）在 Add Device 窗口左侧的"Other Devices"中选择"IP phone"。默认情况下，可用设备的菜单是折叠起来的，我们可以通过单击每个类别旁边的箭头来展开这些菜单（如图 A-12 所示）。

（3）为 IP Phone 设置名称。我们可以使用设备默认名称或在文本框中键入名称，也可以在 NetMap 中通过右键单击设备名称为设备重命名。

（4）单击"Create 7961"按钮。

（5）向拓扑图中添加其他所需设备。

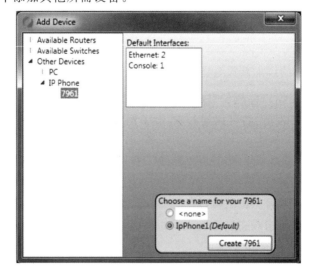

图 A-12　添加 IP 电话

### A.5.3　添加连接

添加完设备之后,在 NetMap 中用右键单击每个设备。我们将看到一个有四个选项的菜单：Configure in Simulator、New Connection、Existing Connections 和 Delete。

1．Configure in Simulator

当拓扑被加载到模拟器中时,单击此选项将打开所选设的控制台(console 窗口)。

2．New Connection

(1) 创建常规连接。

① 单击工具栏上的添加新连接图标。

② 在 New Connection 窗口,从"Interface type"下拉框中选择接口类型(如图 A-13 所示)。

③ 选择本地接口(如果可用)、远程设备(如果有的话)和远程接口(如果可用)。

④ 配置所需的连接后,单击"Connect"按钮,新连接将出现在 NetMap 中。

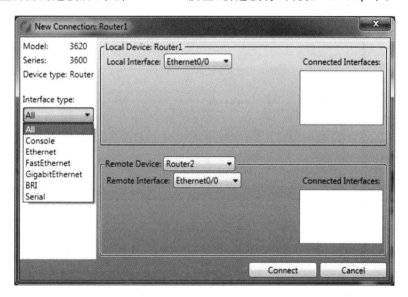

**图 A-13　New Connection 窗口 1**

(2) 创建帧中继连接。

① 向拓扑图中添加路由器(要包含帧中继连接的路由器必须具有串行接口)。

② 单击工具栏上的添加新连接图标。

③ 在 New Connection 窗口选择帧中继单选按钮和所需的远程设备(如图 A-14 所示)。

④ 单击"Connect"按钮。

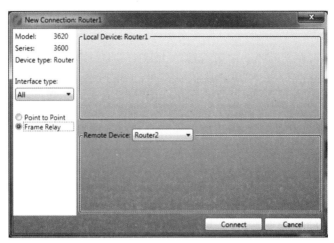

图 A-14　添加帧中继连接

⑤ 在帧中继对话框中，在"Name"文本框中输入帧中继节点的名称（如图 A-15 所示）。

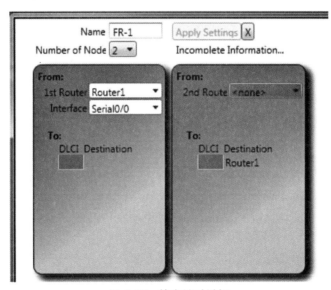

图 A-15　帧中继对话框

⑥ "从 Number of Nodes"（节点数）中选择一个数字，该数字表示将参与帧中继连接的路由器。

⑦ 对于每个节点，在"From：1st Router"和"Interface"下拉列表框中要选择相关的路由器和接口。请注意，要使设备名填充到"To：DLCI Destination"中。

必须为每个节点选择不同的路由器。

⑧ 对于每个节点,都需要为远程路由器在"To:DLCI Destination"中分配一个 DLCI 值。例如,从 Router1 到 Router2 的连接,我们可以使用 102(如图 A-16 所示)。

该 DLCI 值必须是一个数值。

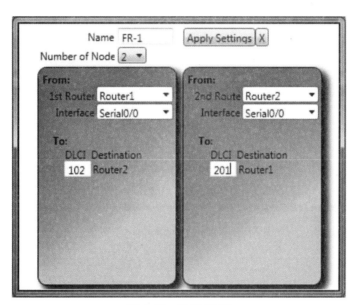

图 A-16 设置 DLCI

⑨ 单击"Apply Settings"按钮。图 A-17 显示了一个完整的帧中继连接。

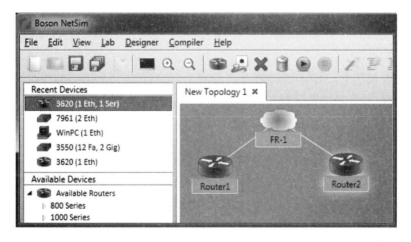

图 A-17 完整的帧中继连接

### 3. Existing Connections

在 Existing Connections 对话框中,我们可以看到设备的类型和当前连接的接口(如图 A-18 所示)。当然,我们也可以在 NetMap 视图中用右键单击某一设备打开 Existing Connections 对话框。要删除选定的设备和相关联的连接,选中高亮显示的连接并单击"Delete"按钮即直接删除,此处没有撤销和确认对话框。若要保存连接,选中高亮显示的连接并单击"Save"按钮。

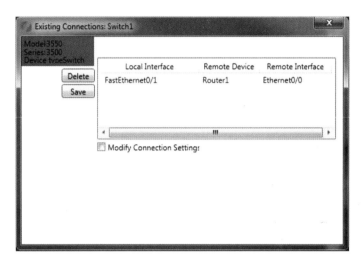

图 A-18　Existing Connections 对话框

### 4. Delete

我们可以通过单击工具栏上的删除选定图标❌来删除连接,这将从网络拓扑中删除设备和相关联的连接;也可以通过单击工具栏中的 Clear Topology icon 图标🗑清空网络拓扑图。删除过程中不会出现撤销和确认对话框,所以在删除之前应确认自己确实要删除选定的设备和相关联的连接。

### A.5.4　Device Statistics

在 NetMap 视图上,用鼠标悬停在某一设备上,然后单击"Device Statistics"即可查看该设备的统计信息(该设备是特定的)。图 A-19 显示了 Router1 的统计信息。

## A.6　Lab Compile 面板

在 Lab Compile 面板中,我们可创建、编辑和删除自定义实验包,自定义实验包包含个性化文档、网络拓扑和网络配置等内容(如图 A-20 所示)。例如,我们可以创建一个用于课堂教学的自定义实验包,实验包包括自定义网络拓扑、文档、分级功能和学生练习的初始配置。

教师常用到自定义实验这个功能,这些自定义实验可以在课堂上使用,也可以作为家庭作业。教师可以将多个实验添加到一个自定义的实验包中,涵盖多个知识点,用来测试学生对特定网络概念的理解。

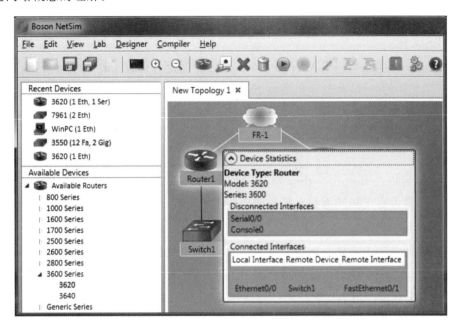

图 A-19　Router1 的统计信息

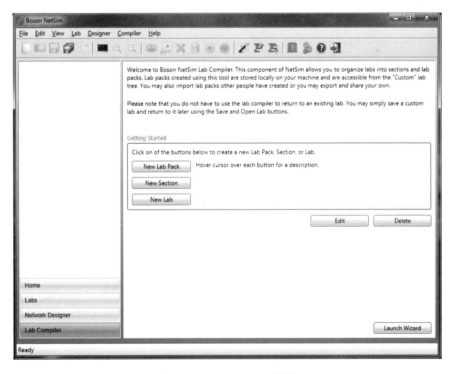

图 A-20　Lab Compile 面板

### A.6.1 编写一个实验

一个完整的实验必须包含两个文件：用于实验教程的 XPS 文件和用于完成实验配置的 XPS 文件。

1. XPS 文件

在 Windows 系统中，使用 Microsoft Word 软件创建并保存一个 Word 文档，然后打印文档，在打印文档的时候，从打印机名称下拉菜单中选择 Microsoft XPS Document Writer，将打印的文档和我们的实验放在同一文件夹里，我们可以将所有其他相关文件保存在这一文件夹里面。

2. BSN 文件

BSN 文件可以在 Boson NetSim 软件中创建，BSN 文件包含网络拓扑结构和个性化配置（可选）。如果保存了拓扑而没有修改模拟器中的配置，则默认设置将包含在所有设备中。

3. BSN 加载配置文件

我们可以通过以下操作来创建一个 BSN 加载配置文件。

（1）在 Network Designer 中打开与实验相关的拓扑。

（2）单击工具栏上的启动模拟器图标▶来运行模拟器中的拓扑。

（3）在每个设备上输入实现初始配置所必需的命令。

（4）单击工具栏上的保存图标💾将文件保存为名为 loading.bsn 的文件。

建议将"BSN 加载配置文件"的文件名命名为"loading.bsn"，"BSN 完成配置文件"的文件名命名为"completed.bsn"，这样我们就可以很容易地区分"BSN 加载配置文件"和"BSN 完成配置文件"了。

4. BSN 完成配置文件

"BSN 完成配置文件"包含拓扑图中所有设备的配置完成情况。我们可以通过以下操作来创建一个 BSN 完成配置文件。

（1）单击打开文件图标，打开我们先前创建的 BSN 拓扑文件。

（2）单击工具栏上的启动模拟器图标▶来运行模拟器中的拓扑。

（3）在每台模拟设备上输入实现最终配置状态所必需的命令。当用户根据我们提供的实验指导完成实验后，用户将能够根据我们当时输入的这些命令对他自己输入的命令进行评判。

（4）选择"File"→"Save As"将当前文件保存为名为 completed.bsn 的文件。

### A.6.2 创建自定义实验包

实验包由一个或多个实验组成,至少包含一个实验。要创建自定义的实验包,我们需要创建一个新的实验室包,创建并编写实验。我们可以使用实验编写向导或手动创建一个实验包。

1. 使用实验编写向导创建一个实验包

(1) 单击 Lab Compiler 面板底部的"Launch Wizard"按钮。

(2) 在"Lab Pack Title"字段中输入实验包名称,然后单击"Next"按钮。

(3) 在"Section Title"中输入一个章节标题,在"Lab Title"中输入一个实验名称,然后单击"Next"按钮。

(4) 单击"Browse"按钮,选择合适的实验指南文件(＊.xps)和完成配置文件(＊.bsn),单击"Next"按钮。

(5) 如果需要,选择加载配置文件(loading.bsn)并单击"Next"按钮。

(6) 如果需要,键入实验包描述并单击"Next"按钮。

(7) 单击"Complete"按钮返回到 Lab Compiler 面板。

在使用 Lab Compiler Wizard 创建一个实验包后,我们就可以在导航窗格中看到实验,这时可以双击一个实验打开它,或者可以单击新章节或新的实验继续创建实验室包。

2. 手动创建实验包

(1) 单击导航空格中的"Lab Compiler"。

(2) 单击 Getting Started 部分的"New Lab Pack"按钮。

(3) 输入实验包的名称,这是将在实验目录树上显示的实验包标题。

(4) 单击"Save"按钮。

3. 在实验包中添加一个章节

(1) 在图 A-21 左边的自定义实验树中,选择要添加新章节的实验包的标题。

(2) 单击 Getting Started 部分的"New Section"按钮。

(3) 输入该节的名称,这是将在实验包目录树上显示的节标题。

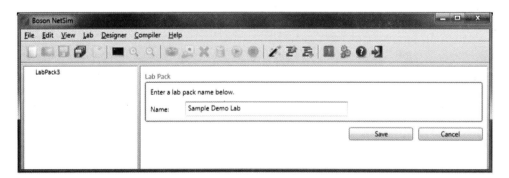

图 A-21 在实验包中添加一个章节

**4. 在实验包章节中添加一个实验**

（1）在自定义实验树中选择要添加新实验的章节标题。

（2）单击 Getting Started 部分的"New Lab"按钮。

（3）输入新实验名称，这个名称将显示在自定义实验树中。

（4）添加一个完成配置文件(. bsn)。

（5）添加文档。唯一接受的文档是 XPS 文档(. xps)。我们还可以添加实验描述和加载配置文件(. bsn)。如果不添加这些文件，则执行步骤(9)。

（6）单击实验章节中的 Optional Fields(可选字段)。

（7）输入实验描述，在实验树中的每一个实验都显示一个描述。

（8）添加一个加载配置文件(. bsn)。指定加载配置文件中的拓扑必须与步骤(4)中完成配置文件的拓扑相匹配。如果拓扑不匹配，则会收到错误消息。

（9）单击"Save"按钮。

如果要向实验包章节添加其他实验，请重复步骤(1)～(9)，直到实验包章节中的实验添加完成为止。

我们可以使用"Compiler"菜单或者快速启动工具栏编辑、添加、删除、导入和导出实验包、章节和实验。

## A.7　学习小结

Boson NetSim 为我们提供了一个练习 Cisco 路由器、交换机配置的环境。但它毕竟不是真实的设备，有很多不支持的协议和命令。但是，它仍不失为众多 Cisco 技术练习软件的首选软件之一。

# 附录 B  Packet Tracer 简介

Packet Tracer 是由 Cisco 公司发布的一个辅助学习工具,是为学习 Cisco 网络课程的初学者设计、配置、排除网络故障提供的网络模拟环境。用户可以在软件的图形用户界面上直接使用拖曳方法建立网络拓扑,可以看到数据包在网络中传输的详细处理过程,观察网络实时运行情况。用户可以通过该软件学习 Cisco IOS 的配置,锻炼故障排查能力。

## B.1  安    装

Packet Tracer 目前最新版本为 7. x。每个版本的使用方法基本相同,本书以 Packet Tracer 5.0 为例讲述该软件的使用方法。

该软件安装非常方便,在安装向导帮助下一步步操作即可完成(如图 B-1 至图 B-3 所示)。

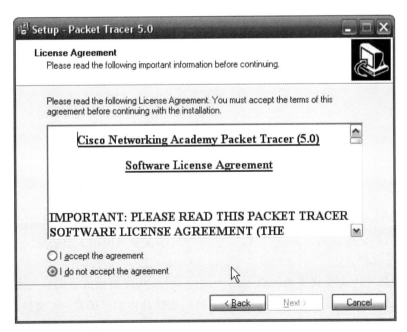

图 B-1  安装过程 1

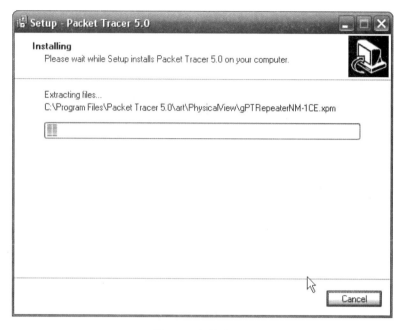

图 B-2　安装过程 2

图 B-3　开始菜单的软件运行文件

# B.2　构建网络环境

　　Packet Tracer 5.0 的界面非常简明扼要（如图 B-4 所示），白色的工作区显示得非常明白，工作区上方是菜单栏和工具栏，工作区下方是网络设备、计算机、连接栏，工作区右侧选择、删除设备工具栏。

　　在设备工具栏内先找到要添加设备的大类别，然后从该类别的设备中寻找并添加自己想要的设备。以下操作演示先选择了交换机，然后选择具体型号的 Cisco 交换机（如图B-5～图 B-24 所示）。

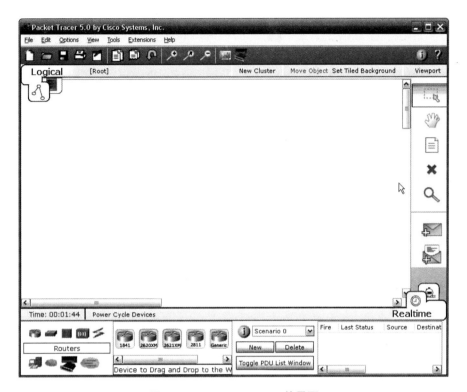

图 B-4　Packet Tracer 5.0 的界面

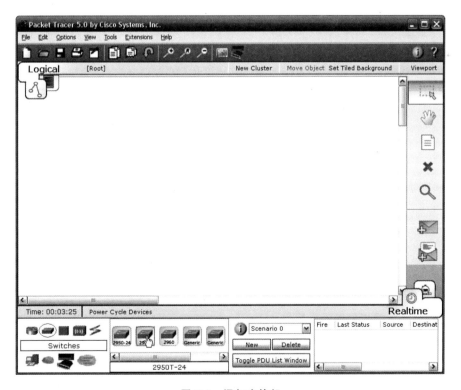

图 B-5　添加交换机

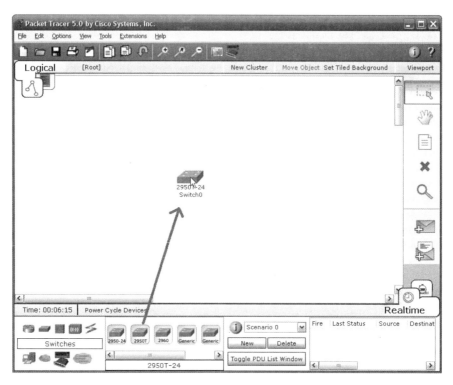

图 B-6　拖动选择好的交换机到工作区

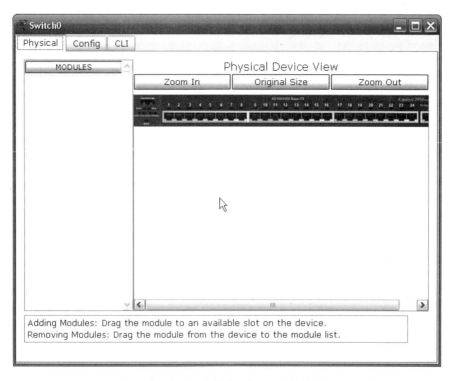

图 B-7　单击设备,查看设备的前面板、具有的模块及配置设备

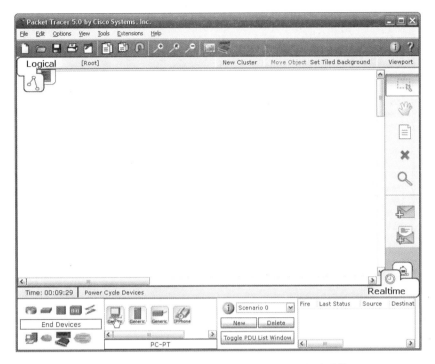

图 B-8　添加计算机：Packet Tracer 5.0 中有多种计算机

图 B-9　查看计算机并可以给计算机添加功能模块

图 B-10　给路由器添加模块

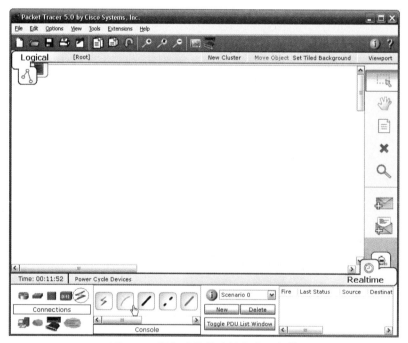

图 B-11　添加连接线连接各个设备[①]

---

① Cisco 公司 Packet Tracer 5.0 有很多连接线，每一种连接线代表一种连接方式，如控制台连接、双绞线交叉连接、双绞线直接、光纤、串行 DCE 及串行 DTE 等连接方式。如果我们不能确定应该使用哪种连接，可以使用自动连接，让软件自动选择相应的连接方式。——编者注

 306

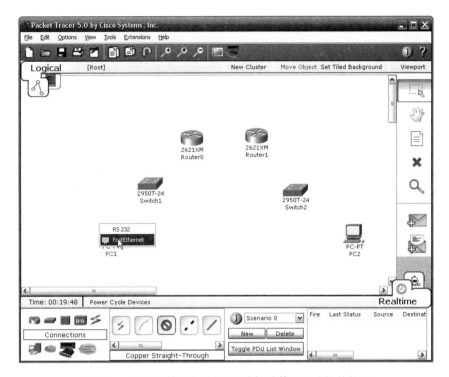

图 B-12　连接计算机与交换机,选择计算机要连接的接口

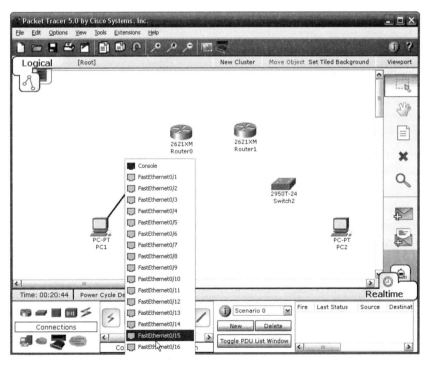

图 B-13　连接计算机与交换机,选择交换机要连接的接口

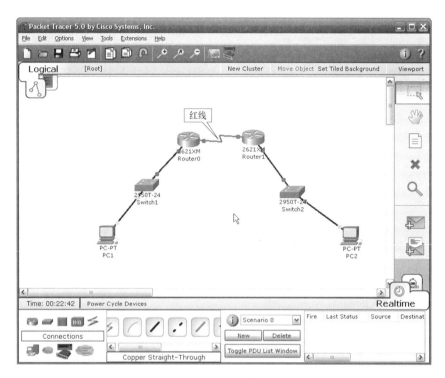

图 B-14　红色表示该连接线路不通，绿色表示连接通畅

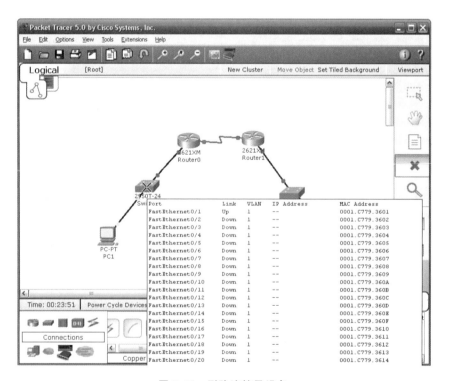

图 B-15　删除连接及设备

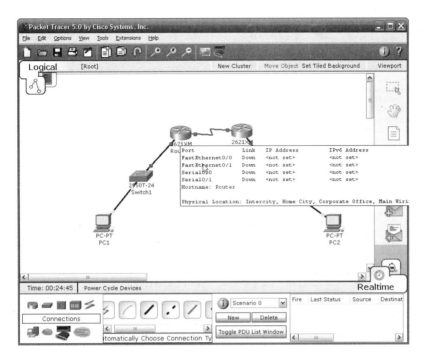

图 B-16　把鼠标放在拓扑图中的设备上会显示当前设备信息

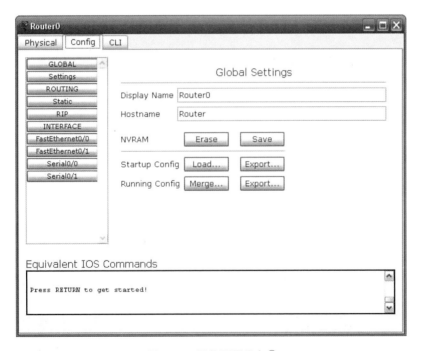

图 B-17　网络配置设备①

---

　　①　单击要配置的设备,如果是网络设备(交换机、路由器等),在弹出的对话框中选择"Config"或"CLI"选项卡,可在图形界面或命令行界面对网络设备进行配置。如果在图形界面下配置网络设备,下方会显示对应的 IOS 命令。——编者注

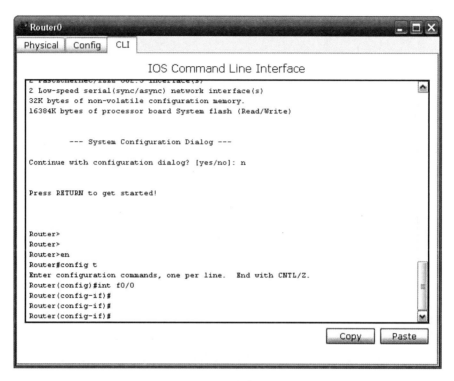

图 B-18　CLI 命令行配置

图 B-19　计算机的配置界面

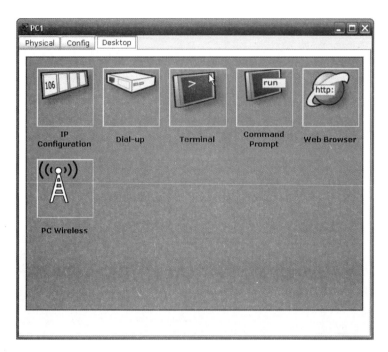

图 B-20　计算机所具有的程序 [1]

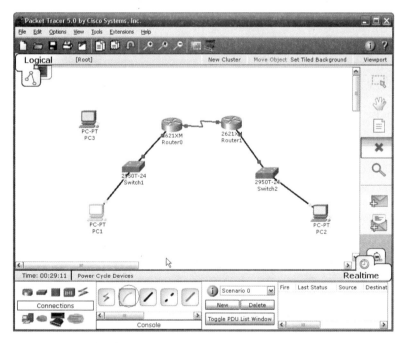

图 B-21　添加计算机与交换机的控制台连接,选择 Console 连接线

---

[1]　Packet Tracer 5.0 还可以模拟计算机 RS-232 接口与 Cisco 网络设备的 Console 接口相连接,用终端软件对网络设备进行配置,这种配置方式模拟与真实场景几乎一样。——编者注

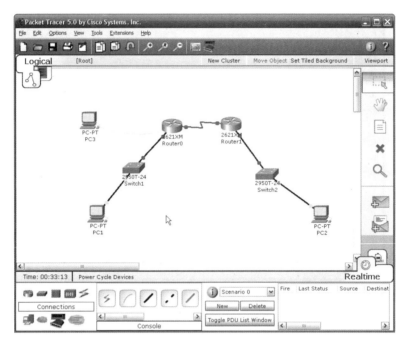

图 B-22　Console 连接成功

图 B-23　计算机以终端方式连接到网络设备进行配置

图 B-24　感觉与真实情况一样

Packet Tracer 5.0 把网络环境搭建好了,接下来就可以模拟真实的网络环境进行配置了,具体怎么样构建网络环境,要看自己对网络和网络设备的了解了。Packet Tracer 5.0 高级应用还需要大家慢慢地探索。

# 附录 C  CCNA 命令表

## A

| access-enable | 允许路由器在动态访问列表中创建临时访问列表入口 |
| access-group | 把访问控制列表（ACL）应用到接口上 |
| access-class | 将标准的 IP 访问列表应用到 VTY 线路 |
| access-list | 将标准的 IP 访问列表应用到 VTY 线路 |
| access-template | 在连接的路由器上手动替换临时访问列表入口 |
| any | 指定任何主机或任何网络；作用与 0.0.0.0 255.255.255.255 命令相同 |
| appn | 向 APPN 子系统发送命令 |
| atmsig | 执行 ATM 信令命令 |

## B

| b | 手动引导操作系统 |
| backspace | 删除一个字符 |
| bandwidth | 设置接口的带宽 |
| banner | 为登录到本路由器上的用户创建一个标志区 |
| bfe | 设置突发事件手册模式 |
| boot system | 指定路由器启动时加载的系统映像 |

## C

| calendar | 设置硬件日历 |
| cd | 更改路径 |
| cdp enable | 允许接口运行 CDP 协议 |
| cdp holdtime | 修改 CDP 分组的保持时间 |
| cdp run | 打开路由器上的 CDP |
| cdp timer | 修改 CDP 更新定时器 |
| clear | 复位功能 |
| clear counters | 清除接口计数器 |
| clear line | 清除通过 telnet 连接到路由器的连接 |
| clear mac-address-table | 清除该交换机动态创建的过滤表 |
| clear interface | 重新启动接口上的硬件逻辑 |
| clock rate | 设置串口硬件连接的时钟速率，如网络接口模块和接口处理 |

器能接受的速率

| | |
|---|---|
| cmt | 开启/关闭 FDDI 连接管理功能 |
| config-register | 修改配置寄存器设置 |
| configure | 允许进入存在的配置模式,在中心站点上维护并保存配置信息 |
| configure memory | 从 NVRAM 加载配置信息 |
| config network | 复制保存在 TFTP 主机上的配置到 running-config |
| configure terminal | 从终端进行手动配置 |
| config-register | 告诉路由器如何启动以及如何修改配置寄存器的设置 |
| connect | 打开一个终端连接 |
| copy | 复制配置或映像数据 |
| copy flash tftp | 备份系统映像文件到 TFTP 服务器 |
| copy running-config startup-config | 将 RAM 中的当前配置存储到 NVRAM |
| copy running-config tftp | 将 RAM 中的当前配置存储到网络 TFTP 服务器上 |
| copy tftp flash | 从 TFTP 服务器上下载新映像到 FLASH |
| copy tftp running-config | 从 TFTP 服务器上下载配置文件 |
| ctrl+A | 移动光标到本行的开始位置 |
| ctrl+D | 删除一个字符 |
| ctrl+E | 移动光标到本行的末尾 |
| ctrl+F | 光标向前移动一个字符 |
| ctrl+R | 重新显示一行, |
| ctrl+Shift+6,then X | 当 telnet 到多个路由器时返回到原路由器 |
| ctrl+U | 删除一行 |
| ctrl+W | 删除一个字 |
| ctrl+Z | 结束配置模式并返回 EXEC(执行状态) |

**D**

| | |
|---|---|
| debug | 使用调试功能 |
| debug dialer | 显示接口在拨什么号及诸如此类的信息 |
| debug frame-relay lmi | 显示在路由器和帧中继交换机之间的 LMI 交换信息 |
| debug ip igrp events | 提供在网络中运行的 IGRP 路由选择信息的概要 |
| debug ip igrp transactions | 显示来自邻居路由器要求更新的请求消息和由路由器发到邻居路由器的广播消息 |
| debug ip rip | 显示 RIP 路由选择更新数据 |
| debug ipx | 显示通过路由器的 RIP 和 SAP 信息 |
| debug ipx routing activity | 显示关于 RIP 更新数据包的信息 |
| debug ipx sap | 显示关于 SAP 更新数据包信息 |
| debug isdn q921 | 显示在路由器 D 通道 ISDN 接口上发生的数据链路层(第二 |

层）的访问过程

| | |
|---|---|
| debug isdn q931 | 显示第三层进程 |
| delete nvram | 删除 1900 交换机-NVRAM 的内容 |
| delete vtp | 删除交换机的 VTP 配置 |
| description | 在接口上设置一个描述 |
| debug ppp | 显示在实施 PPP 中发生的业务和交换信息 |
| delete | 删除文件 |
| deny | 为一个已命名的 IP ACL 设置条件 |
| dialer idle-timeout number | 告诉 BRI 线路如果没有发现触发 DDR 的流量什么时候断开 |
| dialer list group number protocol protocol-name permit/deny | 定义 DDR 拨号列表，指定用户感兴趣的流量类型 |
| dialer load-threshold number inbound/outbound/either | 设置描述什么时候在 ISDN 链路上启闭第二个 BRI 的参数 |
| dialer map protocol next-hop-address name hostname | 设置协议地址与电话号码的映射 |
| dialer string | 设置用于拨叫 BRI 接口的电话号码 |
| dialer map | 设置一个串行接口来呼叫一个或多个地点 |
| dialer wait-for-carrier-time | 规定花多长时间等待一个载体 |
| dialer-group | 通过对属于一个特定拨号组的接口进行配置来访问控制 |
| dialer-list protocol | 定义 DDR 拨号列表，以便按协议或通过协议和之前定义的访问列表的组合进行拨号。 |
| dir | 显示给定设备上的文件 |
| disable | 关闭特权模式 |
| disconnect | 断开已建立的连接 |
| dupler | 设置接口的双工模式 |

**E**

| | |
|---|---|
| enable | 打开特权模式 |
| enable password | 设置不加密的启用口令 |
| enable password level 1 password | 设置用户模式口令 |
| enable password level 15 password | 设置启用模式口令 |
| enable secret | 设置加密的启用秘密口令。如果设置则取代启用口令 |
| encapsulation | 在接口上设置帧类型 |
| encapsulation frame-relay | 启动帧中继封装 |
| encapsulation frame-relay ietf | 将封装类型设置为 IETF 类型，连接 Cisco 路由器和非 Cisco 路由器 |
| encapsulation novell-ether | 规定在网络段上使用的 Novell 独一无二的格式 |

| | |
|---|---|
| encapuslation isl vlan♯ | 将一个路由器中继接口上的封装设置为 ISL 封装 |
| encapsulation ppp | 把 PPP 设置为由串口或 ISDN 接口使用的封装方法 |
| encapsulation sap | 规定在网络段上使用的以太网 802.2 格式 Cisco 的密码是 sap |
| end | 退出配置模式 |
| erase | 删除闪存或配置缓存 |
| erase startup-config | 删除 NVRAM 中的内容 |
| esc+B | 向后移动一个字 |
| esc+F | 向前移动一个字 |
| exec-timeout | 为控制台连接设置以秒或分钟计的超时 |
| exit | 断开远程路由器的 telnet 连接 |

**F**

| | |
|---|---|
| format | 格式化设备 |
| frame-relay interface-dlci | 在串行链路或子接口上配置 PVC 地址 |
| frame-relay local-dlci | 为使用帧中继封装的串行线路启动 LMI |
| frame-relay lmi-type | 在串行链路上配置 LMI 类型 |
| frame-relay map protocol address dlci | 创建用于帧中继网络的静态映射 |

**H**

| | |
|---|---|
| help | 获得交互式帮助系统 |
| history | 查看历史记录 |
| host | 指定一个主机地址 |
| hostname | 使用一个主机名来配置路由器,该主机名以提示符或者缺省文件名的方式使用 |

**I**

| | |
|---|---|
| int e0.10 | 创建一个子接口 |
| int f0/0.1 | 创建一个子接口 |
| interface | 进入接口配置模式,也可以使用 show 命令 |
| interface e0/5 | 配置 ethernet 接口 5 |
| interface ethernet 0/1 | 配置接口 e0/1 |
| interface f0/26 | 配置 FastEthernet 接口 26 |
| interface fastethernet 0/0 | 进入 FastEthernet 端口的接口配置模式,也可以使用 show 命令 |
| interface fastethernet 0/0.1 | 创建一个子接口 0/0.1 |
| interface fastethernet 0/26 | 配置接口 f0/26 |
| interface s0.16 multipoint | 在串行链路上创建用于帧中继网络的多点子接口 |
| interface s0.16 point-to-point | 在串行链路上创建用于帧中继网络的点对点子接口 |
| interface serial 5 | 进入接口 serial 5 的配置模式,也可以使用 show 命令 |

| ip access-group | 控制对一个接口的访问 |
| --- | --- |
| ip address | 设定接口的网络逻辑地址 |
| ip classless | 一个全局配置命令,用于告诉路由器当目的网络没有出现在路由表中时通过默认路由转发数据包 |
| ip default-gateway | 设置该交换机的默认网关 |
| ip default-network | 建立一条默认路由 |
| ip domain-lookup | 允许路由器默认使用 DNS |
| ip domain-name | 将域名添加到 DNS 查找名单中 |
| ip host | 定义静态主机名到 IP 地址映射 |
| ip name-server | 指定至多 6 个进行名字-地址解析的服务器地址 |
| ip route | 建立一条静态路由 |
| ip unnumbered | 在未给一个接口分配一个明确的 IP 地址情况下,在串口上启动 IP 的处理过程 |
| ipx access-group | 将 IPX 访问列表应用到一个接口 |
| ipx delay | 设置点计数 |
| ipx input-sap-filter | 将输入型 IPX SAP 过滤器应用到一个接口 |
| ipx ipxwan | 在串口上启动 IPXWAN 协议 |
| ipx maximum-paths | 当转发数据包时设置 Cisco IOS 软件使用的等价路径数量 |
| ipx network | 在一个特定接口上启动互联网数据包交换(IPX)的路由选择并且选择封装的类型(用帧封装) |
| ipx output-sap-filter | 将输出型 IPX SAP 过滤器应用到一个接口 |
| ipx ping | 用于测试互联网络上 IPX 包的因特网探测器 |
| ipx router | 规定使用的路由选择协议 |
| ipx routing | 启动 IPX 路由选择 |
| ipx sap-interval | 在较慢的链路上设置较不频繁的 SAP(服务通告协议)更新 |
| ipx type-20-input-checks | 限制对 IPX20 类数据包广播的传播的接受 |
| isdn spid1 | 在路由器上规定已经由 ISDN 业务供应商为 B1 信道分配的业务简介号(SPID) |
| isdn spid2 | 在路由器上规定已经由 ISDN 业务供应商为 B2 信道分配的业务简介号(SPID) |
| isdn switch-type | 设置路由器与之通信的 ISDN 交换类型。可以在接口模式和全局配置模式下设置 |

**K**

| keepalive | 启动隧道接口的存活功能 |
| --- | --- |

**L**

| lat | 打开 LAT 连接 |
| --- | --- |
| line | 确定一个特定的线路和开始线路配置 |
| line aux | 进入辅助接口配置模式 |

| | |
|---|---|
| line console 0 | 进入控制台配置模式 |
| line vty | 为远程控制台访问规定了一个虚拟终端 |
| logging synchronous | 阻止控制台信息覆盖命令行上的输入 |
| lock | 锁住终端控制台 |
| login | 在终端会话登录过程中启动了密码检查 |
| login | 以某用户身份登录,登录时允许口令验证 |
| logout | 退出 EXEC 模式 |

**M**

| | |
|---|---|
| mac-address-table permanent | 在过滤数据库中生成一个永久 MAC 地址 |
| mac-address-table restricted static | 在 MAC 过滤数据库中设置一个有限制的地址,只允许所配置的接口与有限制的地址通信 |
| mbranch | 向下跟踪组播地址路由至终端 |
| media-type | 定义介质类型 |
| metric holddown | 把新的 IGRP 路由选择信息与正在使用的 IGRP 路由选择信息隔离一段时间 |
| mrbranch | 向上解析组播地址路由至枝端 |
| mrinfo | 从组播路由器上获取邻居和版本信息 |
| mstat | 对组播地址多次路由跟踪后显示统计数字 |
| mtrace | 由源向目标跟踪解析组播地址路径 |

**N**

| | |
|---|---|
| name-connection | 命名已存在的网络连接 |
| ncia | 开启/关闭 NCIA 服务器 |
| network | 指定一个和路由器直接相连的网络地址段 |
| no cdp run | 关闭单个接口上的 CDP |
| no inverse-arp | 完全关闭路由器上的 CDP |
| no inverse | 关闭帧中继中的动态 IARP。必须已配置了静态映射 |
| no ip domain-lookup | 关闭 DNS 查找功能 |
| no ip host | 从主机表删除一个主机名 |
| no ip route | 删除静态或默认路由 |
| no shutdown | 打开一个关闭的接口 |

**O**

| | |
|---|---|
| o/r Ox2142 | 修改 2501 以便启动时不使用 NVRAM 的内容 |

**P**

| | |
|---|---|
| pad | 开启一个 X.29 PAD 连接 |
| permit | 为一个已命名的 IP ACL 设置条件 |
| ping | 把 ICMP 响应请求的数据包发送到网络上的另一个节点,检查主机的可达性和网络的连通性,对网络的基本连通性进行诊断 |

| | |
|---|---|
| port secure max-mac-count | 设置该端口允许对应的 MAC 地址数（默认 132 个） |
| ppp | 开始 IETF 点到点协议 |
| ppp authentication chap | 告诉 PPP 使用 CHAP 验证方式 |
| ppp authentication pap | 告诉 PPP 使用 PAP 验证方式 |
| ppp chap hostname | 当用 CHAP 进行身份验证时，创建一批好像是同一台主机的拨号路由器 |
| ppp chap password | 设置一个密码，该密码被发送到对路由器进行身份验证的主机，命令对进入路由器的用户名/密码的数量进行了限制 |
| ppp pap sent-username | 对一个接口启动远程 PAP 支持，并且在 PAP 对同等层请求数据包验证过程中使用 sent-username 和 password |
| protocol | 对一个 IP 路由选择协议进行定义，该协议可以是 RIP、IGRP、OSPF 协议、EIGRP |
| pwd | 显示当前设备名 |

**R**

| | |
|---|---|
| reload | 关闭并执行冷启动；重启操作系统 |
| rlogin | 打开一个活动的网络连接 |
| router | 由第一项定义的 IP 路由协议作为路由进程。例如：router rip 选择 RIP 作为路由协议 |
| router igrp | 启动一个 IGRP 的路由选择过程 |
| router igrp as | 在路由器上打开 IP IGRP 路由选择 |
| router rip | 选择 RIP 作为路由选择协议 |
| rsh | 执行一个远程命令 |

**S**

| | |
|---|---|
| sdlc | 发送 SDLC（同步数据链路控制，synchronous data link control）测试帧 |
| secondary | 在同一个物理接口上添加辅助 IPX 网络 |
| send | 在 tty 线路上发送消息 |
| service password-encryption | 对口令进行加密 |
| setup | 运行 setup 命令 |
| show | 显示运行系统信息 |
| show access-lists | 显示当前所有 ACL 的内容 |
| show access-list 110 | 只显示访问列表 110 |
| show buffers | 显示缓存器统计信息 |
| show cdp | 显示 CDP 定时器和保持时间周期 |
| show cdp entry | 显示 CDP 表中所列相邻设备的信息 |
| show cdp entry * | 同 show cdp neighbor detail 命令一样，但不能用于 1900 交换机 |
| show cdp interface | 显示启用了 CDP 的特定接口 |

| | |
|---|---|
| show cdp neighbor detail | 显示 IP 地址和 IOS 版本和类型,并且包括 show cdp neigh-bors 命令显示的所有信息 |
| show cdp neighbors | 显示 CDP 查找进程的结果 |
| show cdp traffic | 显示设备发送和接收的 CDP 分组数以及任何出错信息 |
| show controllers s0 | 显示接口的 DTE 或 DCE 状态 |
| show dialer | 显示为 DDR 设置的串行接口的一般诊断信息 |
| show flash | 显示闪存的布局和内容信息 |
| show frame-relay lmi | 显示关于本地管理接口(LMI)的统计信息 |
| show frame-relay map | 显示关于连接的当前映射入口和信息 |
| show frame-relay pvc | 显示关于帧中继接口的永久虚电路的统计信息 |
| show history | 默认时显示最近输入的 10 个命令 |
| show hosts | 显示主机名和地址的缓存列表 |
| show interfaces | 显示路由器上配置的所有接口的统计信息 |
| show interfaces f0/26 | 显示快速以太网端口 f0/26 的统计信息 |
| show interface e0/1 | 显示接口 e0/1 的统计信息 |
| show interface s0 | 显示接口 serial 上的统计信息 |
| show ip | 显示该交换机的 IP 配置 |
| show ip access-list | 只显示 IP 访问列表 |
| show ip interface | 显示路由器全部接口的配置信息 |
| show ip protocols | 显示活动路由协议进程的参数和当前状态 |
| show ip route | 显示路由选择表的当前状态 |
| show ip router | 显示 IP 路由表信息 |
| show ipx access-list | 显示路由器上配置的 IPX 访问列表 |
| show ipx interface | 显示 Cisco IOS 软件设置的 IPX 接口的状态以及每个接口中的参数 |
| show ipx route | 显示 IPX 路由选择表的内容 |
| show ipx servers | 显示 IPX 服务器列表 |
| show ipx traffic | 显示数据包的数量和类型 |
| show isdn active | 显示当前呼叫的信息,包括被叫号码、建立连接前所花费的时间、在呼叫期间使用的自动化操作控制收费单元以及是否在呼叫期间和呼叫结束时提供自动化操作控制信息 |
| show isdn status | 显示所有 ISDN 接口的状态,或者一个特定的数字信号链路的状态,或者一个特定 ISDN 接口的状态 |
| show mac-address-table | 显示该交换机动态创建的过滤表 |
| show memory | 显示路由器内存的大小,包括空闲内存的大小 |
| show processes | 显示路由器的进程 |
| show protocols | 显示设置的协议 |
| show running-config | 显示 RAM 中的当前配置信息 |

| | |
|---|---|
| show sessions | 显示通过 telnet 到远程设备的连接 |
| show spantree | 显示关于 VLAN 的生成树信息 |
| show start | 命令 show startup-config 的快捷方式。显示保存在 NVRAM 中的备份配置 |
| show stacks | 监控和中断程序对堆栈的使用,并显示系统上一次重启的原因 |
| show startup-config | 显示 NVRAM 中的启动配置文件 |
| show status | 显示 ISDN 线路和两个 B 信道的当前状态 |
| show terminal | 显示终端的配置参数 |
| show trunk A | 显示端口 26 的中继状态 |
| show trunk B | 显示端口 27 的中继状态 |
| show version | 显示系统硬件的配置,软件的版本,配置文件的名称和来源及引导映像 |
| show vlan | 显示所有已配置的 VLAN |
| show vlan-membership | 显示所有端口的 VLAN 分配 |
| show vtp | 显示一台交换机的 VTP 配置 |
| shutdown | 关闭一个接口 |

**T**

| | |
|---|---|
| tab | 将操作者输入的命令补充完整 |
| telnet | 开启一个 telnet 连接 |
| terminal history size | 改变历史记录的大小,由默认的 10 改为 256 |
| term ip | 指定当前会话的网络掩码的格式 |
| term ip netmask-format | 规定了在 show 命令输出中网络掩码显示的格式 |
| timers basic | 控制着 IGRP 以多少时间间隔发送更新信息 |
| tracert | 测试远程设备的连通性并显示通过互联网络找到该远程设备的路径 |
| traffic-share balanced | 告诉 IGRP 根据尺度比率确定传输比例 |
| traffic-share min | 告诉 IGRP 要使用只有最小开销的路由 |
| trunk auto | 将该端口设为自动中继模式 |
| trunk on | 将一个端口设为永久中继模式 |

**U**

| | |
|---|---|
| usemame name password password | 为了 Cisco 路由器的身份验证创建用户名和口令 password |

**V**

| | |
|---|---|
| variance | 控制最佳度量和最坏可接受度量之间的负载均衡 |
| verify | 检验 FLASH 文件 |
| vlan 2 name Sales | 创建一个名为 Sales 的 VLAN2 |
| vlan-membership static vlan# | 设置一个端口为指定的 VLAN 成员 |
| vtp mode client | 将该交换机设为 VTP 客户端模式 |

| | |
|---|---|
| vtp domain | 设置为该 VTP 配置的域名 |
| vtp password password | 在该 VTP 域上设置一个口令 |
| vtp pruning enable | 使该交换机成为一台修剪交换机 |
| vtp mode server | 将该交换机设为 VTP 服务器模式 |

**W**

| | |
|---|---|
| where | 显示活动连接 |
| which-route | 执行 OSI 路由表查找并显示结果 |
| write | 运行的配置信息写入内存、网络或终端 |
| write erase | 现在由 copy startup-config 命令替换 |

**X**

| | |
|---|---|
| x3 | 在 PAD 上设置 X.3 参数 |
| xremote | 进入 XRemote 模式 |

**Other**

| | |
|---|---|
| ? | 给出命令的帮助信息 |
| 0.0.0.0 255.255.255.25 | 通配符命令,作用与 any 命令相同 |

# 附录 D　CCNA 专业英文术语表

CCNA 为 Cisco 最基础的入门认证,考试内容偏重网络概念和理论,对于初学者来说,不少专业英文术语难以理解,给学习带来了一定的困难。Cisco 系列认证的原版教材中专业词汇出现频率极高,而读者只要熟悉本附录中的术语,学习起来一定事半功倍。

**10BaseT**——原始 IEEE802.3 标准的一部分,10BaseT 是 10Mb/s 基带以太网规范,它使用两对双绞电缆(3 类、4 类或 5 类),一对用于发送数据,另一对用于接收数据。10BaseT 每段的距离限制约为 100 米。参见 Ethernet 和 IEEE 802.3。

**100BaseT**——基于 IEEE 802.3U 标准,100BaseT 是使用 UTP 接线的基带快速以太网规范。当没有通信量出现时。100BaseT 在网络上发送链接脉冲(比 10BaseT 中使用的包含更多信息)。参见 10BaseT、FastEthernet。

**100BaseTX**——基于 IEEE 802.3U 标准,100BaseTX 是使用两对 UTP 或 STP 接线的 100Mb/s 基带快速以太网规范。第一对线接收数据,第二对线发送数据。为了确保正确的信号定时,一个 100BaseTX 网段不能超过 100 米。

**A&B bit signaling(A 和 B 比特信令)**——用于 T-1 传输设备,有时称为"第 24 信道信令"。在这一方案中,每个 24T-1 信道使用每个第六帧的一个比特来发送监控信令信息。

**AAA**——身份验证(authentication)、授权(authorization)和统计(accounting),是 Cisco 开发的一个提供网络安全的系统。参见 authentication、authorization 和 accounting。

**AAL(ATM 适应层,ATM adaptation layer)**——数据链路层的一个与服务有关的子层,数据链路层从其他应用程序接收数据并将其带入 ATM 层的 48 字节有效负载段中。CS(会聚子层,convergence sublayer)和 SAR(分段重装子层,segmentation and reassembly)是 AAL 的两个子层。当前,ITU-T 建议的四种 AAL 是 AAL1、AAL2、AAL3/4 和 AAL5。AAL 由它们使用的源-目的地定时所区分,无论它们是 CBR 还是 VBR,也无论它们是用于面向连接的还是无连接模式的数据传输。参见 AAL1、AAL2、AAL3/4、AAL5、ATM 和 ATM layer。

**AAL1(ATM 适应层 1,ATM adaptation layer 1)**——ITU-T 建议的四种 AAL 之一,用

于面向连接的、需要恒定比特率的时间敏感的业务,如同步通信量和未压缩的视频。参见 AAL。

**AAL2(ATM 适应层 2)**——ITU-T 建议的四种 AAL 之一,用于面向连接的、支持可变比特率的业务,如语音通信量,参见 AAL。

**AAL3/4(ATM 适应层 3/4)**——ITU-T 建议的四种 AAL 之一,支持面向连接的也支持无连接的链路。主要用于在 ATM 网络上发送 SMDS 数据包。参见 AAL。

**AAL5(ATM 适应层 5)**——ITU-T 建议的四种 AAL 之一,主要用于支持面向连接的 VBR 业务以传送经典的 IP over ATM 和 LANE 通信量。这个 AAL 的最简单推荐标准使用 SEAL,提供较低的带宽开销和较简单的处理要求,但也提供较少的带宽和差错恢复能力。参见 AAL。

**AARP(AppleTalk 地址解析协议)**——在 AppleTalk 栈中的这个协议将数据链路地址映射为网络地址。

**AARP probe packets(AARP 探测包)**——AARP 发送的数据包,用来确定一个非扩展 AppleTalk 网络中一个给定的节点 ID 是否被另一个节点所使用。若该节点 ID 未被使用,发送节点可用该节点的 ID;若该节点 ID 已被使用,发送节点将选择一个不同的 ID 并送出更多的 AARP 探测包。参见 AARP。

**ABM(异步平衡模式, asynchronous balanced mode)**——当两个站可以开始传输时,ABM 是一种支持两站间对等的、点到点通信的 HDLC(或其导出的一个协议)通信技术。

**ABR(区域边界路由器, autonomous border router)**——位于一个或多个 OSPF 区域边界的 OSPF 路由器,ABR 被用来将 OSPF 区域连接到 OSPF 主干区。

**access layer(接入层)**——Cisco 三层分级模型中的一层。接入层使用户接入互联网络。

**access link(接入链接)**——交换机使用的一种链接,是虚拟 VAN(VLAN)的一部分。干线链接从多个 VLAN 传送信息。

**access list(访问列表)**——访问列表是管理者加入的一系列控制数据包在路由器中输入、输出的规则。

**access method(访问方法)**——网络设备获得网络访问权的方式。

**access rate（接入速率）**——定义电路的带宽速率。例如，T-1 电路的接入速率是 1.544Mb/s。在帧中继和其他技术中，可以是部分 T-1 连接（例如 256Kb/s），但接入速率和时钟速率仍为 1.544Mb/s。

**access server（接入服务器）**——即网络接入服务器，它是一个通信过程，通过网络和终端仿真软件将异步设备连接到一个 LAN 或 WAN，提供所支持协议的同步或异步路由选择。

**accounting（统计）**——AAA 中的三个组件之一。统计为安全模型提供审计和记录功能。

**acknowledgement（确认）**——从一个网络设备发送到另一个网络设备的验证，表明一个事件已经发生。可缩写为 ACK。对照 NAK。

**ACR（允许信元速率，allowed cell rate）**——ATM 论坛为管理 ATM 通信量定义的一个名称。利用拥塞控制措施动态控制，ACR 在最小信元速率（MCR）和峰值信元速率（PCR）之间变化。

**active monitor（活动监视器）**——用来管理令牌环的机制。环上具有最高 MAC 地址的网络节点成为活动监视器并负责管理防止环路和确保令牌不丢失之类的任务。

**address learning（地址学习）**——与透明网桥一起用于获悉互联网络上所有设备的硬件地址，然后交换机用已知 MAC 地址过滤该网络。

**address mapping（地址映射）**——通过将网络地址从一种格式转换为另一种格式，这种方法允许不同的协议交替操作。

**address mask（地址掩码）**——一个位组合描述符，它识别一个地址的哪个部分代表网络或子网，哪个部分代表主机。有时简称为掩码。参见 subnet mask。

**address resolution（地址解析）**——用于解决计算机编址方案间差别的过程。地址解析一般定义一种方法来跟踪网络层（第三层）地址到数据链路层（第二层）地址。参见 address mapping。

**adjacency（邻接）**——使用共同介质段建立的邻近路由器和终端节点之间的关系，以交换路由信息。

**administrative distance（管理距离）**——取值范围为 0～255，它表示一条路由选择信息源的可信性值。该值越小，完整性级别越高。

**administrative weight(管理加权)**——网络管理员对给定网络链路分级所指定的值。它是 PTSP 交换的四个链路度量之一,用来测试 ATM 网络资源的可靠性。

**ADSU(ATM 数据服务单元,ATM data service unit)**——用于通过 HSSI 兼容机制连接到 ATM 网络的终端适配器。参见 DSU。

**advertising(通告)**——路由选择或服务更新以给定间隔被发送的过程,允许网络上的其他路由器维护一个现有可用路由的记录 AEP AppleTalk 回应协议(AppleTalk echo protocol):两个 AppleTalk 节点之间连通性的一种测试,其中一个节点发送一个包给另一个节点并在响应中接收回应或复制。

**AFI(权限和格式标识符,authority and format identifier)**——NSAP ATM 地址的一部分,它描绘 ATM 地址 IDI 部分的类型和格式。

**AFP(AppleTalk 文件协议,AppleTalk filing protocol)**——一个表示层协议,支持 AppleShare 和 Mac OS 文件共享,允许用户共享服务器上的文件和应用程序。

**AIP(ATM 接口处理器,ATM interface processor)**——支持 AAL3/4 和 AAL5,Cisco 7000 系列路由器的这个接口最小化 UNI 的性能瓶颈。参 AAL3/4 和 AAL5。

**algorithm(算法)**——用来解决一个问题的一组规则或过程。在网络中算法一般用来发现通信量从源到其目的地的最佳路由。

**alignmenterror(对齐错误)**——以太网网络中出现的一种错误,其中收到的帧有额外的位,即一个数不可被 8 整除。对齐错误通常是冲突引起的帧损坏的结果。

**all-routes explorer packet(全路由探测包)**——一个能够越过整个 SRB 网络的探测包,跟踪到一个给定目的地的所有可能路径,也称为全环探测包。参见 explorer packet。

**AM(幅度调制,amplitude modulation)**——由载波信号的幅度变化代表信息的一种调制方法。

**AMI(交替传号反转,alternate mark inversion)**——也称二进制代码的交替传号反转。T-1 和 E-1 电路上的一种线路编码,每比特单元期间 0 用"01"表示,1 交替用"11"或"00"表示。发送设备必须在 AMI 中维持 1 的密度但又不独立于数据流。对照 B8ZS。

**amplitude(幅度)**——模拟或数字波形的最大值。

**analog transmission(模拟传输)**——由信号幅度、频率和相位的不同组合表示信息的信号传送。

  **ANSI(美国国家标准协会,American National Standards Institute)**——由美国公司、政府和其他志愿者成员组成的机构,它协调与标准相关的活动,批准美国国家标准并在国际标准组织中代表美国。ANSI 帮助在通信、网络和各种技术领域创建国际和美国标准。它已为工程产品和技术发布了 13 000 多种标准,范围从螺丝螺纹到网络协议,包罗万象。ANSI 是 IEC 和 ISO 的成员。

  **anycast**——一个 ATM 地址,它能由多个终端系统共享,允许请求被传送到一个提供特殊服务的节点。

  **AppleTalk**——Apple 计算机公司为在 Macintosh 环境下使用设计的通信协议组,当前有两个版本。早期的 Phase 1 协议支持一个物理网络,只有一个网络号驻留在一个区域中。后来的 Phase 2 协议支持单个物理网络上的多个逻辑网络,允许网络存在于多个区域。参见 zone。

  **application layer(应用层)**——OSI 参考网络模型的第七层,向 OSI 模型之外的应用程序(如电子邮件或文件传输)提供服务。这一层选择并确定通信对象的有效性以及为建立连接所需的资源,协调合作的应用程序,并在控制数据完整性和错误恢复的过程方面形成一致。参见 data link layer、network layer、physical layer、presentation layer、session layer 和 transport layer。

  **ARA(AppleTalk 远程访问,AppleTalk remote access)**——为 Macintosh 用户建立从一个远程 AppleTalk 位置访问资源和数据的协议。

  **area(地区)**——一组逻辑的而非物理的段(基于 CLNS、DECnet 或 OSPF)以及它们附接的设备。地区通常使用路由器连接到其他地区以创建一个自治系统。参见 AS。

  **ARM(异步响应模式,asynchronous response mode)**——使用一个主站及至少一个辅站的 HDLC 通信模式,其中传输可以从主站或一个辅站开始。

  **ARP(地址解析协议,address resolution protocol)**——在 RFC 826 中定义,该协议将 IP 地址转换为 MAC 地址。

  **AS(自治系统,autonomous system)**——一组处于相互管理下的网络,它们共享同一个路由选择方法。自治系统由地区再划分并必须由 TANA 分配一个单独的 16 位数字。参见 area。

**AS path prepending(AS 路径预先计划)**——使用路由映射通过添加假的 ASN 延长自治系统路径。

**ASBR(自治系统边界路由器,autonomous system boundary router)**——一个放在 OSPF 自治系统和非 OSPF 网络之间的地区边界路由器,操作 OSPF 和一个附加的路由选择协议(如 RIP)。ASBR 必须位于一个非存根 OSPF 地区。参见 ABR。

**ASCII(美国信息交换标准代码,American standard code for information interchange)**——一个代表字符的 8 位代码,由 7 个数据位加一个奇偶位组成。

**ASICs(针对应用程序的集成电路)**——用于第二层交换机进行过滤决定。ASIC 查看 MAC 地址过滤表并确定哪个端口是收到的硬件地址要去往的目的地硬件地址。该帧将只允许穿过那一段。如果该硬件地址为未知,该帧被转发到所有端口。

**ASN.1(抽象语法符号 1,abstract syntax notation one)**——用于描述与计算机结构无关的数据类型的一种 OSI 语言及描述方法。由 ISO 国际标准 8824 所描述。

**ASP(AppleTalk 会话协议,AppleTalk session protocol)**——一个使用 ATP 建立、维护和关闭会话以及顺序请求的协议。参见 ATP。

**AST(自动生成树,automatic spanning tree)**——为生成探测帧从网络中的一个节点移动到另一个节点的一种功能,在 SRB 网络中支持生成树的自动解析。AST 基于 IEEE802.1 标准。

**asynchronous transmission(异步转移)**——没有精确定时发送的数字信号,通常具有不同的频率和相位关系。异步转移通常将单个字符封装在控制位(称为起始位和停止位)中,表示每个字符的开始和结束。

**ATCP(AppleTalk 控制程序,AppleTalk control program)**——建立和配置 AppleTalk over PPP 的协议,在 RFC 1378 中定义。参见 PPP。

**ATDM(异步时分多路复用,asynchronous time-division multiplexing)**——发送信息的一种技术,它不同于普通的 TDM,其中时隙在必要时分配而不是预先分配给某些发送器。对照 FDM。

**ATG(地址转换网关,address translation gateway)**——Cisco DECnet 路由选择软件中的一个机制,它使路由器能为多个独立的 DECnet 网络传输数据,并为网络间选定的节点建立一个用户指定的地址转换。

**ATM（异步转移模式，asynchronous transfer mode）**——由固定长度 53 字节信元标识的国际标准，用于传输多种业务系统中的信元，如语音、视频或数据。传输延迟的降低是由于固定长度的信元允许在硬件中处理。ATM 设计用来使高速传输介质（如 SONET、E3 和 T3）的益处最大化。

**ATMARP server（ATMAPR 服务器）**——一个提供逻辑子网运行带地址解析服务的经典的 IP over ATN 的设备。

**ATM endpoint（ATM 端点）**——开始或终结一个 ATM 网络中的连接。ATM 端点包括服务器、工作站、ATM 到 LAN 的交换机和 ATM 路由器。

**ATM forum（ATM 论坛）**——由 Northern Telecom、Sprint、Cisco Systems 和 NET/ADAPTIVE 公司于 1991 年共同创立的国际组织，该组织为 ATM 技术开发和促进基于标准的执行协议。ATM 论坛放宽了由 ANSI 和 ITU.T 开发的正式标准并在正式标准发布之前创建执行协议。

**ATM layer（ATM 层）**——ATM 网络中数据链路层的一个子层，它是业务独立的。为创建标准 5 字节 ATM 信元，ATM 层从 AAL 接收 48 字节段并给每段附加一个 5 字节的报头。然后这些信元被发送到物理层，通过物理介质传输。参见 AAL。

**ATMM（ATM 管理，ATM management）**——在 ATM 交换机上运行的一个规程，管理速率增强和 VCT 转换。参见 ATM。

**ATM user-user connection（ATM 用户-用户连接）**——ATM 层建立的一个连接，提供至少两个 ATM 业务用户（如 ATMM 进程）之间的通信。这些通信可以是单向或双向的，分别使用一个或两个 VCC（虚通路连接，virtual channel connection）。参见 ATM layer 和 ATMM。

**ATP（AppleTalk 事务处理协议，AppleTalk transaction protocol）**——一个传输层协议，它使两个套接字之间能可靠地进行事务处理，其中一个请求另一个执行一项给定的任务并报告结果。ATP 同时抓住请求和响应，保证请求-响应对无丢失交换。

**AURP（AppleTalk 基于更新的路由选择协议，AppleTalk update-based routing protocol）**——一种在外部协议的报头中封装 AppleTalk 通信量的技术，该外部协议允许至少两个非邻接 AppleTalk 互联网络通过一个外部网络（如 TCP/IP）的连接建立一个 AppleTalk WAN，该连接被称为 AURP 隧道。通过在外部路由器之间交换路由信息，AURP 维持完整的 AppleTalk WAN 路由表。参见 AURP tunnel。

**AURP tunnel(AURP 隧道)**——在一个 AURP WAN 中进行的连接,通过在外部网络(如 TCP/IP)建立一个虚连接,将两个物理上分隔的互联网络连接起来。参见 AURP。

**authentication(身份验证)**——AAA 模型中的第一个组件。用户一般通过用户名和口令进行身份验证,用户和口令唯一地识别他们。

**authorityzone(权威区)**——域名树的一部分,该域名树和名称服务器与权威的 DNS 相关联。参见 DNS。

**authorization(授权)**——基于 AAA 模型中的身份验证信息允许访问一种资源的行为。

**auto-detectmechanism(自动检测机制)**——在以太网交换机、集线器和接口卡中使用,用来确定可以使用的双工方式和速度。

**auto duplex(自动双工)**——第一层和第二层设备上的一个设置,它自动设置交换机或集线器端口的双工方式。

**automatic call reconnect(自动呼叫重新连接)**——使自动呼叫能避开失效的中继线路变更路由的一种功能。

**autonomous confederation(自治联邦)**——主要依靠自己的网络可达性和路由信息而不是依靠从其他系统或组接收信息的自我管理系统的一个集合。

**autonomous switching(自治交换)**——Cisco 路由器利用 CiscoBus 独立地交换系统处理器的数据包使处理数据包能力更快。

**auto-reconfiguration(自动重新配置)**——令牌环的失效域中由节点执行的一个过程,其中节点自动执行诊断,试图绕过失效的地区重新配置该网络。

**auxiliary port(辅助端口)**——Cisco 路由器背板上的控制台端口,它允许拨叫该路由器并进行控制台配置设置。

**B channel(B 信道)**——承载信道,ISBN 中传输用户数据的一个全双工 64Kb/s 信道,对比 E channel 和 H channel。

**B8ZS(二进制 8 零替换)**——一种线路编码,在 T-1 和 E-1 电路的链路上连续传输 8 个零时,它使用一个特殊的代码替代。这一技术保证 T-1 或 E1 的密度不受数据流的约束,也称为双极性 8 零替换。对比 AMI。

**back end(后端)**——为前端提供服务的一个节点或软件程序。

**backbone(主干)**——网络的基本部分，它提供发送到其他网络和从其他网络发起的通信量的主要路径。

**bandwidth(带宽)**——网络信号使用的最高和最低频率间的间隔。通常，它涉及一个网络协议或介质的额定吞吐能力。

**bandwidth on demand(按需带宽,BoD)**——这一功能允许一个附加的 B 信道用于为一个特定连接增加可用带宽量。

**baseband(基带)**——网络技术的一个特性，它只使用一个载波频率，以太网就是一个例子，也称"窄带"。对比 broadband。

**baseline(基线)**——基线信息包括有关该网络的历史数据和常规使用信息，这个信息可以用来确定该网络最近是否有可能引起问题的变化。

**basic management setup(基本管理设置)**——Cisco 路由器在 setup 模式中使用。只有提供足够的管理和配置才能使路由器工作，这样才能远程登录到该路由器并配置它。

**baud(波特)**——每秒比特(b/s)的同义词，如果每个信号单元代表一比特的话，它是一个发信号速度的单位，等效于每秒钟传输的单独的信号单元数。

**BDR(备份指定路由器,backup designated router)**——在 OSPF 网络中，用来备份指定路由器，以确保网络的可靠性。

**beacon(信标)**——一个 FBDT 设备或令牌环帧，它指出环上的一个严重问题，如电缆断开。信标帧载有下游站地址。参见 failure domain。

**BECN(后向显式拥挤通告,backward explicit congestion notification)**——是由帧中继网络遇到拥塞路径时在帧中设置的比特。收到带有 BECN 帧的 DTE 可以要求高级协议采取必要的流控措施。对比 FECN。

**BGP4(BGP 版本 4,BGPversion4)**——因特网上最通用的域间路由协议的版本 4。BGP4 支持 CTDR 并使用路由计算机制来降低路由表的大小。参见 CIDR。

**BGP Identifier(BGP 标识符)**——这个字段包含标识该 BGP 讲者的一个值。这是由 BGP 路由器发送一个 OPEN 消息时选择的一个随机值。

**BGP neighbors(BGP 邻居)**——开始一次通信过程以交换动态路由选择信息的两个运行 BGP 的路由器,它们使用 OSI 参考模型第四层的一个 TCP 端口,使用端口号为 179 的 TCP 端口。也称为 BGP peers(BGP 对等者)。

**BGP peers(BGP 对等者)**——参见 BGP neighbors。

**BGP speaker(BGP 讲者)**——通告其前缀或路由的路由器。

**bidirectional shared tree(双向共享树)**——共享树组播转发的一种方法。这种方法允许组成员从源或靠近的 RP 接收数据。

**binary(二进制)**——用 1 和 0 两个字符计数的方法。二进制计数制成为所有信息数字表达的基础。

**binding(绑定)**——在 LAN 上配置一个网络层协议以使用某种帧类型

**BIP(位交叉奇偶校验,bit interleaved parity)**——ATM 中用来监视链路上错误的一种方法,在先前的块或帧的链路开销中发送一个校验位或字。这允许发现传输中的位错误并作为维护信息传送。

**BISDN(宽带 ISDN,broadband ISDN)**——为管理高带宽技术(如视频)创建的 ITU-T 标准。目前 BISDN 使用 ATM 技术及基于 SONET 的传输电路,提供 155Mb/s 和 622Mb/s 之间及更高的数据速率。参见 BRI、ISDN 和 PRI。

**bit(位,比特)**——一个数字;一个 1 或者一个 0。8 位组成一个字节。

**bit-oriented protocol(面向比特的协议)**——与帧内容无关,该类数据链路层通信协议负责传输帧。与面向字节的协议相比,面向比特的协议更有效,且能可靠地全双工操作。对比 byte-oriented protocol。

**block size(块大小)**——可用在一个子网中的主机数。块大小一般可以以增量 4、8、16、32、64 及 128 使用。

**boot ROM(引导 ROM)**——用于路由器中,以便将路由器放入引导模式。然后引导模式用一个操作系统引导该设备。该 ROM 也可以保存一个小的 Cisco IOS。

**boot sequence(引导序列)**——定义路由器如何引导。配置寄存器告诉该路由器从哪里引导 IOS 以及如何配置。

**bootstrap protocol**(引导协议)——用来动态地分配 IP 地址及网关给请求客户机的协议。

**border gateway**(边界网关)——便于与不同自治系统中的路由器通信的一个路由器。

**border peer**(边界对等者)——管理一个对等组的设备，它存在于一个层次设计的边缘。当对等组的任何成员想要查找一个资源时，它发送一个探测器给边界对等者。然后该边界对等者代表请求路由器转发这个请求，这样就消除了重复的通信量。

**border router**(边界路由器)——通常在 OSPF 协议中定义为连接一个地区到主干区的路由器。但边界路由器也可以是连接一家公司到 internet 的路由器。

**BPDU**(网桥协议数据单元，**bridge protocol data unit**)——为在网络中的网桥之间交换信息，在可定义的间隔发送初始化数据包的一个生成树协议。

**BRI**(基本速率接口，**basic rate interface**)——便于在视频、数据和语音间进行电路交换通信的 ISDN 接口，它由两个 B 信道（每个 64Kb/s）和一个 D 信道（16Kb/s）构成。参见 BISDN。

**bridge**(网桥)——连接网络的两段并在它们之间传送数据包的设备。两段必须使用同样的协议来通信。桥接功能在数据链路层，即 OSI 参考模型的第二层。网桥的目的是根据特殊帧的 MAC 地址过滤、发送或扩散任何进入的帧。

**bridge group**(网桥组)——在网桥的路由器配置中使用，网桥组由一个唯一的号码定义。网络通信量在同一网桥组号码的所有接口间桥接。

**bridge identifier**(网桥标识符)——用于在第二层交换式互联网络中发现和推选根网桥。网桥 ID 是网桥优先级和基础 MAC 地址的组合。

**bridge priority**(网桥优先级)——设置网桥的 STP 优先级。默认情况下所有网桥优先级被设置为 32768。

**bridging loop**(桥接环路)——桥接网络中，到一个网络有多于一条链接并且 STP 协议未打开时出现的环路。

**broadband**(宽带)——在一条电缆上多路复用几个独立信号的一种传输技术。电信中，宽带按大于 4KHz（典型的语音级）带宽的信道分类。在 LAN 技术中它按使用模拟信令的同轴电缆分类。对比 baseband。

**broadcast(广播)**——一个数据帧或包被传输到本地网段(由广播域定义)上的每个节点。广播是由广播地址表明的,其目的地网络和主机地址位全为1,又称"本地广播"。对比 directed broadcast。

**broadcast address(广播地址)**——在逻辑寻址和硬件寻址中使用。在逻辑寻址中,主机地址为全1。对于硬件寻址,硬件地址将为十六进制的全1(即全为F)。

**broadcast domain(广播域)**——接收从一个设备组中任何设备发出的广播帧的设备组。因为它们不转发广播帧,广播域通常被路由器环绕着。

**broadcast storm(广播风暴)**——网络上一个不受欢迎的事件,它由任意数量的广播通过网段同时传输引起。它的出现可能耗尽网络带宽,造成超时。

**buffer(缓冲器)**——又称"信息缓冲器",是专门用来处理传输中的数据的存储区。缓冲器用来接收/存储零星的突发数据,补偿处理速度的差异。在要发送的数据收妥之前进入的信息被存储。

**bursting(突发)**——一些技术(包括 ATM 和帧中继)被认为是可突发的。这意味着用户数据可以超过为该连接正常保留的带宽,但是不能超过端口速率。这种情况的一个例子是 T-1 上的一个 128Kb/s 帧中继网络的 CIR,有可能短时间超过 128Kb/s。

**bus(总线)**——通过任意物理路径(一般为电线或铜线),一个数字信号可被用来从计算机的一部分发送数据到另一部分。

**BUS(广播和未知服务器,broadcast and unknown server)**——在 LAN 仿真中,负责解析所有广播和带有未知(未登记)地址的包进入 ATM 所需的点到点虚电路的硬件或软件。参见 LANE。

**bus topology(总线拓扑)**——一个直线的 LAN 体系结构,其中来自网络上各站的传输在介质的长度上被复制并被所有其他站所接收。对比 ring。

**bypass mode(旁路模式)**——删除一个接口的 FDDI 和令牌环网络操作。

**bypass relay(旁路中继)**——使令牌环中的某个接口能关闭并有效地脱离环的一个设备。

**byte-oriented protocol(面向字节的协议)**——为了标记帧的边界,使用一种用户字符集的特殊字符的数据链路通信协议。这些协议一般已被面向比特的协议取代。对比 bit-oriented protocol。

**cable range(电缆范围)**——在扩展的 AppleTalk 网络中,为网络上现有的节点使用所分配的号码范围。电缆范围的值可以是一个也可以是几个连续网络号的序列。节点地址是由它们的电缆范围值确定的。

**CAC(连接允许控制,connection admission control)**——每个 ATM 交换机在连接建立时执行的一系列动作,为了确定是否一个连接请求违反建立连接的 QoS 保证。CAC 也用来通过一个 ATM 网络传送连接请求。

**call admission control(呼叫允许控制)**——ATM 网络中管理通信量的一个设备,为一个请求的 VCC 确定一条包含适当带宽的路径的可能性。

**call establishment(呼叫建立)**——呼叫工作时用来指定一个 ISDN 呼叫建立方案。

**call priority(呼叫优先权)**——电路交换系统中,给每个始发端口定义的优先权,它指定以哪个次序呼叫将被重新连接。另外,呼叫优先权识别带宽预留期间哪个呼叫被允许。

**call setup(呼叫建立)**——定义源和目的地设备如何互相传输数据的握手方案。

**call setuptime(呼叫建立时间)**——影响 DTE 设备之间交换式呼叫的必要的时间长度。

**CBR(固定码率,constant bit rate)**——是一种固定采样率的压缩方式。其优点是压缩快,能被大多数软件和设备支持。固定码率是一个用来形容通信服务质量的术语。对比 ABR。

**CD(载波检测,carrier detect)**——表示一个接口已经激活或调制解调器产生的连接已经建立的信号。

**CDP(Cisco 发现协议,Cisco discovery protocol)**——Cisco 的专用协议,用于告诉邻居 Cisco 设备,该 Cisco 设备正在使用的硬件类型、软件版本和激活的端口。它使用设备间的 SNAP 帧且是不可路由的。

**CDP holdtime(CDP 保持时间)**——路由器保持从邻居路由器收到的 Cisco 发现协议信息,如果该信息没有被该邻居更新,在丢弃它之前的时间量即 GDP holdtime。默认情况下,这个时间被设为 180 秒。

**CDP timer(CDP 定时器)**——默认情况下,Cisco 发现协议传输到所有路由器接口的时间量。默认情况下,CDP 定时器被设为 90 秒。

**CDVT(呼叫延迟变化容差,cell delay variation tolerance)**——ATM 网络中为通信量管理在连接建立时指定的一个 QoS 参数。在 CBR 传输中,由 PCR 进行的数据采样的允许波动程度由 CDVT 确定。参见 CBR。

**cell(信元)**——ATM 网络中,交换和多路复用数据的基本单元。信元有一个 53 字节的定义长度,包括一个识别该信元数据流的 5 字节报头和 48 字节有效载荷。参见 cell relay。

**cell payload scrambling(信元有效载荷扰码)**——ATM 交换机在某些中速边缘和中继接口(T-3 或 E-3 电路)上维持组帧的方法。信元有效载荷扰码重新安排信元的数据部分以与某种公共的位图样维持线路同步。

**cell relay(信元中继)**——使用小的固定大小的数据包(称为信元)的技术。它们的固定长度使信元能以高速率在硬件中处理和交换,使得这个技术成为 ATM 及其他高速网络协议的基础。参见 cell。

**centrex(中央交换机)**——一种本地交换载波业务,提供类似于现场 PBX(用户级交换机,private branch exchange)的本地交换。中央交换机没有现场交换能力。因此,所有客户连接返回到 CO。参见 CO。

**CER(信元错误比,cell error ratio)**——ATM 中,某个时间范围内传输出错的信元与传输中发送的信元总数的比率。

**CGMP(Cisco 组管理协议,Cisco group management protocol)**——由 Cisco 开发的一个专用协议。路由器使用 CGMP 发送组播成员命令给 Catalyst 交换机。

**channelized E-1(信道化的 E-1)**——工作在 2048Mb/s 的一条接入链路,是 29 个 B 信道和 1 个 D 信道的一部分,支持 DDR、帧中继和 X.25。对比 channelized T-1。

**channelized T-1(信道化的 T-1)**——工作在 1.544Mb/s 的一条接入链路,是 23 个 B 信道和 1 个 D 信道(每个 64Kb/s)的一部分,其中单个信道或信道组连接到不同的目的地,支持 DDR、帧中继和 X.25。对比 channelized E-1。

**CHAP(挑战握手身份认证协议,challenge handshake authentication protocol)**——使用 PPP 封装且在线路上得到支持,它是识别远程端的一个安全特性,有助于防止未被授权的用户。CHAP 执行之后,路由器或接入服务器确定一个给定用户是否被允许接入。它是一个新的、比 PAP 更安全的协议。

**checksum(效验和)**——确保发送数据完整性的一种测试。它是通过一系列数学函数从一串值计算的一个数。一般放在被计算数据的最后,然后在接收端重新计算以便确认。对比 CRC。

**choke packet(阻塞包)**——拥塞存在时,它是一个发送给发送器的包,告知它应该降低发送速率。

**CIDR(无类别域间路由选择,classless inter-domain routing)**——无类别域间路由选择协议(如 OSPF 及 BGP4)支持的一种方法。它允许一组 IP 网络对其他路由器看上去像一个统一的大的实体。CIDR 中,IP 地址和它们的子网掩码被写成 4 个点分成的 8 位组,跟着一个正斜杠和掩蔽位的编号(子网符号的缩写形式)。参见 BGP4。

**CIP(信道接口处理器,channel interface processor)**——Cisco 7000 系列路由器中使用的一个信道附加接口,它连接一台主机到一个控制装置。这个设备免除了一个 FBP 连接信道的需要。

**CIR(承诺信息速率,committed information rate)**——一个在最小时间范围被平均的、以 b/s 度量的、帧中继网络同意的最小信息传输速率。

**circuit switching(电路交换)**——与拨号网络(如 PPP 和 ISDN)一起使用。首先建立端到端的连接,然后再进行数据传输。

**Cisco FRAD(Cisco 帧中继接入设备,Cisco frame relay access device)**——支持 Cisco IPS(入侵防御系统,intrusion prevention system)帧中继 SNA(系统网络体系结构,system network architecture)业务的一个 Cisco 产品,连接 SDLC 设备到帧中继而无须现有的LAN。也可能升级到一个全功能多协议路由器。可以激活从 SDLC 到以太网和令牌环的转换,但不支持附接的 LAN。参见 FRAD。

**CiscoFusion**——Cisco 互联网络体系结构的名称,Cisco IOS 在其上完成操作。用来将各种路由器和交换机集合的能力"融合"在一起。

**Cisco IOS(Cisco 互联网络操作系统软件,Cisco internetwork operating system software)**——为 CiscoFusion 体系结构下的所有产品提供共享的功能性、可缩放性和安全性的Cisco 路由器和交换机系列的核心。参见 CiscoFusion。

**CiscoView**——用于 Cisco 网络设备的 GUI 管理软件,能提供动态状态、统计和全面的配置信息,显示 Cisco 设备底盘的物理视图并提供设备监视功能和基本的故障诊断能力,可以与大量基于 SNMP 的网络管理平台集成在一起。

**class A network(A 类网络)**——因特网协议分层编址方案的一部分。A 类网络只有 8 位用于定义网络,有 24 位用于定义网络上的主机。

**class B network(B 类网络)**——因特网协议分层编址方案的一部分。B 类网络有 16 位用于定义网络,有 16 位用于定义网络上的主机。

**class C network(C 类网络)**——因特网协议分层编址方案的一部分。C 类网络有 24 位用于定义网络,有 8 位用于定义网络上的主机。

**classful routing(分级路由选择)**——发送路由更新时不发送子网掩码信息的路由选择协议。

**classical IP over ATM(经典的 IP over ATM)**——在 RFC 1577 中定义,使 ATM 特性最大化运行 IP over ATM 的规范,又称 CIA。

**classless routing(无级路由选择)**——路由更新中发送子网掩码的路由选择。无级路由选择允许 VLSM 和超网。支持无级路由选择的协议有 RIP 版本 2、EIGRP 和 OSPF。

**CLI(命令行界面,command line interface)**——允许用户以最大的灵活性配置 Cisco 路由器和交换机。

**CLP(信元丢失优先权,cell loss priority)**——ATM 信元报头中确定网络拥塞时信元被丢弃的可能性的区域。具有 CLP＝0 的信元被认为是确保的通信量,不能被丢弃。具有 CLP＝1 的信元被认为是努力的通信量,拥塞时可以被丢弃,设备将分配更多的资源保证"确保的通信量"不被丢弃。

**CLR(信元丢失比,cell loss ratio)**——ATM 中丢弃的信元与成功传送的信元的比率。建立一个连接时,CLR 可以被指定为一个 QoS 参数。

**CO(中央局,central office)**——市话局,某一地区所有回路在此连接,是用户线路进行电路交换的地方。

**collapsed backbone(折叠的主干)**——所有网段通过一个网络互联设备互相连接的一个非分布式主干。一个折叠的主干可以是在路由器、集线器或交换机之类的设备中工作的一个虚拟网段。

**collision(冲突)**——以太网中两个节点同时发送传输的结果。当它们在物理介质上相遇时,每个节点的帧相碰撞并被损坏。参见 collision domain。

**collision domain**(冲突域)——以太网中发生碰撞的帧将传播的网络区域。冲突通过集线器和转发器传播，不通过 LAN 交换机、路由器或网桥传播。参见 collision。

**composite metric**(复合度量)——与 IGRP 和 EIGRP 等路由选择协议一起使用，利用多于一个的度量发现到一个远程网络的最佳路径。默认情况下，IGRP 和 EIGRP 两者使用线路的带宽和延迟，但也可以使用 MTU、负载和链路的可靠性等度量。

**compression**(压缩)——用一个标记代表重复的数据串，在一条链路上发送比正常允许的更多的数据的一种技术。

**configuration register**(配置寄存器)——存储在硬件或软件中的一个 16 位的虚拟寄存器，它确定初始化期间 Cisco 路由器的功能。硬件中，比特位置使用跳线设置。软件中，比特位置由指定的特殊位图样设置，此位图样被一个十六进制值和配置命令一起配置，用来设置启动选项。

**congestion**(拥塞)——超过网络处理能力的通信量。

**congestion avoidance**(拥塞避免)——为最小化延迟，ATM 网络用来控制进入系统的通信量的方法。低优先权的通信量当指示器表明它不能被传送时在网络的边缘被丢弃，以有效地使用资源。

**congestion collapse**(拥塞崩溃)——ATM 网络中包的重传造成的结果，其中很少或没有通信量成功地到达目的地。通常在工作效率低下或缓存能力不足的路由器与差的包丢弃或 ABR 拥塞反馈机制结合组成的网络中发生。

**connection ID**(连接 ID)——对每个进入路由器的 telnet 会话给出的标识。show sessions 命令给出本地路由器到远程路由器的连接。show users 命令显示远程登录到本地路由器用户的连接 ID。

**connectionless**(无连接)——无须创建虚电路产生的数据传输。它没有开销，尽力传送并且是不可靠的。对比 connection-oriented。参见 virtual circuit。

**connection-oriented**(面向连接的)——任何数据传输之前先建立一个虚电路的数据传输方法。使用确认和流量进行可靠的数据传输。对比 connectionless。参见 virtual circuit。

**console port**(控制口端口)——Cisco 路由器和交换机上的一个典型的 RJ-45 端口，具有命令行界面功能。

**control direct VCC(控制直接 VCC)**——Phase I LAN 仿真定义的三个控制连接之一，在 ATM 中由一个 LEC(局域网仿真客户端，LAN emulation client)到一个 LES(局域网仿真服务器，LAN emulation server)建立的双向 VCC。参见 control distribute VCC。

**control distribute VCC(控制分配 VCC)**——Phase I LAN 仿真定义的三个控制连接之一，在 ATM 中由一个 LES 到一个 LEC 建立的单向 VCC。通常，该 VCC 是一个点到多点连接。参见 control direct VCC。

**convergence(收敛)**——互联网络中所有路由器更新它们的路由表并创建一个一致的网络视图、使用最佳可能路径所需的过程。收敛期间没有用户数据通过。

**core layer(核心层)**——Cisco 三层分层模型中的顶层，它有助于设计、组建和维护一个 Cisco 分层网络。核心层快速地通过数据包到分配层设备。在这一层不进行包过滤。

**cost(开销)**——又称为路径开销，一个任意值，根据中继段数、带宽或其他计算，一般由网络管理员指定并由路由选择协议用来比较通过一个互联网络的不同路由。路由选择协议使用开销值来选择到某个目的地的最佳路径：最低开销识别为最佳路径。参见 routing metric。

**count to infinity(计算到无穷)**——路由选择算法中出现的一个问题，路由器不断增加到特定网络的中继段数，导致路由协议收敛速度缓慢。每个不同的路由选择协议都已实施了各种解决方案，避免了这个问题。这些解决方案包括定义一个最大中继段数(定义无限)、路由平衡、毒性逆转和水平分割。

**CPCS(公共部分会聚子层，common part convergence sublayer)**——两个与业务有关的 AAL 子层之一，它进一步分为 CS 和 SAR 子层。CPCS 为通过 ATM 网络的传输准备数据，它创建了发送到 ATM 层的 48 字节有效载荷信元。参见 AAL 和 ATM layer。

**CPE(用户驻地设备，customer premises equipment)**——安装在用户位置并连接到电话公司网络的设备，如电话机、调制解调器和终端。

**crankback(遇忙返回)**——ATM 中，当一个节点在选定路径上的某处不能接受一个连接建立请求，阻塞该请求时使用的一个纠正技术。该路径被恢复到一个中间节点，然后使用 GCAC(基本连接管理控制，generic connection admission control)试图找到一条到最终目的地的备用路径。

**CRC(循环冗余校验，cyclic redundancy check)**——检测错误的一种方法，其中帧接收方用一个二进制除法器去除帧内容并将余数与发送节点在帧中存储的值比较。对比 checksum。

**crossover cable(交叉电缆)**——连接交换机到交换机、主机到主机、集线器到集线器或交换机到集线器的以太网电缆类型。

**CSMA/CD(带有冲突检测的载波侦听多路访问，carrier sense multiple access/collision detect)**——Ethernet IEEE 802.3 委员会定义的一种技术。每个设备在发送之前侦听电缆上的数字信号。另外，CSMA/CD 允许网络上的所有设备共享同一条电缆，但是同一时间只允许一个设备发送数据。如果两个设备同时发送，将出现帧冲突且会发送干扰图样，该设备将停止发送，等待一个预先确定的时间量，然后试着再次发送。

**CSU(信道服务单元，channel service unit)**——连接终端用户设备到本地数字电话回路的一个数字装置。经常与数据服务单元一起被称为 CSU/DSU。参见 DSU。

**CSU/DSU(信道服务单元/数据服务单元，channel service unit/data service unit)**——广域网中将数字信号转换成提供者的交换机理解的信号的物理层设备。CSU/DSU 通常是插入 RJ-45 插座(所谓的分界位置)的一个设备。

**CTD(信元传输延迟，cell transfer delay)**——对于 ATM 中的一个给定连接，在源 UNI (用户网络接口，user network interface)一个信元退出事件和在目的地相应的信元进入事件之间的时间。这些点之间的 CTD 是 ATM 内传输延迟和 ATM 处理延迟的总和。

**cut-through frame switching(直通式帧交换)**——数据流过交换机的一种帧交换技术，这样在包完全进入输入端口之前，在输出端前沿已退出该交换机。帧将被使用直通式帧交换的设备阅读、处理，在帧的目的地地址被证实和输出端口被确定后立即转发。

**D channel(D 信道)**——① 数据信道一个全双工的、16Kb/s(BRA)或 64Kb/s(PRI) ISDN 信道。对比 B channel、E channel 和 H channel。② SNA 中，以任意外设提供处理器和主存储器之间的一个连接。

**data circuit-terminating equipment(数据电路终接设备)**——用来向 DTE 设备提供定时。

**data compression(数据压缩)**——参见 compression。

**data direct VCC(数据直接 VCC)**——ATM 中两个 LEC 之间建立的一个双向点到点 VCC，是由 Phase 1 LAN 仿真定义的 3 个数据连接之一。因为数据直接 VCC 并不保证 QoS，它们通常被留作 UBR 和 ABR 连接。对比 control distribute VCC 和 control direct VCC。

**data encapsulation(数据封装)**——一个协议中的信息在另一个协议的数据部分中被包装或包含的过程。在 OSI 参考模型中,数据向下流过协议栈时,每一层封装紧接它的上一层。

**data frame(数据帧)**——OSI 参考模型数据链路层上的协议数据单元封装。从网络层封装数据包并为在网络介质上传输准备数据。

**datagram(数据报)**——作为网络层单元无须预先建立虚电路并在介质上传输的一个信息的逻辑集合。IP 数据包已经成为因特网的主要的信息单元。在 OSI 参考模型的各层,术语信元(cell)、帧(frame)、报文(message)和段(segment)也定义了这些逻辑信息分组。

**data link control layer(数据链路控制层)**——IBM SNA(系统网络架构,systems network architecture)体系结构模型的第二层,它负责在给定的物理链路上传输数据,相当于 OSI 参考模型的数据链路层。

**data link layer(数据链路层)**——OSI 参考模型的第二层,也称为链路层。它确保数据通过物理链路的可靠传输,主要涉及物理寻址、线路规程、网络拓扑、出错通知、帧的有序交付及流控。IEEE 已进一步分割这一层为 MAC 子层和 LLC 子层。它可与 SNA 模型的数据链路控制层相比。参见 application layer、LLC、MAC、network layer、physical layer、presentation layer、session layer 和 transport layer。

**DCC(数据国家代码,data country code)**——ATM 论坛开发的、为专网使用设计的两个 ATM 地址格式之一。

**DCE[数据通信设备(按 JIA 定义)或数据电路终端设备(按 ITU-T 定义),data communication equipment]**——构成用户到网络接口(如调制解调器)的一个通信网络的机制和链路。DCE 提供到网络的物理连接、转发通信量并为 DTE 和 DCE 之间的同步数据传输提供一个时钟信号。对比 DTE。

**DDP(数据报交付协议,datagram delivery protocol)**——用于 AppleTalk 协议组作为负责通过一个互联网络发送数据报的无连接协议。

**DDR(按需拨号路由选择,dial-on-demand routing)**——允许路由器按发送站的需要自动开始和结束一个电路交换会话的技术。通过模仿保持激活,该路由器"欺骗"终端站把会话作为是活动的来对待。DDR 允许通过一个调制解调器或外部 ISDN 终端适配器在 ISDN 或电话线路上进行路由选择。

**DE(丢弃合格,discard eligibility)**——帧中继的帧头部的一个字段,用于识别在拥塞时可以被丢弃的不重要的流量。

**dedicated line(专线)**——不共享任何带宽的点到点连接。

**de-encapsulation(拆装)**——分层协议使用的技术,其中一层从层协议数据单元中去除报头信息。参见 encapsulation。

**default route(默认路由)**——用于指导帧的静态路由表条目,它的下一中继段没有在动态路由表中说明清楚。

**delay(延迟)**——一次事务处理从发送者开始到他们收到第一个响应之间经过的时间。也是一个数据包从它的源经过一条路径移动到其目的地所需的时间。参见 latency。

**demarc(分界)**——用户驻地设备(CPE)与电话公司载波设备之间的分界点。

**demodulation(解调)**——以调制信号返回其原始形式的一系列步骤。接收时,调制解调器将模拟信号解调为原始的数字形式(反过来,将它发送的数字数据调制为模拟信号)。

**demultiplexing(多路分解)**——将一个由多个输入流组成的多路复用信号转换回单独输出流的过程。参见 multiplexing。

**designated bridge(指定网桥)**——在从一个网段向路由网桥转发帧的过程中,具有最低路径开销的网桥。

**designated port(指定端口)**——与 STP 一起用来指定转发端口。如果到同一网络有多条链路,STP 将关闭一个端口以阻止网络环路。

**destination address(目的地地址)**——接收数据包的网络设备的地址。

**DHCP(动态主机配置协议,dynamic host configuration protocol)**——DHCP 是 BootP 协议的一个超集。这意味着它使用和 BootP 一样的协议结构,但是它是增强版本。当客户机请求时,这两个协议使用服务器动态配置客户机。它有两个主要的增强功能,即地址池和租用时间。

**dial backup(拨号备份)**——拨号备份连接通常用于为帧中继连接提供冗余。备份链路在一个模拟调制解调器上被激活。

**directed broadcast(直接广播)**——一个数据帧或包被传输到一个远程网段上特定的节点组。直接广播由其广播地址表明,它是所有比特均为 1 的一个目的地子网地址。

**discovery mode(发现模式)**——也称为动态配置,这一技术被 AppleTalk 接口用来从一个工作的节点获得有关附接网络的信息,该信息随后由该接口用于自身配置。

**distance-vector routing algorithm(距离向量路由选择算法)**——为了发现最短路径,这种路由选择算法组重复一条给定路由中的中继段数,要求每个路由器发送其完整的更新路由表,但只到其邻居。这种路由选择算法有产生环路的趋势,但比链路状态路由选择算法简单。参见 link-state routing algorithm 和 SPF。

**distribution layer(分配层)**——Cisco 三层分层模型的中间层,它有助于设计、安装和维护 Cisco 分层网络。分配层是接入层设备的连接点。路由选择在这一层完成。

**DLCI(数据链路连接标识,data-link connection identifier)**——用于标识帧中继网络中的虚电路。

**DLSw(数据链路交换,data link switching)**——IBM 在 1992 年开发了数据链路交换(DLSw),以便在基于路由器的网络中提供对 SNA 和 NetBIOS 协议的支持。SNA 和 Net-BIOS 是不可路由的协议,不包含任何第三层逻辑网络信息。DLSw 将这些协议封装在 TCP/IP 消息中,这些消息就可以被路由了。DLSw 也是远程源路由桥接(remote source route bridging,RSRB)的可选方法。

**DLSw+Cisco 的 DLSw 实现**——除了支持 RFC 标准,Cisco 添加了目的在于增加可缩放性和改善性能及可用性的增强功能。

**DNS(域名系统,domain name system)**——用于解析主机名到 IP 地址。

**DR(指定路由器,designated router)**——为一个多路访问网络创建 LSA 的一个 OSPF 路由器,它是 OSPF 操作中为完成其他特殊任务所需要的。最少接有两个路由器的多路访问 OSPF 网络通过 OSPF Hello 协议选择一个路由器,它使多路访问网络上必须邻接的数量降低,因而减少了路由选择的通信量和数据库的实际大小。

**DSAP(目的地业务接入点,destination service access point)**——一个网络节点的业务接入点,在数据包的目的地字段中指定。参见 SAP。

**DSR(数据集准备好,data set ready)**——当 DCE 通电并准备好运行时,连接 DCE 端口的线路也准备就绪。

**DSU(数据服务单元,data service unit)**——这个设备用来使数据终端设备机构上的物理接口适应 T-1 或 E-1 之类的传输设备并负责信号定时。它通常与信道服务单元组合在一起并称为 CSU/DSU。参见 CSU。

**DTE(数据终端设备,data terminal equipment)**——任何一个位于用户-网络接口并作为目的地、源或两者的用户端的设备。DTE 包括多路复用器、协议转换器和计算机之类的设备。到一个数据网络的连接是由使用该设备产生的时钟信号的数据通信设备(DCE),如调制解调器所组成。参见 DCE。

**DTR(数据终端准备好,data terminal ready)**——一条激活的与 DCE 通信的 ETA/TIA-232 电路,表示 DTE 已准备好发送或接收数据。

**DUAL(扩散更新算法,diffusing update algorithm)**——用在增强的 IGRP 中,这个收敛算法在整个路由计算中提供无环路操作。DUAL 授权给能同时同步的拓扑版本中涉及的路由器,而不涉及的路由器不受这个改变的影响。参见 Enhanced IGRP。

**DVMRP(距离矢量组播路由协议,distance vector multicast routing protocol)**——主要基于路由信息协议,这个因特网网关协议实现一个公共的、浓缩模式 IP 组播方案,利用 IGMP 在它的邻居之间传输路由选择数据包。

**DXI(数据交换接口,data exchange interface)**——在 RFC 1482 中描述,DXI 定义一个网络设备(如路由器、网桥或集线器)的效力。它们对使用特殊 DSU 完成包封装的 ATM 网络起前端处理器的作用。

**dynamic entries(动态条目)**——用于在第二层和第三层设备中动态地创建硬件地址表或逻辑地址表。

**dynamic routing(动态路由选择)**——也称自适应路由选择,是指路由器随着网络拓扑结构和通信流量的改变而自动调整的过程。

**dynamic VLAN(动态 VLAN)**——在一个特殊服务器中创建条目的管理器,该服务器具有互联网络上所有设备的硬件地址。该服务器将动态地分配用过的 VLAN。

**E channel[(E 信道)回送信道,echo channel]**——用于电路交换的一个 64Kb/s ISDN 控制信道。这个信道的专门描述可在 1984 年的 ITU-T ISDN 规范中找到,从 1988 年的版本中取消。参见 B channel、H channel。

**E-1**——通常在欧洲使用,以 2.048Mb/s 速率传输数据的一个广域数字传输方案。E-1 传输线路可从公共载波公司租用作为专线使用。

**E. 164**——① 是目前电信网络的一种编号和寻址方式，在公用电话交换网（简称 PSTN）、综合业务数字网（简称 ISDN）网络中使用普遍。② 包含 E. 164 格式号码的 ATM 地址中字段的标志。

**eBGP(外部边界网关协议, external border gateway protocol)**——用于在不同的自治系统间交换路由信息。

**edge device(边缘设备)**——使数据包能基于数据链路和网络层中的信息在老式接口（如以太网和令牌环）和 ATM 接口间转发的设备。边缘设备不参加任何网络层路由选择协议的运行，它只使用路由描述协议来获得所需的转发信息。

**EEPROM(带电可擦可编程只读存储器, electronically erasable programmable read-only-memory)**——是一种掉电后数据不丢失的存储芯片。EEPROM 可以在电脑上或专用设备上使用高电场擦除已有信息，重新编程。一般用在即插即用场合。参见 EPROM。

**EFCI(显式前向拥塞指示, explicit forward congestion indication)**——ATM 网络中 ABR 业务允许的一种拥塞反馈模式。ATM 交换机通过在前向数据信元报头设置 EFCI 位指示拥塞。当目的路由器接收包含 EFCI 位的数据信元时，就在资源管理信元的拥塞指示位指示拥塞，并且发送资源管理信元回到来源。

**EIGRP**——见 Enhanced IGRP。

**ELAN(仿真 LAN, emulated LAN)**——使用客户机/服务器模型仿真以太网或令牌环 LAN 配置的 ATM 网络。多个 ELAN 可在一个 ATM 网络上同时存在并构成一个 LAN 仿真客户机、一个 LAN 仿真服务器、一个广播和未知服务器以及一个 LAN 仿真配置服务器。ELAN 由 LANE 规范定义。参见 LANE。

**ELAP(EtherTalk 链路访问协议, EtherTalk link access protocol)**——在 EtherTalk 网络中，标准以太网数据链路层之上构成的链路访问协议。

**encapsulation(封装)**——分层协议使用的技术，其中一层给上层协议数据单元添加报头信息。例如，因特网术语中，一个数据包应包含一个物理层的报头，跟着一个网络层报头，接着是传输层报头，后跟应用协议数据。

**encryption(加密)**——信息转换成杂乱的形式以有效地伪装，从而防止未经授权的访问。每个加密方案使用一些精确定义的算法，在接收端解密过程中由一个相反的算法将其颠倒过来。

**endpoint（端点）**——见 BGP neighbors。

**end-to-end VLAN（端到端 VLAN）**——跨越交换机结构（switch-fabric）从端到端的 VLAN；端到端 VLAN 中的所有交换机理解所有配置的 VLAN。端到端 VLAN 根据功能、项目、部门等被配置成不同的 VLAN。

**enhanced IGRP（增强的 IGRP）**——Cisco 创建的一个高级路由选择协议，它结合了链路状态和距离矢量协议的优点。增强的 IGRP 有非凡的收敛属性，包括高操作效率。参见 IGP 和 RIP。

**enterprise network（企业网络）**——在一家大公司或机构中连接主要位置的一个专门拥有和运行的网络。

**EPROM（可擦可编程只读存储器，ersable programmable read-only memory）**——EPROM 是一组浮栅晶体管，利用比电子电路中常用电压更高电压的电子器件编程。一旦编程完成后，EPROM 只能用强紫外线照射来擦除。参见 EEPROM。

**ESF（扩展的超帧，extended superframe）**——由 24 帧构成，每帧 192 比特，第 193 比特提供其他功能，包括定时。这是 SF 的一个扩展版本。

**Ethernet（以太网）**——Xerox 公司创建的一个基带 LAN 规范，然后通过 Xerox、Digital Equipment 和 Intel 公司进行了联合改善。以太网类似于 TEEE 802.3 系列标准并使用 CSMA/CD，在各种类型电缆上以 10Mb/s 速率工作，也称 DIX（Digital/Intel/Xerox）以太网。

**EtherTalk**——Apple 计算机公司的一个数据链路产品，它允许 AppleTalk 网络由以太网连接。

**ETP（以太网接口处理器，Ethernet interface processor）**——Cisco 7000 系列路由器接口处理器卡，提供 10Mb/s 的 AUI 端口支持以太网版本 1 和以太网版本 2 或者基于 IEEE802.3 协议的高速以太网络接口。

**excess burst size（超过突发大小）**——用户可以超过承诺突发大小通信量的数量。

**excess rate（超过速率）**——在 ATM 网络中，超过一个连接的保险速率的通信量。超过速率为最大速率减去保险速率。根据网络资源的可用性，超过的通信量在拥塞期间可以被丢弃。

**EXEC session(EXEC 会话)**——用来描述命令行界面的 Cisco 术语。EXEC 会话存在于用户模式和特权模式。

**expansion(扩展)**——指挥压缩数据通过一个算法,将信息恢复到它的原始大小的过程。

**expedited delivery(加速交付)**——可以由一个与其他层或不同网络设备中同一协议层通信的协议层指定的一个选项,要求被识别的数据被更快地处理。

**explorer frame(探测帧)**——与源路由桥接一起用于在一个发送之前发现到远程桥接网络的路由。

**explorer packet(探测包)**——由一个源令牌环设备发送的 SNA 包,用来发现通过源路由桥接网络的路径。

**extended IP accesslist(扩展的 IP 访问表)**——通过逻辑地址、网络层报头中的协议字段,甚至传输层报头中的端口字段过滤网络的 IP 地址表。

**extended IPX accesslist(扩展的 IPX 访问表)**——通过逻辑 IPX 地址、网络层报头中的协议字段,甚至传输层报头中的套接字号过滤网络的 IPX 地址表。

**extended setup(扩展的设置)**——用在设置模式中配置路由器,它比基本设置模式配置更多的细节。允许多协议支持和接口配置。

**failure domain(故障域)**——令牌环中出现故障的区域。当一个站获得严重故障(如网络出现电缆断开)信息时,它发送一个信标(beacon)帧,包括该站报告的故障、它的 NAUN(最近的上游活动邻居,nearest active upstream neighbor)和它与 NAUN 之间的每件事。这就定义了故障域。然后信标能发自动重新配置程序。参见 auto-reconfiguration 和 beacon。

**fallback(后退)**——ATM 网络中,fallback 机制用来寻找一条网络传输路径,如果在当前条件下无法找到一条合适的路径,网络设备将降低对某个网络特性(如网络延迟)的要求,试图寻找一条满足最关键需求的网络传输路径。

**fast Ethernet(快速以太网)**——速度为 100Mb/s 的以太网规范。快速以太网比 10BaseT 快 10 倍,而保留像 MAC 机制、MTU 和帧格式之类的性质。这些使得现有的 10BaseT 应用和管理工具能用于快速以太网网络。快速以太网是基于 IEEE802.3 规范的一个扩展(IEEE 802.3U)。对比 Ethernet。参见 100BaseT、100BaseTX。

**fast switching(快速交换)**——利用路由高速缓存加速通过路由器的包交换的一个 Cisco 特性。

**fault tolerance(容错)**——网络设备或通信链路可以失效而不中断通信的程度。容错可通过增加到一远程网络的辅助路由器提供。

**FDM(频分多路复用,frequency-division multiplexing)**——允许从几个信道来的信息在一条线上按频率分配带宽的技术。参见 ATDM。

**FDDI(光纤分布式数据接口,fiber distributed data interface)**——ANSIX3T9.5 定义的一个 LAN 标准,可以高达 200Mb/s 的速率上运行并在光缆上使用令牌传送介质访问技术。为了提高网络的可靠性,可以采用 FDDI 双环冗余结构。

**FECN(前向显式拥塞通告,forward explicit congestion notification)**——由帧中继网络设置的一个位,通知 DTE 接收器从源到目的地的路径遇到拥塞,收到 FECN 位设置帧的设备可以要求更高优先权的协议在必要时采取流控措施。参见 BECN。

**FEIP(快速以太网接口处理器,fast Ethernet interface processor)**—— Cisco7000 系列路由器使用的一种接口处理器,提供两个 100Mb/s 100BaseT 端口。

**filtering(过滤)**——用访问表在网络上提供安全性。

**firewall(防火墙)**——在任何公共网络和专用网络之间设置的一道屏障,由一个路由器或访问服务器或者几个路由器或访问服务器组成,利用访问表和其他方法确保专用网络的安全性。

**fixed configuration router(固定配置路由器)**——不能用任何新接口升级的路由器。

**flapping(翻动)**——描述一个串行接口开闭的术语。

**flash(闪存)**——带电可擦可编程只读存储器的一种。默认情况下用来在路由器中保存 Cisco IOS。

**flash memory(闪存)**——Intel 开发的许可其他半导体制造商使用的一种非易失存储器,可电擦除并重新编程,物理上位于 EEPROM 芯片上。闪存允许软件映像被存储、引导并在必要时重写。默认情况下,Cisco 路由器和交换机使用闪存保存 IOS。参见 EPROM 和 EEPROM。

**flat network(平面网络)**——一个大的冲突域和一个大的广播域的网络。

**floating route(浮动路由器)**——与动态路由一起用于提供备份路由以防失效。

**flooding(扩散)**——一个接口收到通信量时,通信量将被传输到除了始发通信量接口以外的连接该设备的每个接口。这一技术可被网桥和交换机用于在网络上传输通信量。

**flow control(流控)**——用来确保接收单元不被来自发送设备的数据淹没的一种技术。IBM 网络称之为调步,意思是当接收缓存器满时,一个消息被传输到发送单元暂停发送,直到接收缓存器中的所有数据被处理并且缓存器再次准备好接收。

**FQDN(全限定域名,fully qualified domain name)**——在 DNS 域结构中用来在因特网上提供名称到 IP 地址的解析。

**FRAD(帧中继接入设备,frame relay access device)**——提供 LAN 和帧中继 WAN 之间连接的任何设备。

**fragment(片段)**——一个大的数据包被分割成若干小的数据片段。参见 fragmentation。

**fragmentation(分段)**——在不能支持大数据包尺寸的中间网络介质上发送数据时,故意将数据包分段成小块的过程。

**fragment-free(碎片隔离)**——读入一个帧的数据部分以确保不出现碎片的 LAN 交换机类型。有时称为修正的直通(modified cut-through)。

**frame(帧)**——由数据链路层在传输介质上发送的信息的逻辑单元。该术语经常涉及用于同步和差错控制的报头和报尾,它围绕单元中包含的数据。

**frame filtering(帧过滤)**——帧过滤在第二层交换机上用来提供更多带宽。交换机读一个帧的目的地硬件地址,然后在交换机建立的过滤表中查找这个地址,最后只将该帧送出目的地硬件地址的端口,其他端口见不到该帧。

**frame identification(帧标志)**——VLAN 可以跨越多个连接的交换机,Cisco 称其为一个交换机结构(switch-fabric)。交换机结构中的交换机必须跟踪该交换机端口上收到的帧,并且在帧穿过这个交换机结构时必须跟踪它们所属的 VLAN,帧标志具有这个功能;然后交换机可以命令帧到适当的端口。

**frame relay(帧中继)**——是 X.25 协议(一个保证数据传输的不相关的数据包中继技术)的改良版。帧中继是一种数据包交换通信网络,一般用在 OSI 参考模型的数据链路层,它可以在一对一或者一对多的应用中快速而低廉地传输数字信息。

**frame relay bridging(帧中继桥接)**——在 RFC 1490 中定义,这个桥接方法使用与其他桥接操作同样的生成树算法，但允许数据包通过帧中继网络传输。

**frame relay switching(帧中继交换)**——帧中继交换就是基于 DLCI 的分组交换，当分组中输入 DLCI 被输出 DLCI 替换时交换发生，且该分组从输出接口被发送出去。

**frame tagging(帧标志)**——见 frame identification。

**frame types(帧类型)**——LAN 中用来确定如何将一个帧放在本地网络上。以太网提供了四种不同的帧类型，它们相互不兼容，所以两台主机必须使用相同的帧类型才能通信。

**framing(组帧)**——OSI 参考模型数据链路层上的封装。之所以称之为组帧，是因为数据包是用报头和报尾封装的。

**FRAS(帧中继接入支持，frame relay access support)**——Cisco IOS 软件的一个特性，它使 SDLC、以太网、令牌环和帧中继连接的 IBM 设备能与帧中继网络上的其他 IBM 架构连接。参见 FRAD。

**frequency(频率)**——单位时间交流信号的周期数，以赫兹(周期每秒)为单位。

**FSIP(快速串行接口处理器，fast serial interface processor)**——Cisco 7000 路由器默认的串行接口处理器，它提供 4 个或 8 个高速串行接口。

**FTP(文件传输协议，file transfer protocol)**——用来在网络节点间传输文件的 TCP/IP 协议，它支持宽范围的文件类型并在 RFC 959 中定义。

**full duplex(全双工)**——在发送站和接收站之间同时传输信息的能力，参见 half duplex。

**full mesh(全网络)**——一种网络拓扑，其中每个节点到其他网络节点有物理的或虚拟的电路连接。全网络可提供大量的冗余，由于它的成本比较高，一般作为网络主干。参见 partial mesh。

**global command(全局命令)**——用来定义命令的 Cisco 术语，它用来改变影响整个路由器的路由器配置。相比之下，接口命令只影响那个接口。

**GMII(千兆位 MII，gigabit MII)**——数据传输时提供 8 位的介质独立接口。

**GNS(获得最近服务器，get nearest server)**——在 IPX 网络上，客户为确定一种给定类型的最近的激活服务器的位置发送的一个请求包。一个 IPX 网络客户发出一个 GNS 请求以获得从一个连接的服务器来的直接应答或从该互联网络上披露该服务器位置的路由器来的一个响应。GNS 是 IPX 和 SAP 的一部分。参见 IPX 和 SAP。

**grafing(移植)**——激活一个已被修剪过冻结的接口的过程。它由发送到路由器的 IGMP 成员报告发起。

**GRE(通用路由封装,generic routing encapsulation)**——Cisco 利用在 IP 隧道中封装各种协议包类型的能力创建的一个隧道协议,借此产生一个虚拟的、点到点连接,此连接跨过一个 IP 网络连接到远端的 Cisco 路由器。IP 隧道利用 GRE,允许在单一协议主干网络环境中通过连接多协议子网的方式来扩展网络,使网络超过单一协议主干网络环境。

**guard band(保护频带)**——两个通信信道间未使用的频率区域,提供必要的空间,避免两者之间干扰。

**H channel(H 信道或高速信道,high-speed channel)**——一个全双工、在 384Kb/s 速率上工作的 ISDN 基群速率信道。参见 B channel、D channel 和 E channel。

**half duplex(半双工)**——发送站和接收站之间一次只能在一个方向传输数据的能力。参见 full duplex。

**handshake(握手)**——网络上两个或多个设备之间为保证同步操作交换的一系列传输。

**HDLC(高级数据链路控制,high-level data link control)**——使用帧字符(包括校验和),HDLC 指定一种在同步串行链路上封装数据的方法,并且是 Cisco 路由器的默认封装方法。HDLC 是 ISO 创建的面向比特的同步数据链路层协议,起源于 SDLC。虽然 Cisco HDLC 是专用的,但 Cisco 已授权众多其他网络设备厂商实现它。

**helper address(帮助器地址)**——路由器不转发广播,帮助器地址通过将这些广播数据包直接转发到目标服务器来帮助客户机和服务器建立联系。

**header**——报头指在封装数据进行网络传输之前放在数据之间的控制信息。

**hello packet(hello 分组)**——也叫作 hello 信息,是多点传送分组,其被路由器用来进行邻居发现和恢复。hello 分组也预示一个客户端仍然在运行和在网络准备中。

**hello protocol(呼叫协议)**——指 OSPF 和其他路由选择协议用来建立和维护相邻关系的协议。

**hierarchical addressing(分层寻址)**——指使用逻辑层次确定位置的寻址方案。例如,IP 地址包括网络数、子网数和主机数,IP 路由选择算法用它们来将数据包路由至正确的位置。

**hold down(阻止)**——指路由选择表条目的一种状态,表示在一段特定长度的时间内路由器既不通告路由也不接受关于特定时间长度路由(阻止时期)。

**hop(跳)**——指描述数据包在两个网络节点之间(例如,在两个路由器之间)传递的术语。参见 hop count。

**hop count(跳段计数)**——指用于衡量源与目的地之间距离的路由选择标准。RIP 将跳段计数作为它的度量标准。

**host(主机)**——指网络中的计算机系统,类似于"节点",但是主机通常指一个计算机系统,而节点可以指任何网络系统,包括路由器。

**host number(主机数)**——指 IP 地址中的一部分,它指出哪一个节点被寻址,也作为主机地址。

**hub(集线器)**——是用于描述作为星状拓扑网络中枢的设备的术语,或者指 Ethernet 多端口中继器,有时指集中器。

**ICMP(互联网控制报文协议,internet control message protocol)**——指提供与 IP 数据包处理有关的错误报告和其他信息的网络层网间网协议。其文件在 RFC792 中。

**IEEE(电气与电子工程师协会,institute of electrical and electronics engineers)**——指致力于发展通信和网络标准的工作者的职业组织。IEEE 局域网标准是现在最普遍的局域网标准。

**IGP(内部网关协议,interior gateway protocol)**——指在自治系统中用于交换路由信息的网间网路由选择协议的一般性术语。常见的 internet IGP 的例子有 IGRP、OSPF 路由协议和 RIP。

**interface(接口)**——指两个系统或设备间的连接;在路由选择术语中,指网络连接。

**internet**——指由 ARPANET 演化而来的全球互联网络,现已连接全球的成千上万的网络。

**internetwork(互联网络)**——指由路由器和其他设备相互连接而成的,通常作为单个网络行使功能的网络集合。

**internetworking**——是 Cisco、BBN 和其他网络产品和服务供应商网络产品和服务的术语，是计算机等设备通过不同类型的网络通信的所有概念、技术和普通设备的通用术语。

**Inverse ARP(反向地址解析协议,inverse address resolution protocol)**——指在帧中继网络中建立动态地址映射的方法。允许一个设备发现与虚电路相关联的设备的网络地址。

**IP(互联网协议,internet protocol)**——指 TCP/IP 协议栈中提供无连接数据报传输服务的网络层协议。IP 提供关于寻址、服务类型规范、分段和重装以及安全性的特征。其文件在 RFC 791 中。

**IP address(IP 地址)**——指使用 TCP/IP 协议组的指定给主机的 32 位地址。IP 地址的格式是用点分隔开的 4 个 8 位组二进制(或点分十进制格式)。每个地址由一个网络数、一个任选子网络数和一个主机数构成。网络数和子网络数一起用于路由选择,而主机数用于在网络或子网络内部寻找一个单独的主机。子网掩码经常和地址一起使用,从 IP 地址中提取出网络和子网络信息。

**IPX(网际包交换,internetwork packet exchange)**——指用于从服务器传送数据到工作站的 NetWare 网络层(第三层)协议。IPX 与 IP 类似,也提供无连接数据报传输服务。

**IPXCP(IPX 控制协议,IPX control protocol)**——指在 PPP 上建立和配置 IPX 的协议。

**IPXWAN**——指协商有关新链路启始的端到端选择的协议。当链路产生时,第一个发送的 IPX 数据包是协商有关链路选择的 IPXWAN 数据包。在已经成功决定了 IPXWAN 选择的时候,正常的 IPX 传输开始进行,并且不再发送 IPXWAN 数据包。由 RFG1362 定义。

**ISDN(综合业务数字网,integrated service digital network)**——指由电话公司提供的通信协议,允许电话网络传输数据、声音和其他源通信。

**KB**——千字节,为 1024 字节。

**Kb**——千位,为 1024 位。

**KB/s**——千字节/秒。

**Kb/s**——千位/秒。

**keepalive interval(存活间隔)**——指由网络设备发送的存活信息之间的时间段。

**keepalive message(存活信息)**——指由一个网络设备发出的,通知另一个网络设备它仍然在使用中的信息。

**LAN(局域网,local area network)**——指覆盖一片相对较小地理区域的高速低错误数据网络。LAN 连接在单独的建筑物或其他有限地区域内的工作站、外围设备、终端以及其他设备。LAN 标准规定在 OSI 参考模型的物理层和数据链路层上的电缆线路和信号传输。Ethernet、FDDI 和令牌环是最广泛使用的 LAN 技术。

**LANE(局域网仿真,LAN emulation)**——指允许 ATM 网络作为 LAN 骨架使用的技术。在这种情况下,LANE 提供组播和广播支持,地址映射（MAC 到 ATM）以及虚电路管理。

**LAPB(链路访问过程平衡,link access procedure balanced)**——指 X.25 协议栈中的数据链路层协议。LAPB 是从 HDLC 衍生出的面向位的协议。

**LAPD(D 信道的链路访问规程,link access procedure on the D channel)**——指关于 D 信道的 ISDN 数据链路层协议。LAPD 由 LAPB 衍生而来,被设计用来满足 ISDN 基本访问的信号传输要求。由 ITU-T 建议 Q.920 和 Q.921 定义。

**latency(延迟)**——指在设备要求访问网络的时间与它被允许传输的时间之间消耗的时间;或者指在设备接收到帧的时间与该帧被转发到目标端口的时间之间的时间段。

**LCP(链路控制协议,link control protocol)**——指和 PPP 一起使用的协议,用于建立、配置和检测数据链路连接。

**leased line(租用线路)**——指由通信载波占用的用于顾客私人用途的传输线路。租用线路是一种专用线路。

**link(链路)**——指一种网络通信信道,包括一条电路或传输路径和发送方与接收方之间的所有相关设备。link 最常用来指 WAN 连接,有时也称作线路或传输链路。

**link-state routing algorithm(链路状态路由选择算法)**——指一种路由选择算法,其中每个路由器都把关于到达其每一个相邻节点代价的信息广播到或组播到互联网络的所有节点。链路状态路由选择算法要求路由器维护关于网络的一致性的视图,因此不容易发生路由选择循环。

**LLC(逻辑链路控制,logical link control)**——指由 IEEE 定义的两个数据链路层子层中的较高者。LLC 子层处理错误控制、流控制、帧操作以及 MAC 子层寻址。最常用的 LLC 协议是 IEEE 802.2,它包括无连接类型和面向连接的类型。

**LMI(本地管理接口,local management interface)**——指对于基本帧中继规范的一套改进规范。LMI 支持存活机制、组播机制、全球寻址以及状态机制。

**load balancing(负载平衡)**——指在路由选择中路由器在其距目标地址相同距离的所有网络端口上分配通信量的能力。负载平衡提高了网络节点的利用率,从而提高了网络带宽的总效率。

**local loop(本地环路)**——指从电话用户的经营场所到电话公司中心营业处的线路。

**local talk**——指 Apple Computer 公司所有的基带协议,它在 OSI 参考模型的数据链路层和物理层上运行。local talk 使用 CSMA/CA,并且支持速度为 230.4Kb/s 的传输。

**loop(环路)**——指信息永远到达不了它们的目的地,却重复地在一组网络节点中循环转发的情况。

**MAC(介质访问控制,media access control)**——指 IEEE 定义的数据链路层的两个子层的较低者。MAC 子层处理对共享介质的访问。

**MAC address(MAC 地址)**——指连接到 LAN 的每一个端口或设备所需要的标准化的数据链路层地址。网络中的其他设备使用这些地址来定位特定的端口,并创建和更新路由选择表和数据结构。MAC 地址为 48 位,由 IEEE 控制,也可称作硬件地址、MAC 层地址或物理地址。

**MAN(城域网,metropolitan-area network)**——指覆盖城市区域的网络。一般来说,MAN 覆盖比 LAN 大而比 WAN 小的地理区域。

**Mb**——兆位,大约 1 000 000 位。

**Mb/s**——兆位/秒。

**media(介质)**——指传输信号所通过的多种物理环境。常用网络介质包括电缆(双绞线、同轴和光纤)和大气层(微波、激光和红外线传输发生的场所)。有时称为物理介质。

**mesh(网状网络)**——指一种网络拓扑,其中的设备以分段方式组织,在网络节点之间战略性地布置冗余相互连接。

**message(消息)**——指应用层的信息逻辑组,通常由许多低层的逻辑组(如数据包)组成。

**MSAU(多站访问单元,multistation access unit)**——指令牌环网络中的所有终站都与之相连接的一种线连接器。有时简写为 MAU。

**MTU(最大传输单元,maximum transmission unit)**——指一个给定接口所能传输的最大数据包的大小,以字节表示。

**multiaccess network(多路访问网络)**——指允许多个设备共享同一介质来连接和通信的网络,如 LAN。

**multicast(多点传送)**——指由网络复制并传递给网络地址的一个特定子集的单个数据包。这些地址在目标地址域中指定。

**multiplexing(多路复用)**——指允许多个逻辑信号在单个物理信道上同时传输的技术。

**mux(多路复用器)**——指一种多路复用设备。多路复用器将多种输入信号结合起来在单个线路上传输。信号在被接收端使用时分解多路复用或分离。

**NAK(否认确认,negative acknowledgment)**——指由接收设备发送给发送设备的表示所接收数据包含错误的响应。

**name resolution(名字解析)**——指将符号化的名字与网络位置或地址联系起来的过程。

**NAT(网络地址转换,network address translation)**——指减少全球唯一 IP 地址需求的技术。NAT 允许专用网内部包含可能与 IP 地址空间中其他地址冲突的地址,将这些地址转换成全球可路由地址空间中的唯一地址,与 internet 连接。

**NBMA(非广播多路访问,non-broadcast multiple access)**——用来描述不支持广播(如X.25)或广播不可行的多路访问网络的术语。

**NBP(名字绑定协议,name binding protocol)**——指将字符串名字翻译成相关套接字用户的 DDP 地址的 AppleTalk 传输级协议。

**NetBIOS(网络基本输入输出系统,network basic input/output system)**——网络的基本

输入/输出系统,是一个应用程序接口,用于源与目的地之间的交换,即能够支持计算机应用程序与设备通信时要用到的各种明确而简单的通信协议。必须用特殊的命令序列来调用NetBIOS。

**NetWare**——是由 Novell 公司开发的网络操作系统,提供远程文件存取、打印服务以及其他众多分布式的网络服务。

**network(网络)**——指计算机、打印机、路由器、交换器和其他设备的集合,能够在某些传输介质上相互通信。

**network interface(网络接口)**——指载波网络与私有安装之间的边界。

**network layer(网络层)**——指 OSI 参考模型的第三层。这一层提供两个最终系统之间的连接和路径选择。网络层是路由选择发生的一层。

**NLSP(NetWare 链路服务协议,NetWare link services protocol)**——指基于 IS-IS 的关于 IPX 的链路状态路由选择协议。

**node(节点)**——指网络中两条或多条线路共用的网络连接或交叉点的端点。节点可以是处理器、控制器或者工作站。具有多种功能的节点可以用链路相互连接,在网络中作为控制点。

**NVRAM(非易失性 RAM,non-volatile RAM)**——指当设备电源切断时仍能保持其内容的 RAM。

**OSI reference model(开放系统互连参考模型,open system interconnection reference model)**——指由 ISO 和 ITU-T 开发的网络体系结构框架。该模型描述了七个层,其中每一层都指定一个特定的网络功能。最低层称为物理层,最接近于介质技术。最高层称为应用层,最接近于用户。

**out-of-band signaling(带外信号传输)**——指使用普通数据传送的频率或信道之外的频率或信道的传输。带外信号传输经常在正常信道不能与网络设备通信时用来传输错误报告。

**packet(数据包)**——指信息的逻辑组合,包括一个含有控制信息的报头和用户数据(非必需)。数据包最常用来指数据的网络单元。数据报、帧、消息和网段等术语也用于描述位于 OSI 参考模型不同层上的和多种技术圈中的逻辑信息组。

**partial mesh(部分网络)**——用来描述其设备以网络拓扑方式进行组织的网络术语,其中一些网络节点以完全网络方式组织,而另外一些节点只连接到网络中一个或两个其他节点。部分网络不提供全部网络拓扑的冗余水平,但其实现成本较低。部分网络拓扑通常在连接到完全网络的外围网络中使用。参见 full mesh,mesh。

**physical layer(物理层)**——OSI 参考模型中的最低层(第一层),它负责将从数据链路层(第二层)来的数据包转换为电信号。例如,物理层协议和标准定义要使用的电缆和连接器类型,包括它们的引脚安排和 0、1 信号的编码方案。参见 application layer、network layer、presentation layer、session layer 和 transport layer。

**ping(数据包互联网络探索程序,packet internet groper)**——指 ICMP 回送消息及其应答。通常在 IP 网络中用于检测网络设备的可达性。

**poison reverse updates(毒性逆转更新)**——指明确指出网络或子网不可达的路由选择更新,而不是在更新中暗示该网络不可达。毒性逆转更新被用于防止大型路由选择循环。

**port(端口)**——① 指网络互联设备(如路由器)的接口。② 在 IP 术语中,指从低层接收信息的高层处理。端口被编号,且每一个编号的端口与一个特定的处理相关联。例如,SMTP 与端口 25 相关联。③ 改写软件或微代码,以便它能在与其最初设计所相适应的硬件平台或软件环境所不同的平台上或软件环境中运行。

**PPP(点到点协议,point-to-point protocol)**——是 SLIP 的一种替代协议,它提供在同步和异步电路上的路由器-路由器和主机-网络连接。SLIP 被设计用来与 IP 共同工作,而 PPP 被设计用来和几个网络层协议共同工作,如 IP、IPX 和 ARA。PPP 也具有内置的安全保障机制,如 CHAP 和 PAP 等。PPP 依赖于两个协议:LCP 和 NCP。

**presentation layer(表示层)**——指 OSI 参考模型的第六层。表示层保证由一个系统的应用层发出的信息对于另一个系统的应用层来说是可读的。表示层也与程序所使用的数据结构有关,因此它为应用层协调数据传输语法。

**PRI(主群速率接口,primary rate interface)**——指主要速率访问的 ISDN 接口。主要速率访问包括单个 64Kb/s 的 D 信道加 23(T1)或 30(E1)个 B 信道,用于传输声音或数据。

**protocol(协议)**——指控制网络设备交换信息的一套规则和约定的正式描述。

**protocol stack(协议栈)**——指一组相关的通信协议,它们共同操作,并且作为一个组合,在 OSI 参考模型七个层中的某些层或全部层上指导通信,并非每一个协议栈覆盖该模型的每一层,而且通常一个单独的协议会同时指导多个层。TCP/IP 是典型的协议栈。

**proxy ARP(代理地址解析协议,proxy address resolution protocol)**——是 ARP 协议的一个变形,中间设备(如路由器)可以代表终端节点向发出要求的主机发送一个 ARP 响应。代理机 ARP 可以减少低速 WAN 链路上的带宽使用。参见 ARP。

**query(查询)**——指用于要求某些变量的值或变量设置的消息。

**queue(队列)**——指储存在缓冲区中等待转发到路由器接口上的数据包储备。

**reassembly(重装)**——指将在源节点或中间节点被分段的 IP 数据报在目的地重新组合起来。

**reload(重新加载)**——指 Cisco 路由器重新启动的事件,或者指导致路由器重新启动的命令。

**RFC(请求注释,request for comments)**——指作为主要手段来交流有关 internet 信息的文档系列。某些 RFC 被 IAB(internet 活动委员会,internet activity board)指定为 internet 标准。

**ring(环形网)**——指以逻辑环形拓扑连接两个或多个站。信息在工作的站之间连续传递。

**ring topology(环形拓扑)**——指由单向传输链路相互连接起来构成单个闭环的一系列中继器所构成的网络拓扑。网络上的每一个站通过中继器连接到网络上。

**RIP(路由选择信息协议,routing information protocol)**——指 TCP/IP 网络的路由选择协议,是 internet 中最常用的路由选择协议。RIP 使用跳计数作为路由选择标准。

**ROM(只读存储器,read-only memory)**——指只能由计算机读却不能写的非易失性存储器。

**root bridge(根网桥)**——在生成树的实现中,当需要改变拓扑时根网桥通知网络中其他所有的桥,其方法是在指定的网桥之间交换拓扑信息,可以防止循环发生和链接失败。

**routed protocol(路由协议)**——指运载用户信息使之可以被路由器路由的协议。路由器必须能够按照在路由选择协议中指定的方式翻译逻辑互联网络。路由协议有 AppleTalk、DECnet 和 IP 等。

**router(路由器)**——指一种网络层设备,它使用一个或多个标准来决定网络通信转发的最佳路径。路由器基于网络层信息将数据包从一个网络转发到另一个网络。

**routing（路由选择）**——指找到一个到达目标主机的路径的处理进程。

**routing metric（路由选择度）**——指路由选择算法决定一个路由比另一个路由更可取的方法。该信息存储于路由选择表中，标准包括带宽、通信代价、延迟、跳计数、负载、MTU、路径代价和可靠性。

**routing protocol（路由协议）**——指在实现一种特定的路由选择算法时完成路由选择的协议。路由选择协议栈包括 IGRP、OSPF 和 RIP。

**routing table（路由选择表）**——指存储在路由器或其他一些网络互联设备的表格，它保存跟踪到特定网络目的地的路由以及（在某些情况下）与这些路由相关联的标准。

**routing update（路由选择更新）**——指由路由器发出的说明网络可达性以及相关代价信息的消息。路由选择更新通常以规则的时间间隔和网络拓扑改变之后发出。

**SAP（服务访问点，service access point）**——① 由 IEEE802.2 规范定义的区域，是地址规范的一部分。因此，目的地加上 DSAP 就定义了数据包的接受者。同样适用于 SSAP。② 服务通告协议。一种 IPX 协议，提供一种通告网络路由器和服务器可获得的网络资源和服务的位置的方法。

**segment（网段）**——① 网络中由网桥、路由器或交换器所包围的部分。② 在使用总线拓扑的 LAN 中，segment 指的是通常由中继器连接到其他这样的段上的连续电路。③ TCP 规范中的术语，用来描述信息的单个传输层信元。

**serial transmission（串行传输）**——指数据字符的位在单个信道上顺序传输的数据传输方法。

**session（会话）**——① 指与两个或多个网络设备之间的通信相关的全部活动。② 在 IBM 系统网络体系结构中，使两个网络可寻址单元可以通信的逻辑连接。

**session layer（会话层）**——指 OSI 参考模型的第五层。该层建立、管理和终止应用程序之间的会话，并且管理表示层实体之间的数据交流。对应 SNA 模型中的数据流控制层。

**sliding window flow control（滑动窗口流量控制）**——指一种流控制方法，接收方允许数据传输直到窗口已满为止。当窗口已满，传输方必须停止传输，直到接收方确认一些数据，或者通告一个较大的窗口。TCP、其他传输协议和几个数据链路层协议使用这种流控制方法。

**SLIP(串行线路互联网协议, serial line internet protocol)**——使用 TCP/IP 的一种变体进行点对点串行连接。由 PPP 继承。

**SNAP(子网访问协议, subnetwork access protocol)**——指运行于子网内某个网络实体与端系统内某个网络实体之间的 internet 协议。SNAP 规定了封装 IP 数据报和 IEEE 网络上的 ARP 消息的标准方法。

**SNMP(简单网络管理协议, simple network management protocol)**——指一种几乎完全用于 TCP/IP 网络中的网络管理协议。SNMP 提供一种监视和控制网络设备以及管理配置、统计收集、性能和安全性的方法。

**socket(套接字)**——指在网络设备内作为通信端点运行的软件结构。

**SONET(同步光纤网, synchronous optical network)**——指由 Bellcore 开发的，设计运行在光纤上的高速同步网络规范。

**source address(源地址)**——指发出数据的网络设备的地址。

**spanning tree(生成树)**——指网络拓扑的无循环子集。参见 spanning-tree protocol。

**spanning-tree protocol(生成树协议)**——是为了消除网络中的循环而开发出的协议。生成树协议将网桥端口之一置于"合块模式"阻止数据包的转发，从而保证了无循环的路径。

**SPF(最短路径优先算法, shortest path first algorithm)**——指一种路由选择算法，它根据路径长度将路由分类，以决定最短路径的生成树。通常用于链路状态路由选择算法，又称作 Dijkstra's 算法。

**split-horizon updates(水平分割更新)**——指一种路由选择技术，它阻止被接收信息通告出该信息被接收的路由器接口。水平分割更新用于阻止路由选择循环。

**SPX(顺序包交换, sequenced packet exchange)**——指传输层的一种可靠的、面向连接的协议，它实现由 IPX 提供的数据报服务。

**standard(标准)**——指被广泛使用或官方规定的一套规则和常规。

**star topology(星形拓扑)**——一种 LAN 拓扑，网络的端点都通过点对点链路连接到一个共同的中心交换机上。组织成星形环状的拓扑实现单向闭环星形结构，而不是点对点链路，与 ring topology 相对。

**static route(静态路由)**——指配置清楚并且进入路由选择表的路由。静态路由优先于由动态路由选择协议所选择的路由。

**subinterface(子接口)**——指通过协议和技术将一个物理接口虚拟出来的多个逻辑接口。

**subnet address(子网地址)**——指 IP 地址的一部分，由子网掩码指定为子网络。参见 IP address、subnet mask、subnetwork。

**subnet mask(子网掩码)**——指 IP 中使用的 32 位地址掩码，说明了 IP 地址中被用于子网地址的位。有时也称为掩码。参见 address mask、IP address。

**subnetwork(子网络)**——① 指 IP 网络中享有一个特殊子网地址的网络。② 子网络是被网络管理者强制分段的网络，其目的是提供多水平等级的路由选择结构，以屏蔽所连接网络的寻址复杂性。子网络又称为子网。

**switch(交换机)**——① 指基于每个帧的目标地址而过滤、转发和泛洪的网络设备。交换机在 OSI 模型的数据链路层上运行。② 适用于一种电子或机械设备的一般术语，它允许在需要时建立连接并且当不再需要支持会话时终止。

**T1**——数字 WAN 载波设施。T1 通过电话交换网络以 1.544Mb/s 的速度传输 DS-1-格式化的数据，使用的是 AMI 或 B8ZS 编码。

**TCP(传输控制协议，transmission control protocol)**——指提供可靠双绞线数据传输的面向连接的传输层协议。TCP 是 TCP/IP 协议栈的一部分。

**TCP/IP(传输控制协议/互联网协议，transmission control protocol/internet protocol)**——由 U. S. DOD 在 20 世纪 70 年代开发的，用于支持建立世界范围的互联网络的一套协议的通称。TCP 和 IP 是这套协议中最著名的两个协议。

**throughput(吞吐量)**——指在网络系统中到达和可能通过信息的速率。

**timeout(超时)**——指某网络设备在一段特定的时间内预期会收到另一个网络设备的信息而实际却没有。

**token(令牌)**——指只包含控制的帧。拥有令牌的网络设备允许传输数据到网络上。

**token ring(令牌环)**——指由 IBM 开发和支持的令牌传递。令牌环以 4Mb/s 或 16Mb/s

的速度在环形拓扑上运行。参见 ring topology。

**token talk**——指 Apple Computer 公司的一种数据链路产品，它允许 Apple Talk 网络被令牌环电缆连接。

**transport layer(传输层)**——指 OSI 参考模型的第四层。这一层负责终节点之间的可靠网络通信。传输层提供关于建立、维持和终止虚电路的机制、传输错误检测和恢复，以及信息流控制。

**twisted-pair(双绞线)**——指由以规则螺旋方式排列的两条绝缘线组成的相对低速传输介质。电缆可以被屏蔽，也可以不被屏蔽。双绞线在电话应用中很普遍，而且在数据网络中也越来越常见。

**UDP(用户数据报协议,user datagram protocol)**——指 TCP/IP 协议栈中的无连接传输层协议。UDP 是一种简单的协议，它是无确认或保证传送的情况下交换数据报，要求其他协议进行错误处理和重新传输。RFC768 中描述了 UDP。

**UTP(非屏蔽双绞线,unshielded twisted-pair)**——UTP 是一种数据传输线，由四对不同颜色的传输线互相缠绕所组成，每对相同颜色的线传递着来回两方向的电脉冲，这样的设计是利用了电磁感应相互抵销的原理来屏蔽电磁干扰。UTP 广泛用于以太网和电话线中。

**virtual circuit(虚电路)**——保证两个网络设备的可靠通信的逻辑电路。虚电路由 VPI(虚通道指示,virtual path identifier)/VCI(虚通路指示,virtual channel identifier)对定义，可以是永久性的，也可以是交换的。虚电路用于帧中继和 X.25。在 ATM 中，虚电路叫作虚通道，有时简写为 VC。

**VLAN(虚拟局域网,Virtual LAN)**——指一个或多个 LAN 上的一组设备，它们(用管理软件)配置成可以彼此通信，使它们像是附加在同一条线上一样通信，而实际上它们位于多个不同的 LAN 段。因为 VLAN 基于逻辑连接而非物理连接，它们是非常灵活的。

**VLSM(可变长度子网掩码,variable-length subnet masking)**——指在网络不同位置上的同一网络号指定不同长度子网掩码的能力。VLSM 可以优化可用的地址空间。

**VPN(虚拟专用网络,virtual private network)**——使 IP 通信量能在公共 TCP/IP 网络上安全传输的技术。一个网络到另一个网络的全部通信量都使用隧道加密。

**WAN(广域网,wide-area network)**——指在广阔地理设备区域内为用户服务的数据通信网络，经常使用由普通载波提供的传输设备。帧中继、SMDS 和 X.25 都是 WAN。与

LAN 和 MAN 相对。

**wildcard mask(通配符掩码)**——指在与 IP 地址的连接中使用的 32 位数，它决定在与另一个 IP 地址相比较时某 IP 地址的哪些位应该相匹配或者被忽略。通配符掩码在定义访问列表陈述时被指定。

**X. 121**——指描述用于 X. 25 网络的寻址方案的 ITU-T 标准。X. 121 地址有时称为 IDN(国际数据号)。

**X. 21**——指关于同步数字线路上串行通信的 ITU-T 标准。X. 21 协议主要用于欧洲和日本。

**X. 25**——一种 ITU-T 标准，它定义了公用数据网络中 DTE 和 DCE 之间用于远程终端访问和计算机通信的连接维护方式。在 X. 25 中规定了 LAPB 以及 PLP(分组级协议，packet level protocol)。现在，帧中继已经在某种程度上取代了 X. 25。

**zone(区域)**——指 AppleTalk 中网络设备的一个逻辑组合。

# 参考文献

[1] 斯桃枝. 路由与交换[M]. 2 版. 北京:中国铁道出版社,2018.

[2] 孙良旭,李林林,吴建胜. 路由交换技术[M]. 2 版. 北京:清华大学出版社,2016.

[3] Lammle. CCNA 学习指南:640－802♯第 7 版[M]. 袁国忠,徐宏,译. 北京:人民邮电出版社,2012.

[4] 梁广民,王隆杰. 思科网络实验室路由、交换实验指南[M]. 2 版. 北京:电子工业出版社,2013.

[5] Tanenbaum,Wetherall. 计算机网络:第 5 版[M]. 严伟,潘爱民,译. 北京:清华大学出版社,2012.

[6] 孙兴华,张晓. 网络工程实践教程:基于 Cisco 路由器与交换机[M]. 北京:北京大学出版社,2010.

[7] 王建平,李晓敏. 网络设备配置与管理[M]. 北京:清华大学出版社,2010.

[8] 汪双顶,姚羽. 网络互联技术与实践教程[M]. 北京:清华大学出版社,2010.

[9] 田增国,刘晶晶,张召贤. 组网技术与网络管理[M]. 2 版. 北京:清华大学出版社,2009.

[10] Habraken. 实用 Cisco 路由器技术教程[M]. 钟向群,译. 北京:清华大学出版社,2000.

[11] 王凤先,杨晓晖. 计算机网络[M]. 北京:中国铁道出版社,2003.

[12] 沈立强. 计算机网络技术与应用[M]. 北京:中国铁道出版社,2007.

[13] 胡胜红,毕娅. 网络工程原理与实践教程[M]. 北京:人民邮电出版社,2008.

[14] 李馥娟. 计算机网络实验教程[M]. 北京:清华大学出版社,2007.

[15] Lewis. 思科网络技术学院教程:CCNA 3 交换基础与中级路由[M]. 北京工业大学,北京邮电大学,思科网络技术学院,译. 北京:人民邮电出版社,2000.

[16] 梁广民,王隆杰. 网络设备互联技术[M]. 北京:清华大学出版社,2006.

[17] Aziz,等. IP 路由协议疑难解析[M]. 卢泽新,等译. 北京:人民邮电出版社,2003.

[18] Lammle. CCNA 学习指南(中文第五版)[M]. 徐宏,程代伟,池亚平,等译. 北京:电子工业出版社,2005.

[19] Lammle. CCNA 学习指南(中文第六版)[M]. 徐代伟,徐宏,池亚平,等译. 北京:电子工业出版社,2008.

[20] Stanek. Windows 命令行详解手册[M]. 王景新,译. 2 版. 北京:人民邮电出版社,2009.

[21] Hucaby,CCIE No. 4594. CCNP BCMSN 认证考试(642-811)指南[M]. 尚韬,刘冰,朱珂,译. 北京:人民邮电出版社,2004.

[22] 崔鑫,吕昌泰. 计算机网络实验指导[M]. 北京:清华大学出版社,2007.